Me 262

Erprobung und Einsatz

Me 262

Erprobung und Einsatz

J. Richard Smith und Eddie J. Creek

Mit Beiträgen von
Willy Radinger
Mike Norton
Stephen Ransom
Jürgen Rosenstock

Technische Zeichnungen von
Arthur L. Bentley

Mit zusätzlichen Strichzeichnungen von
Eddie J. Creek und Günter Sengfelder

Farbzeichnungen
Tom Tullis und Eddie J. Creek

HEEL

J. Richard Smith ist unbestritten eine der größten Autoritäten auf dem Gebiet der Geschichte der Luftwaffe. Zu seinen Arbeiten gehört das maßstabsetzende Buch „Jet Planes of the Third Reich" ebenso wie „Arado 234 Blitz", „Luftwaffe Camouflage & Markings 1935-45" und zahlreiche weitere führende Luftfahrttitel einschließlich einige aus der bekannten „Close Up"-Reihe.

Eddie J. Creek, ein ausgebildeter Architekt, hat über viele Jahre in Zusammenarbeit mit Richard Smith eine Vielzahl der historisch genauesten bisher über die Luftfahrt im Dritten Reich veröffentlichten Strich- und Farbzeichnungen geschaffen. Als Historiker und Enthusiast hat er über mehr als dreißig Jahre aktiv Dokumente und Fotos zur Geschichte der Luftwaffe gesammelt. Er ist Co-Autor von „Jet Planes of the Third Reich", „Arado 234 Blitz" und anderer sehr geschätzter Veröffentlichungen.

Die Autoren möchten folgenden Personen für ihre freundliche Hilfe bei der Erstellung dieses Bandes danken:

Nick Beale
Arthur Bentley
Ken Bokelman
Steve Coates
Jerry Cranndall
Jim Crow
Robert Forsyth
Horst Geyer
Manfred Griehl
Horst Götz
Peter Kappus
Alfred Krüger
Tony Landis
Diether Lukesch
Richard Lutz
Perry Manley
Ken Merrick
Mike Norton
Peter Petrick
Alfred Price
Willy Radinger
Stephen Ransom
Jürgen Rosenstock
Walter Schick
Günther Sengfelder
Erich Sommer
Werner Stocker
Chris Thomas
Ken Thompson
Dave Waldman, dem USAF Flugerprobungszentrum auf der Edwards Air Force Basis, USA, den Mitarbeitern der Dokumenten-Abteilung des Imperial War Museum, London, Generalmajor P. Pretorius vom südafrikanischen National-Museum für Militärgeschichte.

Impressum

HEEL Verlag GmbH
Gut Pottscheidt
53639 Königswinter
Tel.: 02223 9230-0
Fax: 02223 923026

Englischer Originaltitel: Me 262 Volume II

Deutsche Übersetzung:
Volker Koos, Rostock

Lektorat:
Joachim Hack

Satz:
Artcom, Königswinter, Tanja Küppershaus

Druck:
BAWA Print & Partner GmbH, Tschechische Republik

Printed and bound in Czech Republic

ISBN 3-89880-016-4

Inhalt

Kapitel Eins

„Das Flugzeug ist einfach wundervoll“

In der zweiten Jahreshälfte 1943 hatte der Luftkrieg über Nordwesteuropa einen neuen Grad der Intensität erreicht, da sowohl die Alliierten als auch die Luftwaffe ihre jeweiligen Strategien und operativen Aktivitäten verfeinert und erweitert hatten. In den Tagesstunden war die amerikanische Achte Air Force, obwohl noch entfernt von Größe und Macht des RAF Bomber Commands, entschlossen, mit ihren britischen Partnern in bezug auf operativen Erfolg und Effektivität gleichzuziehen. Am 17. August, dem ersten Jahrestag des Einsatzes schwerer Bomber der USAAF von England aus, drang eine Streitmacht von mehr als 350 „Fliegenden Festungen" B-17 tief nach Süddeutschland ein, um das Messerschmitt-Flugzeugwerk in Regensburg und eines der lebenswichtigen Kugellagerwerke in Schweinfurt anzugreifen.

Rauchwolken steigen aus dem Messerschmittwerk Regensburg als die „Fliegenden Festungen" B-17 von der 390. Bomb Group der Achten US Air Force am 17. August 1943 von ihrem Ziel abdrehen. Das war der erste weitreichende Angriff der Achten in den süddeutschen Raum.

Die Jagdfliegerkräfte der Luftwaffe schlugen, begünstigt durch eine umfassende Reorganisation ihres Jägerleitsystems und gestärkt durch gestiegene Flugzeugzulieferungen hart und unbarmherzig zurück. Sechzig Fliegende Festungen wurden in allgemein gut geführten und aggressiven Angriffen abgeschossen. Die Amerikaner, getroffen, aber ungebeugt, kamen

Karte von Süddeutschland mit den wichtigsten Me 262-Fertigungsstätten.

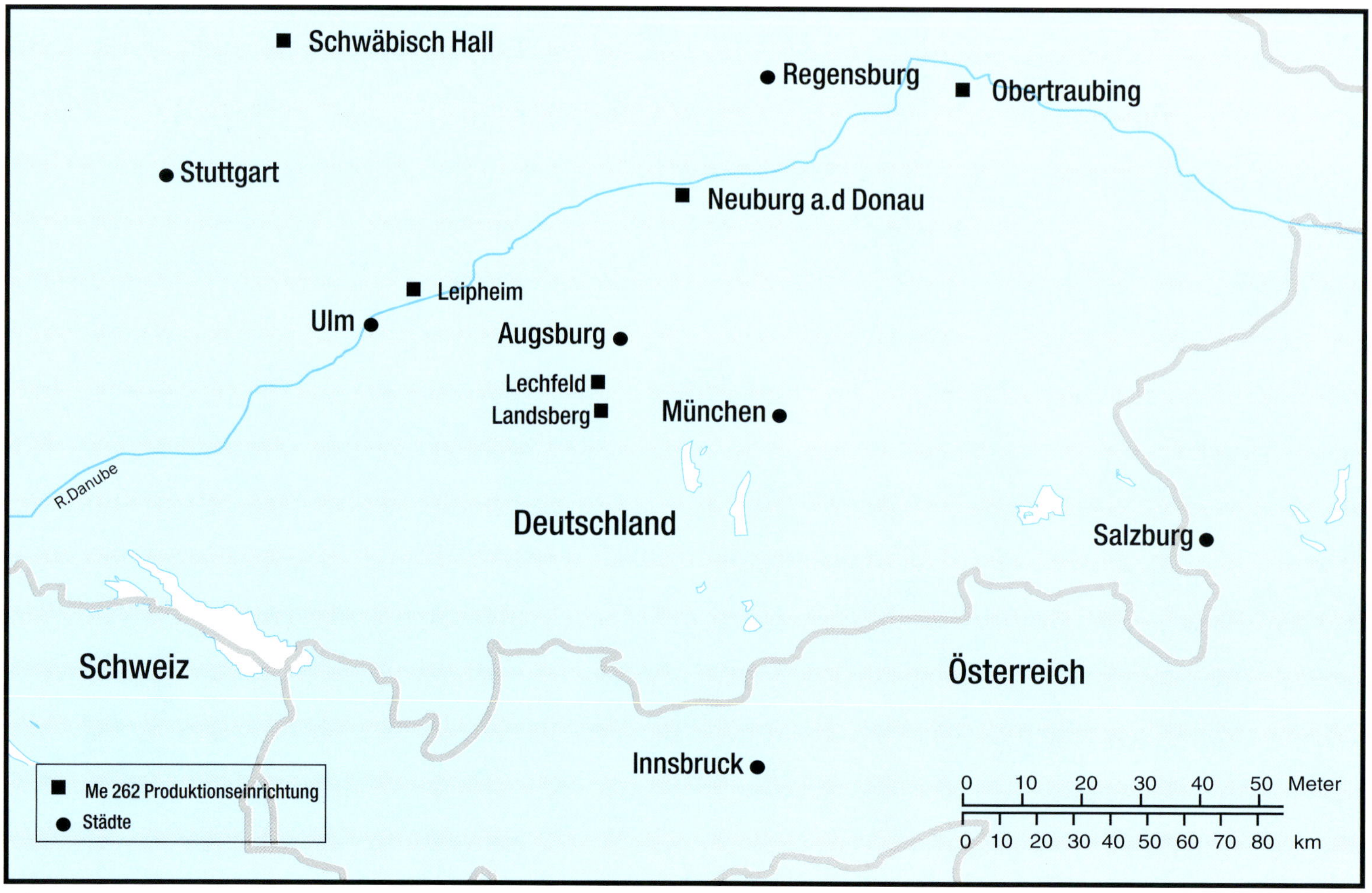

jedoch während des Septembers und Oktobers erneut, die Luftschlachten über Frankfurt, Bremen, Vegesack und Münster tobten mit immer stärkerer Verbitterung und forderten die Luftwaffe immer stärker, die sich mit steigenden Zahlen von Langstrecken-Jägern P-47 Thunderbolt auseinandersetzen musste. Die Verluste begannen kontinuierlich anzusteigen.

Der beim August-Angriff auf das Messerschmitt-Werk Regensburg verursachte Schaden hatte einem der geheimsten deutschen Entwicklungsprojekte einen schweren Schlag versetzt. Als deutsche Behördenvertreter nach dem Angriff das Werk besichtigten, stellten sie sehr zu ihrer Erleichterung fest, dass trotz der fast völlig zerstörten leichten einstöckigen Regensburger Werkhallen, viele der wertvollen Werkzeugmaschinen intakt geblieben waren und weiter verwendet werden konnten. Erschreckend für sie war jedoch, dass sie auch feststellen mussten, dass eine große Zahl der Rumpfhelligen und Abnahmemesslehren für den neuen Strahljäger Me 262 zerstört worden waren. Ein Eisenbahner, der in einem Bunker überlebt hatte, erzählte später seiner Familie: „Das ist das Ende der Straße – wir haben den Krieg so gut wie verloren. Wenn sie den ganzen Weg bis hierher bei hellem Tageslicht zurücklegen können, dann haben wir keine Chance mehr.“ Dieses fürchterliche Szenarium erkennend, wurde bei Messerschmitt mit Nachdruck gearbeitet, um die Verzögerung im Me 262-Entwicklungsprogramm zu verringern. Ende 1943 flogen nur vier Prototypen der Me 262, die V1, V3, V6 und V7. Sie wurden in Lechfeld, einem von Messerschmitt benutzten Flugplatz der Luftwaffe, erprobt. Er lag etwa 12 km südlich von Augsburg auf der Ostseite der Autobahn Augsburg-Landsberg in Bayern. Die Flugversuchsabteilung des Werkes befand sich am Westrand des Platzes und wurde von Dipl.-Ing. Gerhard Caroli geleitet. Ihr Tarnname war Autobedarf Lechfeld. Obwohl Hptm. Wolf-

Die schweren Schäden in Regensburg sind auf diesem US-AAF-Foto, das wenige Stunden nach dem Angriff am 17. August entstand, klar erkennbar. Viele der Rumpf-Bauvorrichtungen und Abnahme-Prüflehren, die bei der Fertigung der Me 262 gebraucht wurden, sind während des Angriffs zerstört worden.

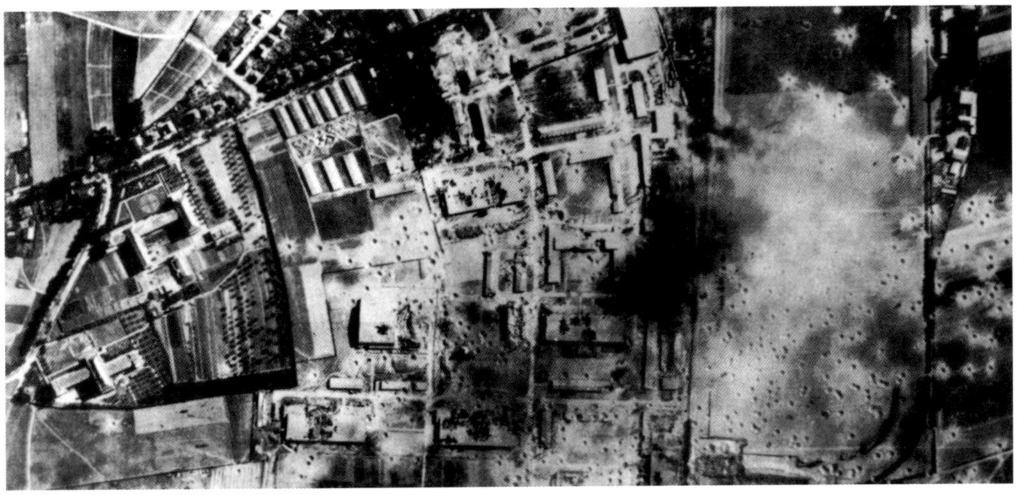

Die Überreste von Me 262 aus der frühen Fertigung liegen in den Trümmern des Messerschmitt-Werks in Regensburg nach dem Bombenangriff der USAAF am 17. August 1943. In der Bildmitte ist der alte Zeppelinhangar, dahinter die Hallen für die Rumpf- und Flächenfertigung erkennbar.

Die Me 262 V 3 am Beginn ihres Startrollwegs während ihres ersten Flugs in Leipheim am 18. Juli 1942 mit Messerschmitt-Einflieger Fritz Wendel am Steuer. Die ersten vier Me 262 hatten ein Spornradfahrwerk, was den Flugzeugführer zwang, kurz die Bremsen zu betätigen, um den Schwanz der Maschine zum Start hochzubekommen. Geschah dies nicht, schirmte das Flugzeug die Höhenruder ab, so dass diese wirkungslos blieben. Durch Anwendung dieses Tricks hob Wendel die V3 von der Rollbahn in Leipheim und führte einen 12-minütigen Versuchsflug ohne Zwischenfälle aus. Diese Maschine, zusammen mit der V1, V6 und V7 war noch über ein Jahr später im Versuchsflugbetrieb.

gang Späte von der Erprobungseinheit für die Me 163, dem Erprobungskommando 16, das Flugzeug geflogen hatte, dauerte es bis zum 9. Dezember, bis ein Einsatzerprobungsverband, das Erprobungskommando (Ekdo) 262, aufgestellt wurde. Die Einheit führte Hptm. Werner Thierfelder, ein kampferfahrener Flugzeugführer, der vorher die 4. Staffel des Zerstörergeschwaders ZG 2 (4./ZG2) geleitet hatte.

Am 21. Dezember machten er und ein weiterer erfahrener Jagdflieger, Maj. Egon Mayer, Kommandeur des JG 2, ihre ersten Flüge in einer Me 262, der V6. Einen Tag vorher flog auch Oberst Dietrich Peltz, Inspekteur der Kampfflieger, die V6.

Obwohl Thierfelder das Strahlflugtraining im Dezember begann, dauerte es bis zum 20. Januar 1944, bis drei weitere Flugzeugführer, Fw. Helmut Baudach und Fw. Erwin Eichhorn vom JG 2 und Fw. Helmut Lennartz vom JG 11 zu ihm stießen. Als weiterer Pilot kam Oblt. Wörner vom ZG 101 Ende Februar dazu. Am 1. Februar konnte Thierfelder unverletzt aussteigen, als die reparierte Me 262 V5 bei einem Versuchsflug abstürzte und zerstört wurde.

Das Erprobungskommando 262 erhielt seine erste Maschine am 19. April, als die Me 262 V8 ankam. Lennartz machte an diesem Tag seinen ersten Strahlflug. Dann wurden Anfang Mai 14 Piloten der dritten Gruppe des ZG 26 (III./ZG 26) ohne die 7. Staffel), die mit Bf 110 von Königsberg/Neumark gegen USAAF-Bomber Einsätze geflogen waren, per Befehl nach Lechfeld verlegt, um auf die Me 262 umzuschulen. Vorkommandos trafen am 10. Mai ein und Bodenpersonal von der 8./ZG 26 ging nach Leipheim

WALTER NOWOTNY

Geboren am 24. Dezember 1915 in Berlin, aber in Südwest-Afrika, dem heutigen Namibia, aufgewachsen, studierte Thierfelder an der Universität Göttingen bevor er bei Kriegsbeginn zur II./ZG 26 vom bekannten Horst Wessel-Geschwader kam. Er flog Kampfeinsätze während der Schlachten in Frankreich, England und dann auf dem Balkan und Kreta. Am 10. Oktober 1941 erhielt er das Ritterkreuz für 14 Luftsiege auf dem Zerstörer Bf 110 und die Vernichtung von 41 Flugzeugen und sechs Zügen am Boden. Im Mai 1942 kam er zur II. Gruppe des ZG 2 als Staffelkapitän der 4./ZG 2. Am 1. Oktober 1942 wurde er zum General der Jagdflieger versetzt, wo er häufig sein beachtliches technisches Wissen einbringen konnte. Er wurde am 15. Dezember 1943 zur Führung des Erprobungskommandos 262 ausgewählt und Gruppenkommandeur der III./ZG 26. Bis dahin hatte er 27 Luftsiege errungen und 41 Flugzeuge am Boden vernichtet.

Nach den amerikanischen Luftangriffen auf Augsburg am 25. Februar 1944 im Verlauf der „Big Week" waren 30 Gebäude des Werkes und ein Drittel des Maschinenparks beschädigt. Dieses Dokument ist ein Bericht über eine Besprechung zwischen dem Kommandeur der Erprobungsstellen, Edgar Petersen, Werner Thierfelder vom neugeschaffenen Erprobungskommando 262, Hubert Bauer und August Bringewald von Messerschmitt über den Angriff und wie die dadurch entstandenen Schwierigkeiten zu überwinden seien.

A b s c h r i f t

Kommando der Erprobungsstellen
der Luftwaffe
D e r K o m m a n d e u r
Brb. Nr. 311/44 g.Kdos.

Rechlin, den 1.März 1944
App. 345/4078
5 Ausfertigungen
5. Ausfertigung

Kurzbericht über besondere Schwierigkeiten
Anlauf Me 262

Besprechungen am 1.3.44 in Lechfeld

Teilnehmer: Oberst Petersen
Hauptmann Thierfelder.
Dir. Bauer Mtt.
Herr Bringewald Mtt.

1.) Durch den Bombenangriff auf Augsburg ist die Rumpfspitzen=
fertigung schwer getroffen. Fertigung wurde zur Firma Homann,
Wuppertal verlagert, dadurch Rumpfspitzenfertigung nur an einer
Stelle und diese gefährdet. Zweite Fertigungsstelle Skoda für
Rumpfspitzen meldet 1/4 Jahr Terminverzug für Anlauf.

Es wird daher als dringendste Massnahme die Zuschaltung ei=
nes zweiten Betriebes zur Fertigung der Rumpfspitzen Me 262
vorgeschlagen. Kapazität dieses Betriebes 500-600 Mann.

Es wird um Veranlassung zu diesem Punkt durch GL/A gebeten.

2.) Das Fehlen von 500 deutschen Arbeitern ist z.Zt. immernoch nicht
abgedeckt. Da eine Verlagerung aus anderen Teilen der Flugzeug-
Industrie nicht mehr möglich erscheint, wird vorgeschlagen, die=
se Fachkräfte aus in Deutschland befindlichen italienischen
Kriegsgefangenen herauszuziehen.

3.) Dir. Bauer meldet, dass die Angelegenheit Tunnel Leonberg für
Serienfertigung Me 262 immer noch unklar ist. Aus Termin-und
Baugründen muss Wert auf einen baldigen definitiven Bescheid
gelegt werden.

4.) Der Versuchsflugbetrieb Mtt. auf dem Flugplatz Haunstetten bei
Augsburg hat Totalschaden erlitten. Durch K.d.E. wurde die so=
fortige Verlegung nach Lechfeld veranlasst. Lechfeld z.Zt. stark
überbelegt. Wenn der Versuchsflugbetrieb Mtt. für Me 262 rei=
bungslos weitergehen soll, muss eine von den drei dort liegenden
Kampfgruppen verlegt werden. In Lechfeld befindet sich I./K.G.51,
I./K.G. 100, IV./K.G. 40 mit insgesamt ca. 2200 Mann Kopfstärke.
Es wird vorgeschlagen, die IV./K.G. 40 als die grösste der Ein=
heiten wegzuverlegen. GL/A wird um Veranlassung gebeten.

5.) Gem. Befehl Reichsmarschall müssen die auf dem Fliegerhorst
Lechfeld befindlichen Me 262 auseinandergezogen und splitter=
sicher untergestellt werden. Infolge des weichen Bodens sind die
Splitterschutz-Boxen auf der Ostseite des Platzes nicht erreich=
bar. Der Bau einer Rollstrasse auf der Ostseite des Platzes im
Anschluss an die Rollfeld-Ringstrasse ist dringendst erforder=
lich. GL/A wird gebeten, über LD Bau bzw. Luftgaukommando VII,
München, die sofortige Errichtung einer Rollstrasse zu veran=
lassen.

6.) Uber die Freiabe von Manching für die Serien-Einfliegerei
und Endmontage liegt noch kein Entscheid vor. Da Vorarbeiten
zur Verlagerung erforderlich sind, wird um Herbeiführung ei=
nes netsprechenden Befehls gebeten.

7.) Durch Volltreffer bei dem Angriff auf Mtt. in einen Splitter=
schutzgraben ist die Instrumenten-Einbaugruppe fast völlig
ausgefallen (Sechs Tote). Es ist hier die Verlagerung von 6
Fachkräften (Instrumenteneinbauleute) aus anderen Teilen der
Luftfahrtindustrie erforderlich.

8.) Durch Befehl Luftgau VII ist bei Tätigkeit eigener Nachtjäger
die permanente Aufhellung von Lechfeld befohlen. Infolge der
Verlagerung des Versuchs-Flugbetriebs Me 262 sowie des dort
befindlichen Erprobungskommandos Me 262 wird dieser Befehl als
für nicht mehr tragbar angesehen und gebeten, dessen Aufhebung
zu veranlassen.

Verteiler:

1. Ausfertigung: ST/GI
2. " GL/C-Chef
3. " GL/A- "
4. " Hptm. Dr. Krome, RuK
5. " K.d.E.

gez. P e t e r s e n
Oberst und Kommandeur

Schlüsselfiguren in der Geschichte der Me 262 aufgenommen im Sommer 1944 in Lechfeld. Von links: Gerd Lindner, welcher der erfahrenste Einflieger der Me 262 werden sollte, unbekannt, Hptm. Werner Thierfelder, Kommandeur des Erprobungskommando 262 und Gerhard Caroli, der die Flugversuchsabteilung bei Messerschmitt leitete. Caroli hält das Seil eines Flaschenzugs, der dazu benutzt wird, eine Me 262 zu bergen, deren Bugrad offensichtlich versagt hat. Es wird angenommen, dass es sich bei diesem Flugzeug um die S6 handelt, in der Thierfelder am 18. Juli 1944 starb. Als diese Aufnahme entstand, war das Flugzeug mit einem Rohr an der Bugspitze ausgerüstet. Von diesem wird angenommen, dass es Stabilitätsuntersuchungen diente.

zum Messerschmitt-Montagewerk, das von der 9./ZG 26 nach Schwäbisch-Hall zur technischen Einweisung. Mitte Mai erhielt die Einheit zwei Me 262, die S3 und S4. Es sind zehn Flugzeugführer bekannt, die mit der Umschulung begannen. Das waren: Oblt. Hans-Günther Müller (Staffelkapitän der 8./ZG 26), Oblt. Paul Bley (Staffelkapitän der 9./ZG26), Oblt. Günther Wegmann, Lt. Joachim Weber, Lt. Alfred Schreiber, Ofw. Hubert Göbel, Ofw. Helmut Recker, Ofw. Strathmann, Fw. Heinz Herlitzius und Uffz. Hans Flachs. Ende Mai entstand ein Problem durch Hitlers Anweisung, dass die Me 262 in Zukunft als Bomber zu betrachten sei. Dadurch endete jede Lieferung von neuen Maschinen an die Jagdfliegereinheiten. In einem kurz nach Kriegsende für die Alliierten geschriebenen Bericht kommentierte der damalige Chef des Operationsstabs der Luftwaffe, General der Flieger Karl Koller, aufschlussreich Hitlers Unnachgiebigkeit zur Frage des Einsatzes der Me 262 als Jäger: „Die Aufregung begann im April 1944, als der Führer wollte, dass die Me 262 als Jagdbomber eingesetzt wird und dies bis in den Spätherbst weiter verlangte. Göring war sehr niedergeschlagen und erbittert, er trat manchmal gegen diese Idee auf, doch wahrscheinlich tat er dies nicht stark genug. In jedem Fall, wenn der Führer so unangenehm zu ihm war, wie er es mir gegenüber, zu Christian Below und anderen Offizieren war, die darauf beharrten, dass die Me 262 als Jäger eingesetzt werden sollte, dann kann man seine Haltung verstehen, auch wenn man sie nicht entschuldigen kann. Die Einstellung des Führers zu dieser gesamten Sache war unbegreiflich starrsinnig und

Die Me 262 V5, PC+UE, W.Nr. 262 00 005, war das erste mit einem Bugradfahrwerk ausgerüstete Versuchsmuster. Am 1. Februar 1944 sprang Werner Thierfelder, der Kommandeur des Ekdo 262 aus diesem Flugzeug ab, als es bei einem Versuchsflug abstürzte und zerstört wurde.

Fw. Helmut Lennartz, hier aufgenommen in Lechfeld im September 1944, kurz nachdem er zum neuaufgestellten Kommando Nowotny gekommen war. Lennartz war einer der ersten Flugzeugführer des Erprobungskommandos 262. Er hatte vorher in der mit Bf 109 ausgerüsteten 5./JG 11 in der Reichsverteidigung gedient. Am 14. Mai 1943 meldete er die Zerstörung einer B-17 durch Bombenabwurf in der Luft, ein Verfahren, das von dieser Einheit damals kurze Zeit erprobt wurde.

Erprobungskommando 262
Die ersten Strahlflugzeug-Piloten

Oberleutnant Ernst Wörner (Mitte mit Tannenzweigbündel) gehörte zur ersten Gruppe von Flugzeugführern der Luftwaffe, welche die Me 262 in Thierfelders Versuchseinheit flogen. Wörner war vom ZG 101, einer Ergänzungseinheit für das Einsatztraining auf zweimotorigen Zerstörern, gekommen. Er ist hier nach seinem ersten Flug auf der Me 262 zu sehen. Auf dem Foto links von ihm steht Gerd Lindner, der Messerschmitt-Einflieger, und rechts Oberleutnant Ernst Tesch, der die Versuche zum Tragen von Bomben in der Me 262 V10 im Juni 1944 ausführte (siehe Me 262, Konzepte und Entwicklung).

Fw. Erwin Eichhorn (2. von links) und Fw. Helmut Lennartz (3. von links) vom Erprobungskommando 262 in Lechfeld, Sommer 1944, bei Ihnen sind Fhr. Kaser und Fw. Oppers.

Oblt. Günther Wegmann flog die Me 262 beim Erprobungskommando 262, dem Kommando Nowotny und dann bei der III./JG 7. Er ist hier in Schwabstadl bei Lechfeld im Juli 1944 während seines Dienstes beim Erprobungskommando 262 zu sehen. Er wurde während eines Angriffs auf eine Formation von B-17 nahe Berlin am 18. März 1945 verwundet. Nachdem seine Maschine Treffer vom Maschinengewehrfeuer einer P-51 erhalten hatte und Feuer fing, musste er aussteigen. Die Behandlung seiner Wunden durch eine Rot-Kreuz-Schwester vermochte nicht sein Bein zu retten, das wenige Stunden später amputiert wurde.

Lt. Alfred „Bubi“ Schreiber, der sowohl im Erprobungskommando 262 als auch im JG 7 flog. Er erzielte den ersten Luftsieg des Erprobungskommandos am 26. Juli 1944, wahrscheinlich die von Flt. Lt. Wall geflogene Mosquito. Nach seiner Versetzung zur 9./JG 7 fiel er am 26. November 1944, als seine Maschine nahe Lechfeld abstürzte.

Fw. Heinz Herlitzius war kurze Zeit beim Erprobungskommando 262, bevor er zur Flugversuchsabteilung von Messerschmitt in Lechfeld kommandiert wurde, nachdem Hitlers Befehl, die Me 262 als Bomber einzusetzen, die Entwicklung als Jäger einschränkte.

Männer des Erprobungskommandos 262 nutzen 1944 die Gelegenheit zu einer Fahrt auf einem Zündapp-Beiwagengespann in Lechfeld. Es sind von links: Fw. Paul Ziesch (Nachrichtenabteilung), Lt. Hans-Günther Müller und Lt. Joachim Weber. In Folge Hitlers Entscheidung über die Verwendung der Me 262 wurde Müller nach Leipheim als Überführungspilot versetzt. Weber flog beim JG 7 die Me 262 weiter und fiel bei einem Einsatz am 21. März 1945, nachdem er sieben Luftsiege auf dem Strahljäger erzielt hatte.

Oblt. Fritz Müller steht in Leipheim auf der Tragfläche einer Me 262 aus der frühen Fertigung (W.Nr. 170059), die im Sommer 1944 gerade an das Erprobungskommando 262 geliefert wurde und noch ohne Verbandsmarkierung ist. Die zweite Maschine in dieser Reihe fällt durch das weiße Hakenkreuz am Seitenruder auf. Dieses Flugzeug, W.Nr. 170045, erhielt danach beim Erprobungskommando 262 das taktische Kennzeichen „Weiße 5“.

General der Flieger Karl Koller, Generalstabschef der Luftwaffe, durfte die Me 262 gegenüber Hitler nicht erwähnen. Er schrieb: „Die Haltung des Führers zu dieser ganzen Angelegenheit war unbegreiflich starrsinnig...“.

er beschimpfte alle, die ihm im Weg standen. Die meisten Leute fürchteten ihn und folgten ihm blindlings.

Als ich im Auftrag des Führers am 13. August 1944 in den Westen geschickt wurde, um ein Bild der Luftlage dort zu erhalten und darüber zu berichten, ergriff ich erneut die Gelegenheit, mich für die Sache der Me 262 als Jäger einzusetzen. Neben vielen anderen kurzen Fernschreibmeldungen, die ich an das OKH[6] und den Generalstabschef der Luftwaffe sandte, schickte ich die folgende, die ich bat, dem Führer vorzulegen: „Me 262 sollten so schnell wie möglich als Jagdflugzeuge an die Front geschickt werden.“ Diese Meldung wurde dem Führer nicht vorgelegt, da man fürchtete, sie würde einen gefährlichen Zusammenbruch bei ihm verursachen.

Bevor ich dem Führer nach meiner Rückkehr Bericht erstatten konnte, verbat mir der damalige Stabschef der Luftwaffe, General Kreipe, der auf Görings Befehl handelte, ausdrücklich, gegenüber Hitler den Gebrauch der Me 262 als Jäger zu erwähnen. Mir wurde gesagt, dies sei im Interesse der Beziehungen zwischen OKL[5] und dem Führer und in meinem eigenen. Ich erwähnte dies trotzdem. Generalfeldmarschall Keitel war dabei anwesend. Diesmal hörte der Führer erstmals ruhig zu. Er zeigte, dass er mit dieser Idee nicht übereinstimmte, vermied aber jede persönliche Bemerkung zur Sache. Ich denke, dass ich damals seine ablehnende Schale des Widerstands in dieser Angelegenheit zum ersten Mal durchdrang.“ Hans-Günther Müller und Paul Bley jedoch wurden in den Status von Auslieferungspiloten in Leipheim bzw. Schwäbisch-Hall versetzt und Herlitzius und Flachs später der Messerschmitt-Flugversuchsabteilung in Lechfeld zugeordnet. Andere Flugzeugführer, wie Strathmann, kehrten zum ZG 26 zurück. Thierfelder verblieben sechs bis neun Flugzeuge und etwa acht Piloten um Einsatztaktiken für die Me 262 zu entwickeln.

Zusätzlich zum Mangel an Flugzeugen hatte das Kommando mit zahlreichen Problemen zu tun, die auf

Acht vor kurzem aus Leipheim in Lechfeld angekommene Me 262 tragen hier bereits die weißen taktischen Nummern des Erprobungskommandos 262 am Bug. Die drei Flugzeuge im Vordergrund sind die „Weiße 2“, W.Nr. 170071, „Weiße 3“, W.Nr. 170067 und „Weiße 5“, W.Nr. 170054. Zusätzlich trugen viele der Flugzeuge des Kommandos gelbe Erkennungsbänder, die vor dem Balkenkreuz um den Rumpf angebracht waren.

Messerschmitt Me 262 A-1a W.Nr. 170071 „Weiße 2“ Erprobungskommando 262

Ihr Fahrwerk einziehend steigt die Me 262 A-1a „Weiße 2, W.Nr. 170071, des Erprobungskommandos 262 in Lechfeld zu einem weiteren Flug auf. Dieses Flugzeug wurde später von Major Erich Hohagen geflogen und bei Kriegsende verlassen am Rand der Autobahn aufgefunden.

Die gleiche Maschine kehrt von ihrem Flug zurück und rollt an der Kamera vorbei.

einem Mangel an Qualitätskontrollen bei der Fertigung beruhten. Eine große Zahl von Mängeln wurde vom Verband beim Eintreffen seiner Flugzeuge registriert. Zum Beispiel waren Steuerklappen verbogen, zahlreiche Punktschweißungen fehlerhaft, Brüche im Höhenrudergestänge, Schmierstofffüllungen waren falsch, usw., usw. Allerdings waren diese Mängel wohl normal in der damaligen deutschen Luftfahrtindustrie, da zahlreiche andere Einsatzeinheiten solche Probleme meldeten. Das Ekdo 262 konnte die Mängel beheben, was aber Zeit kostete, die besser für das Training und die Ausarbeitung der Einsatztaktiken verwendet worden wäre.

Obstlt. Johann Kogler, zeitweise Gruppenkommandeur der III./ZG 26 und später Geschwaderkommodore des JG 6. Flugzeugführer der erstgenannten Gruppe bildeten den Kern des Erprobungskommandos 262. Koglers Meinung nach war die Me 262 „... einfach wundervoll in fliegerischer Hinsicht“.

Wegen der hohen Geschwindigkeit der Me 262 entwickelte die Einheit die Taktik des schnellen „Anspringen“ des Gegners von hinten oben und schnellen Abflug nach vorn, bevor der Feind seine Waffen klar hatte. In ausreichender Entfernung wurde wieder eingekurvt, damit das angegriffene Flugzeug nicht seine überlegene Kurvenkampffähigkeit einsetzen konnte und zu einem erneuten schnellen Angriff angesetzt. Diese Taktik schien erfolgversprechend und wurde dem Reichsminister für Rüstung, Albert Speer, und Generalfeldmarschall Albert Kesselring, dem Oberkommandeur der deutschen Streitkräfte in Italien bei einer Vorführung in Lechfeld gezeigt, bei der eine Me 262 mehrfach eine Bf 109 „abschoss“. Eine interessante Ansicht über den Status des Flugzeugs zu dieser Zeit enthält ein Vortrag, den der frühere Kommandeur der III./ZG 26, Obstlt. Johann Kogler[1], am 15. März 1945 für seine Offizierskameraden im Kriegsgefangenenlager hielt und der heimlich von der alliierten Aufklärung aufgezeichnet wurde: „Das Flugzeug ist einfach wundervoll vom Standpunkt des Fliegens. Natürlich bereitet der Start wegen der Geschwindigkeit Schwierigkeiten, ebenso wie die Landung wegen der langen Rollstrecken. So legten wir all unsere Hoffnungen auf diesen Flugzeugtyp und wünschten uns, dass, wenn es zum Einsatz käme, die Maßstäbe des Luftkriegs sich wieder wenden würden. Wie das Glück es wollte, wurde meine Gruppe im Mai 1944 ausgewählt, auf diesen Flugzeugtyp umzuschulen. Leider konnte ich nicht dabei sein, da ich das Geschwaderkommando übernehmen musste. Nachdem die Gruppe die Umschulung begonnen hatte und einige Flugzeugführer bereits mit dem Flugzeug vertraut waren, während andere sich noch in der Schulung befanden, erhielten wir plötzlich einen Befehl vom Oberkommando „ Die Me 262 wird nicht als Jäger, sondern als Bomber eingesetzt“. So

Die Me 262 A-1a „Weiße 5“, W.Nr. 170045, vom Erprobungskommando 262 rollt im Sommer 1944 in Lechfeld zu ihrem Abstellpunkt.

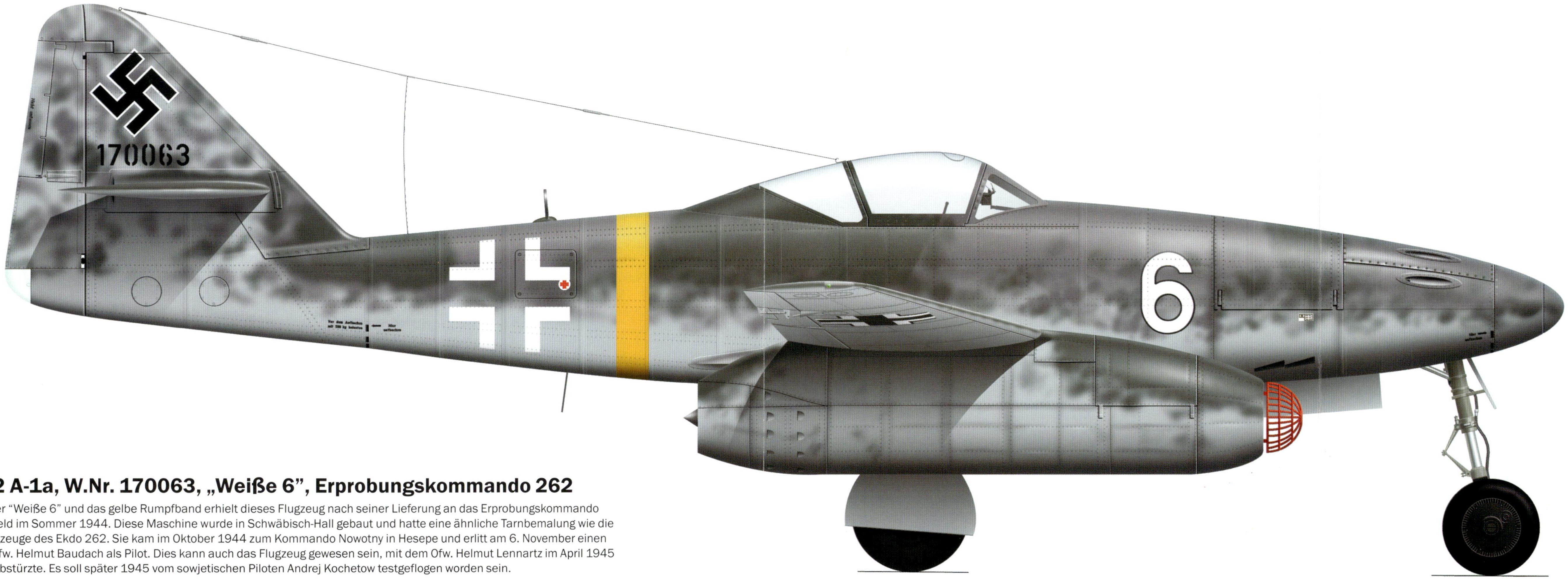

262 A-1a, W.Nr. 170063, „Weiße 6”, Erprobungskommando 262

nziffer “Weiße 6” und das gelbe Rumpfband erhielt dieses Flugzeug nach seiner Lieferung an das Erprobungskommando Lechfeld im Sommer 1944. Diese Maschine wurde in Schwäbisch-Hall gebaut und hatte eine ähnliche Tarnbemalung wie die n Flugzeuge des Ekdo 262. Sie kam im Oktober 1944 zum Kommando Nowotny in Hesepe und erlitt am 6. November einen nit Obfw. Helmut Baudach als Pilot. Dies kann auch das Flugzeug gewesen sein, mit dem Ofw. Helmut Lennartz im April 1945 berg abstürzte. Es soll später 1945 vom sowjetischen Piloten Andrej Kochetow testgeflogen worden sein.

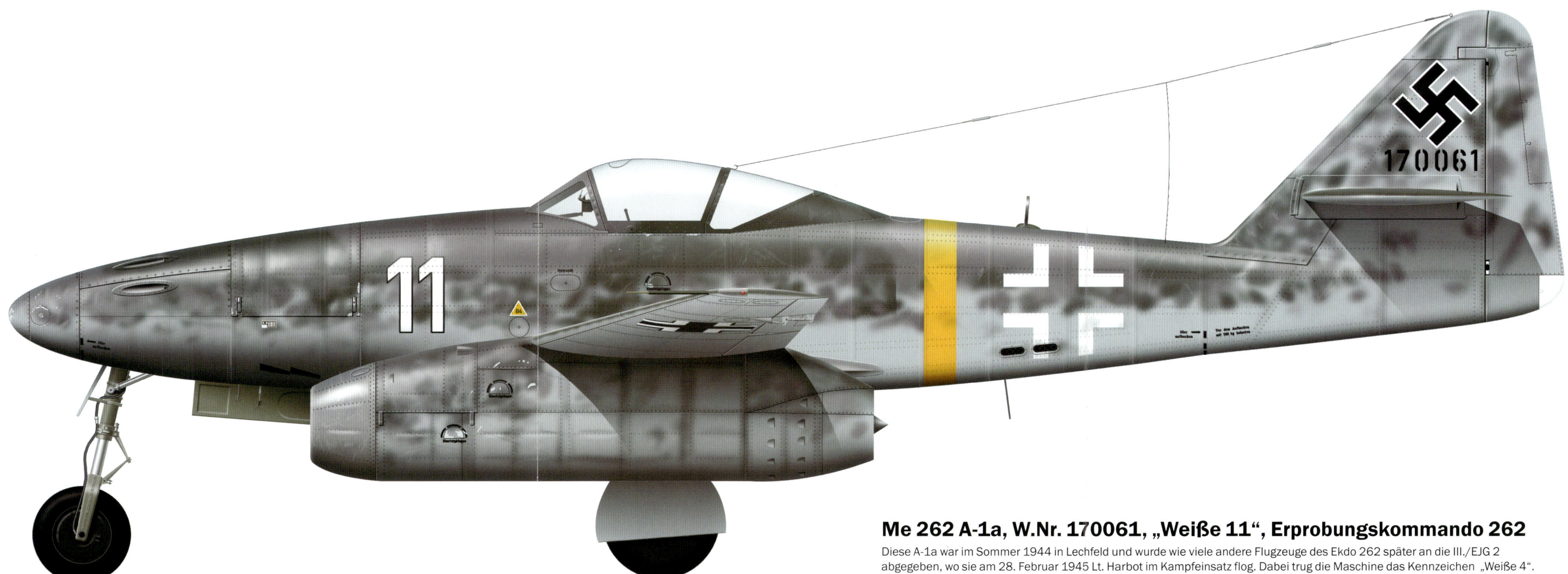

Me 262 A-1a, W.Nr. 170061, „Weiße 11“, Erprobungskommando 262

Diese A-1a war im Sommer 1944 in Lechfeld und wurde wie viele andere Flugzeuge des Ekdo 262 später an die III./EJG 2 abgegeben, wo sie am 28. Februar 1945 Lt. Harbot im Kampfeinsatz flog. Dabei trug die Maschine das Kennzeichen „Weiße 4“. Sie wurde dann am 26. April 1945 vom JV 44 übernommen und im M ai 1945 in Innsbruck gefunden.

Lechfeld – Sommer 1944 ...

Begleitet von dem später gut bekannten hochtönenden Pfeifen der Strahlturbinen rollt die Me 262, „Weiße 5“, der ersten Strahljäger-Einsatzeinheit der Welt, Erprobungskommando 262, zu ihrem Abstellpunkt. Im Vordergrund werden die „Weiße 6“ und die „Weiße 3“ gewartet und die Vor- und Nachflugkontrollen ausgeführt. Bemerkenswert ist die Vielfalt der dabei benutzten Bodenhilfsgeräte.

Me 262 A-1a W.Nr. 170067 „Weiße 3“, Erprobungskommando 262

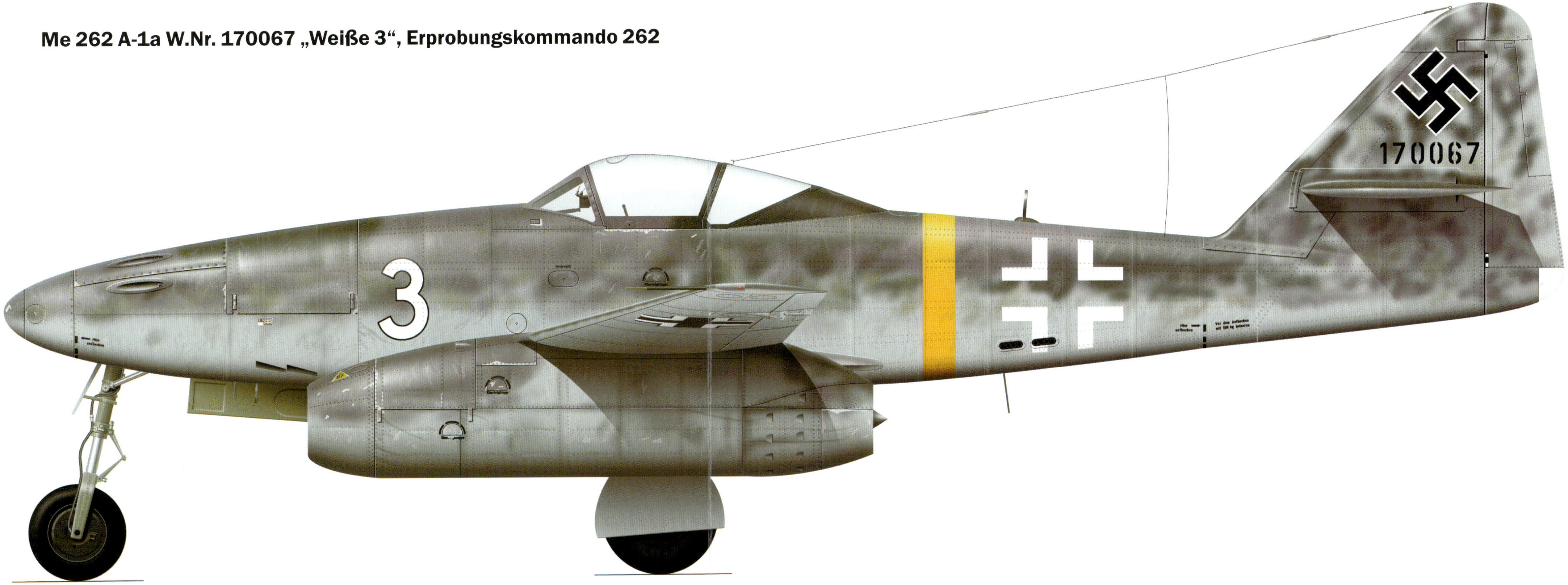

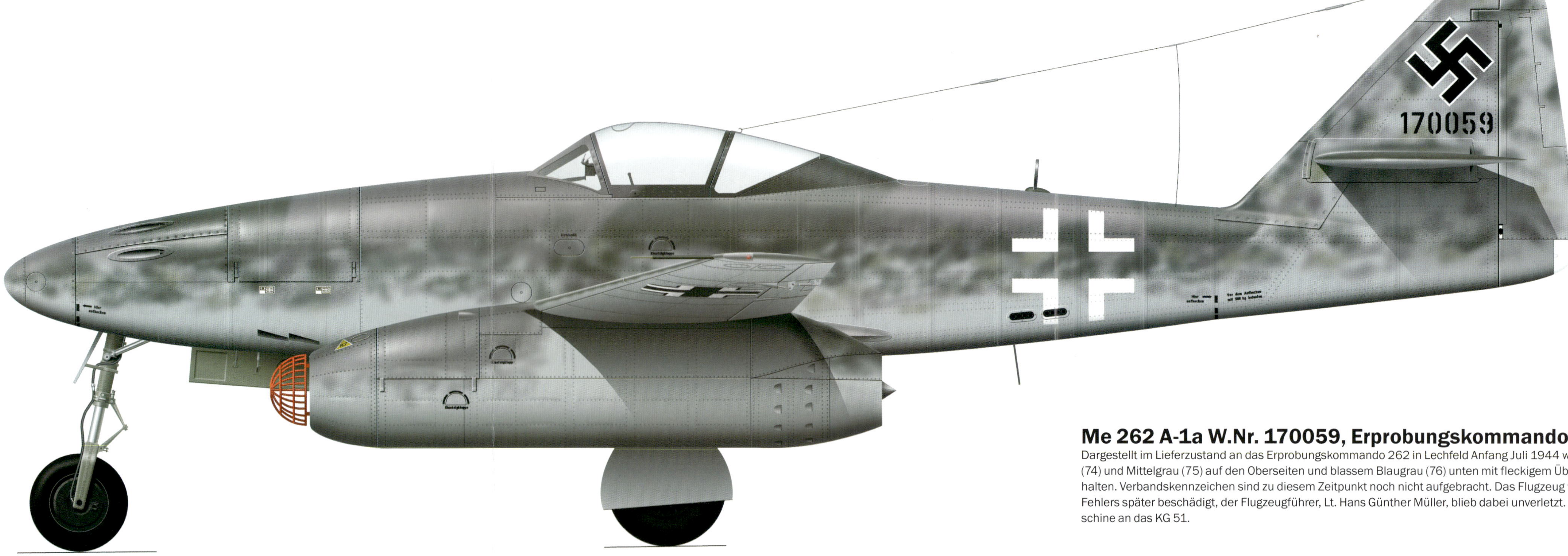

Me 262 A-1a W.Nr. 170059, Erprobungskommando 262

Dargestellt im Lieferzustand an das Erprobungskommando 262 in Lechfeld Anfang Juli 1944 war das Flugzeug in Dunkelgrau (74) und Mittelgrau (75) auf den Oberseiten und blassem Blaugrau (76) unten mit fleckigem Übergang an den Rumpfseiten gehalten. Verbandskennzeichen sind zu diesem Zeitpunkt noch nicht aufgebracht. Das Flugzeug wurde wegen eines technischen Fehlers später beschädigt, der Flugzeugführer, Lt. Hans Günther Müller, blieb dabei unverletzt. Nach der Reparatur ging die Maschine an das KG 51.

Me 262 A-1a W.Nr. 170071, „Weiße 2“, Erprobungskommando 262

Das Flugzeug ist hier im Zustand kurz nach der Lieferung an das Erprobungskommando 262 in Lechfeld im Juli 1944 dargestel
Tarnanstrich entspricht dem der W.Nr. 170059. Dazu trägt es eine weiße „2“ mit dünner schwarzer Umrahmung an der Nase. I
einstimmung mit anderen Flugzeugen des Ekdo 262 ist ein schmales (ungefähr 150 mm breites) gelbes (27) Band hinten um d
Rumpf gemalt. Dieses Kennzeichen trugen später auch viele Me 262 des Kommando Nowotny und des EJG 2. Die „Weiße 2“ w
später an das EJG 2 abgegeben und von Major Erich Hohagen geflogen, der sie 1945 am Rande einer Autobahn bei Lechfeld st
ließ. Zu beachten ist, dass dieses Flugzeug nur zwei Kanonen-Ausschussöffnungen besitzt.

wurde dieses Flugzeug als Bomber erprobt, um genau zu sein, als Schnellbomber, obwohl wir schon bis zum Hals in Schwierigkeiten steckten. Es kam zu einer erbitterten Auseinandersetzung zwischen General Galland, dem Reichsmarschall und dem Führer. Doch sie blieben damals dabei, dass das Flugzeug als Bomber zu erproben sei. Das passte schlecht, wenn überhaupt, zur Maschine, deren maximale Bombenzuladung 500 kg betrug, bei einer Flugdauer von lediglich einer Stunde."

Gefragt nach dem Treibstoffverbrauch im Vergleich zu dem einer Messerschmitt 109 antwortete Kogler: „Natürlich ist bei diesen Turbinenflugzeugen entsprechend der Leistungen der Treibstoffverbrauch erschreckend hoch. Das Flugzeug benötigt etwa 1800 Liter Kraftstoff um zwei Stunden zu fliegen, das ist sozusagen rund doppelt soviel wie bei einem normalen zweimotorigen Flugzeug. Aber man kann es mit allem betanken, was brennt, wie Diesel oder Rohöl. Dadurch können verschiedene Schritte in der industriellen Entwicklung, wie die Destillation der ganzen Kraftstoffe usw., wegfallen. Im Mai letzten Jahres gab es noch keinen akuten Treibstoffmangel, es war noch genügend vorhanden. Inzwischen wurde die Maschine tatsächlich als Bomber eingesetzt und warf diese seltsamen 500 kg Bomben hier und dort ab. Da es auch kein brauchbares Bombenzielgerät für diese hohen Geschwindigkeiten gab, trafen sie nichts und jetzt sind sie soweit zu sagen, dass das Flugzeug nur als Jäger eingesetzt werden soll, jetzt wo es schon zu spät ist." Inzwischen hatte das Ekdo 262 am 18. Juli einen schweren Schlag erlitten, als Hptm. Thierfelder fiel. Es gibt einige Unklarheiten, die Umstände seines Todes betreffend. Er war in der Me 262 S6 gestartet um eine Formation von US-Bombern bei Kaufering, 5 km nördlich von Landsberg/Lech, anzugreifen, kehrte davon aber nicht zurück. Ein Bericht sagt, er wäre von ungefähr 15, wahrscheinlich zur 15. US Air Force gehörenden, P-51 Mustang abgeschossen worden. Wahrscheinlicher ist jedoch ein technischer Defekt, durch den vielleicht die Statorringe in beiden Triebwerken zerrissen. Thierfelder konnte noch abspringen, war aber schon zu tief für die Öffnung des Fallschirms.

Sieben Tage später wurde eine von Flt.Lt. A. E. Wall geflogene Aufklärungsmaschine des Typs „Mosquito" von der 544. Squadron der RAF durch eine Me 262 des Ekdo 262 nahe München abgefangen. Die RAF-Maschine flog in 10000 m Höhe als der Beobachter, Flg. Off. A. S. Lobban, erstaunt bemerkte, dass eine zweimotorige Maschine sich schnell näherte. Er rief Wall zu, Gas zu geben, doch die Me 262 näherte sich weiterhin mit hoher Geschwindigkeit. Geschickt wartete Wall bis der Strahljäger bis auf Schussentfernung heran war und zog die Mosquito in eine enge Kurve, dass die Geschosse der Kanonen ins Leere gingen. Nachdem sich dieses Manöver viermal wiederholt hatte, versuchte der deutsche Flieger einen Angriff von unten, doch Wall entkam erneut und tauchte in den Schutz einer Wolkenbank. Nach etwa drei Minuten verließ er vorsichtig über Tirol die Wolken und bemerkte zu seiner Erleichterung, dass die Me 262 verschwunden war. Die Mosquito landete sicher in Fermo in Italien etwa dreieinhalb Stunden nach dem Start in Benson/Südengland. Im Kriegstagebuch des Ekdo 262 gibt es keinen Bericht über diesen Kampf. Am nächsten Tag jedoch meldete Lt. Alfred „Bubi" Schreiber, der die Me 262, „Weiße 4" (W.Nr. 130017), flog, die Zerstörung einer „Mosquito" über Bayern. Das war der erste gemeldete Luftsieg einer Me 262. Allerdings gibt es keine Eintragung eines Verlustes einer Mosquito in den RAF-Aufzeichnungen, so dass wahrscheinlich die beiden Tage verwechselt wurden, was nicht ungewöhnlich ist. Es ist leicht möglich gewesen, dass der Luftwaffen-Pilot dachte, er hätte Walls Flugzeug zerstört, als dieses in die Wolkenbank tauchte. Mit diesen Kampfflügen war die Me 262 der erste Einsatz-Strahljäger der Welt geworden und einige vorausschauende Kommandeure der alliierten Luftstreitkräfte waren bereits durch Aufklärungsberichte auf die

Bodenpersonal kontrolliert die Funktion der Triebwerksbediengeräte an der Me 262 A-1a, „Weiße 6", W.Nr. 170063, des Erprobungskommando 262.

Nach der Wartung der Me 262 A-1a, „Weiße 3, W.Nr. 170067, des Erprobungskommandos 262 überprüft ein Mechaniker am Ende alle Wartungsklappen und -öffnungen, um sicherzustellen, dass alle sicher befestigt wurden. Der äußere Vorflügel ist wie üblich bei der Me 262 am Boden ausgefahren, während sich das innere Teilstück in geschlossener Stellung befindet.

Der Wart bemerkt den festgeklemmten automatischen Vorflügel und beseitigt das Problem sorgfältig mit Hilfe einer Zange, bis sich der Schlitz leicht öffnen und schließen lässt. Der Drahtkorb vor dem Triebwerkseinlauf sollte das Ansaugen von Fremdkörpern während eines Triebwerksprobelaufs verhindern. Alle Flugzeuge des Erprobungskommandos 262 hatten weiße Erkennungsziffern, die direkt vor der Flügelvorderkante auf den Rumpf gemalt und mit einem dünnen schwarzen Rand versehen waren.

Im weiteren Verlauf seiner Überprüfung untersucht der Mechaniker den Zwiebel genannten Heckkonus, der im Flug verstellt werden konnte, um den Strahlaustritt aus dem Triebwerk zu vergrößern oder zu verkleinern.

Diese Nahaufnahme des Jumo 004 B-Turbinenluftstrahltriebwerks zeigt den Nasenkonus im Lufteintritt mit dem Zugring in der Mitte zum Anwerfen des Zweitakt-Motors des Riedel-Anlassers.

Das gelbe Dreieck markiert die Einfüllöffnung für den 87-Oktan-Treibstoff des Riedel-Anlassers.

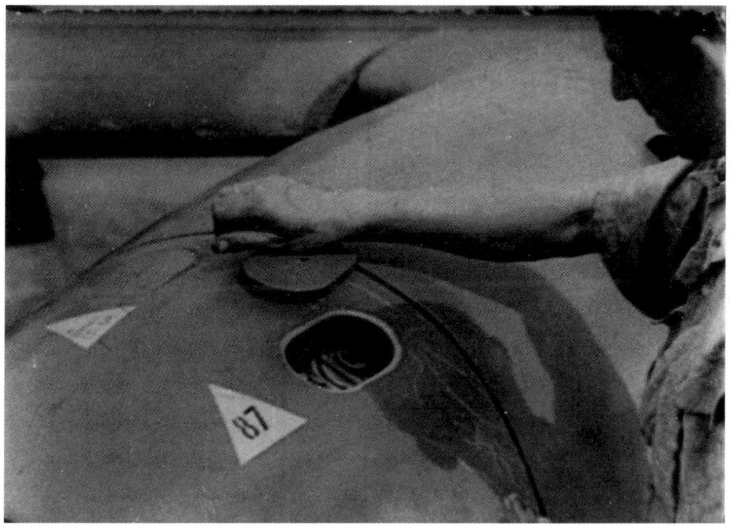

In dieser Bildfolge entfernt der Bordwart die Wartungsverkleidung des Backbord-Triebwerks der Me 262 für eine Routinekontrolle. Bemerkenswert ist wieder der Drahtkorb zum Schutz des Lufteinlaufs. Die Bauart dieses Schutzkorbs und der Verkleidungsbleche variierte beträchtlich. Es wird von einem Fall berichtet, wo ein Mann vom Bodenpersonal fast erstickt wäre, weil er zu nahe am Lufteinlauf stand, als das Triebwerk anlief.

Air Marshal Sir Arthur Coningham (links), Kommandeur der 2. Taktischen Luftflotte, warnte Offizierskameraden, dass die Me 262 die alliierte Luftüberlegenheit „wegwischen" könnte und der Luftwaffe einen „gewaltigen Vorteil" verschaffen würde. Coningham ist hier im Juni 1944 in der Normandie mit Air Vice Marshal Harry Broadhurst (Mitte), Kommandeur der 83. Gruppe der 2.Taktischen Air Force und Air Chief Marshal Sir Arthur Tedder (rechts), dem stellvertretenden alliierten Oberbefehlshaber, zu sehen.

Gefahren durch die deutsche Strahljägerentwicklung aufmerksam geworden. Schon im April 1944 hatte Luftmarschall Sir Arthur Coningham, Kommandeur der britischen Zweiten Taktischen Luftflotte, dessen Aufgabe die Luftunterstützung von Montgomeries Armeen in Nordwesteuropa nach der Invasion sein sollte, seine Befürchtungen einem engen Freund offenbart: „Ich werde nervös wegen der Verzögerungen beim Bau unserer strahlgetriebenen Flugzeuge", schrieb der harte Neuseeländer. „(Deutsche) Strahlflugzeuge können unsere große Luftüberlegenheit in der Zukunft auslöschen." Im folgenden Monat sagte Coningham zum Air Chief Marshal Sir Trafford Leigh-Mallory, dem Kommandeur der Alliierten Invasions-Luftstreitkräfte, dass das in Dienst stellen der deutschen Strahljäger der Luftwaffe „einen immensen Vorteil" verschaffen würde und deshalb jeder nur mögliche Druck nötig sei, um eine schnelle Produktion britischer Strahlflugzeuge zu sichern. Zwei Monate später, am 27. Juli, flog dann der britische Strahljäger Gloster Meteor seine ersten Einsätze gegen die fliegenden Bomben V-1.

Die britische Forschung auf dem Gebiet des Strahlantriebs geht bis auf das Jahr 1929 zurück, als ein junger RAF-Offizier, Frank Whittle, den ersten praktischen Vorschlag für ein Strahltriebwerk machte. Er beantragte am 6. Januar 1930 ein vorläufiges Patent, das 18 Monate später erteilt wurde. Bedauerlicherweise begegnete Whittle großer Trägheit und Desinteresse, so dass es bis zum Juli 1939 dauerte, bis ein offizieller Auftrag für ein von seinem Motor angetriebenes Flugzeug erteilt wurde. Diese Maschine, die Gloster E.28/39, flog erstmals am 15. Mai 1941, angetrieben von einem Whittle-Strahltriebwerk W1, das 390 kp Schub bei 17750 Umdrehungen pro Minute erzeugte. Schon dieses erste Versuchsmuster hatte bessere Leistungen als die Spitfire und wurde bald darauf Winston Churchill vorgeführt.

Wegen der Probleme durch die deutschen Luftangriffe entschieden Sir Henry Tizard vom britischen Luftfahrtministerium und General „Hap" Arnold von der USAAF, dass die einheimische Strahltriebwerksentwicklung durch eine Fertigung bei der General Electric Gesellschaft in den USA unterstützt werden sollte. Am 1. Oktober 1941 wurden ein demontiertes W1X-Triebwerk und eine Gruppe Mitarbeiter von Whittles Firma Power Jets in einer B-24 Liberator in die USA geflogen. Ein Satz Zeichnungen des neuen Whittle W2B wurde ebenfalls in die USA geschickt und im April 1942 begannen bei General Electric schon die Prüfstandsversuche des Triebwerks unter der Bezeichnung I-14. Dieser Motor wurde als Antrieb für Amerikas erstes Strahlflugzeug Bell XP-59 A verwendet, das erstmals am 2. Oktober 1942 auf dem Muroc Lake in Kalifornien flog.
Doch schon bevor die E.28/39 ihren ersten Flug machte, war durch das britische Luftfahrtministerium ein Entwicklungsauftrag für einen zweistrahligen Jäger unter der Bezeichnung F.9/40, der späteren Meteor, erteilt worden. Da die von Rover gebauten W2B-Triebwerke damals nur einen Schub von 450 kp erzeugten, wurde die Meteor beim Erstflug von Halford H.1-Motoren angetrieben. Das war am 15. März 1943 in Cranwell. Viele Probleme der W2B-Triebwerke wurden gelöst, nachdem die Fertigung von Rover auf Rolls Royce übertragen wurde. Die Meteor flog mit diesen Triebwerken, die in Welland umbenannt worden waren, erstmals im Juni 1943. Diese Motoren, die bald den Entwurfsschub von 770 kp erreichten, wurden als Antrieb des ersten Serienmodells ausgewählt, das die Bezeichnung Meteor I erhielt.

Die ersten beiden Meteor I aus der Reihenfertigung kamen am 12. Juli 1944 zur 616. Squadron in Culmhead, die am Monatsende in Manston/Kent mit einer Mischung aus Spitfires und sieben Meteors einsatzbereit war. Die ersten Einsätze gegen V-1-Flugbomben waren wegen Problemen mit häufig blockierten Waffen wenig überzeugend. Den ersten

Erfolg gegen eine V-1 erzielte Flying Officer Dean am 4. August, als er die Flügelspitze seiner Meteor unter die Tragfläche einer Flugbombe schob und diese durch Hochkippen zum Absturz in freier Landschaft brachte. Minuten später konnte Flg. Off. Roger einen zweiten Sieg melden, als er eine V-1 in konventioneller Manier abschoss. Das waren die ersten alliierten Luftsiege auf Strahljägern.

Das Ekdo 262 hatte inzwischen seine Einsätze mit der Me 262 fortgesetzt. Am 30. Juli musste Fhr. Herbert Kaiser wegen eines Triebwerksbrands die W.Nr. 170058 um 9.58 Uhr bei Biberach verlassen. Er überlebte unverletzt den Absprung. Drei Tage später meldete die Einheit ihren zweiten Luftsieg, diesmal eine Aufklärungsmaschine Spitfire, ebenfalls durch Lt. Schreiber abgeschossen.

Am 5. August folgte Hptm. Horst Geyer auf Thierfelders Platz als Kommandeur des Erprobungskommandos 262. Vor der Übernahme der Me 262-Einheit leitete Geyer das Erprobungskommando 25 (später JGr. 10), eine andere Versuchseinheit, die verschiedene Waffen zum Einsatz gegen die schweren Bomberverbände der Alliierten erprobte. Das Kommando tauschte auch einiges weiteres Personal mit der JGr. 10 in Parchim. Zu dieser Zeit bestand das Führungspersonal des Ekdo 262 aus:

Kommandeur:	Hptm. Horst Geyer
Adjutant:	Oblt. Günther Wegmann
Major beim Stab:	Hptm. Heinrich Richter (JGr.10)

Technischer Offizier:
Oblt. Georg Wiing (JGr.10)
Nachrichtenoffizier:
Oblt. Leitner
I B/Wa. (Waffenspezialist):
Oberinsp. Tietze (JGr.10)
IV A (Verwaltungsoffizier):
Obzm. König

In England machte Group Captain Frank Whittle den ersten praktikablen Vorschlag für ein Turbostrahltriebwerk, doch wegen fehlenden Interesses beim britischen Luftfahrtministerium dauerte es bis zum Juli 1939, bevor der erste Auftrag für ein mit einem seiner Motoren angetriebenes Flugzeug erteilt wurde.

Das erste britische Strahlflugzeug war die Gloster E 28/39 Pioneer, die am 15. Mai 1941, angetrieben von einem Whittle W 1 Triebwerk, das 390 kp Schub entwickelte, flog.

Zwei Stück des ersten amerikanischen Strahlflugzeugs Bell XP-59A Airacomet. Die obere Maschine ist die P-59A, darunter die P-59B. Nach einem Besuch von General Hap Arnold in Großbritannien im Juni 1941 erwarb General Electric die Zeichnungen von Whittles Strahltriebwerk W2B und baute es unter der Bezeichnung 1A in Lizenz. Dieses Triebwerk, das 570 kp Schub erzeugte, wurde als Antrieb der Airacomet benutzt, die ihren ersten Flug am 1. Oktober 1942 ausführte. Obwohl die Leistungen der Airacomet unbefriedigend blieben, wurden zwei weitere Prototypen, dreizehn Vorserienmuster und 50 Serienmaschinen gebaut.

Die Gloster E 28/39 mit der Seriennummer W4041/G startet irgendwann im Juni 1944 beim Royal Aircraft Establishment in Farnborough/England. Der Buchstabe „G“ in der Seriennummer zeigt an, dass die Maschine während der gesamten Zeit ihres Aufenthalts auf dem Versuchs- und Erprobungszentrum in Farnborough unter Bewachung stehen musste.

Die Gloster F.9/40 mit der Seriennummer (S/N) DG204 war der dritte Prototyp und wurde zur Erprobung der Metro-Vickers (Metrovick) F-2/2 und F-2/4 Strahlturbinen verwendet. Das waren Axial-Triebwerke mit je 907 kp Schub. Es ist interessant anzumerken, dass die britischen Axialtriebwerke, wie die bei der Me 262, unter den Tragflächen befestigt waren.

Die Gloster F.9/40, S/N DG 202/G, war der erste Prototyp eines Strahljägers, jedoch die fünfte Maschine, die flog. Sie hatte zwei von Rover gebaute W.2B-Triebwerke mit je 454 kp Schub. Später diente diese Maschine ausgedehnten Tests der Rolls-Royce B. 23-Strahlturbinen.

Die Gloster Meteor F-1 war die zweite Meteor aus der Serienfertigung und wurde zuerst von zwei Rolls-Royce Welland-Strahltriebwerken mit je 1179 kp Schub und später W2/700-Motoren angetrieben. Das Flugzeug ging erst im April 1956 zur Verschrottung. Zu den ersten Einsätze der mit Meteor ausgerüsteten 616. Squadron der RAF gehörte das Abfangen der schnellen deutschen Flugbomben V-1 (eingesetztes Bild), die von Basen in Frankreich über den Kanal nach Südengland abgeschossen worden waren.

IV B (Einheitsarzt): Oberarzt Dr. Debus
Staffelkapitän der 8./ZG 26:
Oblt. Hans-Günther Müller
Staffelkapitän der 9./ZG 26:
Oblt. Paul Bley

Am 8. August schoss Lt. Joachim Weber vom Ekdo 262 die zweite Mosquito der Einheit, eine Maschine der 802. US Aufklärungsgruppe, über dem Ammersee südwestlich von München ab. Der Bericht darüber wurde abgefangen und vom alliierten „Ultra"[2]-Entschlüsselungsteam in Bletchley Park, nördlich von London, decodiert. Die Übersetzung lautete: „Das Ekdo 262 in Lechfeld beantragt den Abschuss eines alliierten Flugzeugs zu bestätigen. Das Kommando der Erprobungsstellen in Rechlin schickte an den Luftgau West Frankreich eine Liste von Teilen der Me 262, die als knapp bekannt sind und sagte, dass es nicht genug Erfahrungswerte hat, um festzustellen, welche Teile einem hohen Verschleiß ausgesetzt sind. Es ergänzt, dass alle weiteren Fragen über die Verwendung der Me 262 an den General der Kampfflieger zu senden sind."

Sieben Tage nach Webers Sieg startete am 15. August eine Mosquito mit der Besatzung Capt. Saloman Pienaar und Lt. Archie Lockhart-Ross von der 60. Squadron der Südafrikanischen Luftwaffe in San Severo in Italien, um den Flugplatz Leipheim zu fotografieren. Nach einem Flug entlang der Adria-Küste und in Richtung Prag schwenkten sie ein, um sich München von Nordosten zu nähern. Pienaar erinnerte sich: „Ich sollte an diesem Tage gar nicht fliegen. Die Aufklärung hatte einen dringenden schnellen Flug über das Gebiet des Schwarzwaldes verlangt. Normalerweise meldet man sich nicht freiwillig für einen anderen zum Flug, da dies Pech bedeuten sollte. Aber der zum Flug eingeteilte Pilot hatte eine saumäßige Erkältung und der andere, der ihn hätte vertreten können, war am Ende seiner Einsatzdauer und so wollten wir ihm die in der Einheit traditionellen „Milchtouren" überlassen. Wir flogen in 30000 Fuß Höhe (rund 10000 m). Der Nachmittag war auch schön, mit leichter Bewölkung, als wir über die Adria in Richtung Prag abflogen.

Wir drehten nord-nordöstlich von München und flogen über einen Flugplatz namens Memmingen, ich fühlte mich aber nicht sehr wohl dabei; es war alles zu ruhig, keine Flak, keine feindlichen Jäger. Wir kannten die feindlichen Jäger gut und wussten, dass sie der „Mossie" nichts anhaben konnten, hatten aber von diesem neuen Jäger gehört, der etwas anderes sein sollte.

Archie war am Zielgerät und kontrollierte die Funktion der Sechszoll- und 12-Zoll-Reihenbildkameras, wir hatten aber auch die große 36-Zoll-Kamera für Detailaufnahmen an Bord, bei deren Einsatz man stur

Eine von Captain Saloman „Pi“ Pienaar geflogene Mosquito der 60. Squadron der SAAF begegnete einer Me 262, wahrscheinlich vom Erprobungskommando 262, als sie am 15. August 1944 Flugplätze in Süddeutschland fotografierte. Pienaar erinnerte sich: „Ich hatte meine Augen nur ein paar Sekunden von diesem Fleck abgewandt, doch als ich wieder hinsah, war er direkt hinter mir und stieg in Angriffsposition...“. Die Me 262 griff die Mosquito mehrmals an und schoss ihr die Backbord-Landeklappe, das linke Querruder und den Hauptholm des Backbord-Höhenruders ab. Dessen ungeachtet gelang es Pienaar und seinem Navigator/Beobachter Lt. Archie Lockhart-Ross zu ihrer Basis in San Severo in Italien zurückzufliegen. Dort wurde ihr Flugzeug wegen der Schäden, die der deutsche Strahljäger ihm zugefügt hatte, aus dem Dienst genommen. Pienaar (rechts) und Lockhart-Ross sind hier neben ihrem beschädigten Flugzeug in San Severo zu sehen.

geradeaus und auf gleicher Höhe fliegen muss, weil sonst die Aufnahmen unbrauchbar werden. Beim nächsten Flugplatz, es war nur ein sehr gut getarnter Landestreifen, schrie Archie: „Ich kann ihn sehen... Da steigt ein Jäger mit teuflischer Geschwindigkeit auf!“ Ich bat Archie ein Auge darauf zu behalten, da ich konstant in gleicher Höhe geradeaus flog, doch schon ein paar Minuten später entdeckte ich einen Punkt auf meinem Rückspiegel, allerdings nur einen Punkt.

Bis dahin kriegte niemand eine Mossie, aber dieser Jäger musste gut 5000 Fuß in der Minute steigen, so dass ich ihn beachten musste, besonders als Archie sagte: „Das ist der Jäger!“

Ich hatte meine Augen nur ein paar Sekunden von diesem Fleck abgewandt, doch als ich wieder hinsah, war er schon direkt hinter mir und stieg noch etwas in Schussposition. Dabei sah er nicht aus wie ein normales Flugzeug. Das war überhaupt kein normaler Jäger.

Statt nach links abzudrehen, griff ich die Gashebel und Luftschraubenverstellung, warf den Zusatztank ab und zog die Maschine nach rechts. Genau dabei feuerte er und traf mein linkes Querruder, das vollständig wegflog. Ich war noch in der Rechtskurve als alles wegflog. Ich konnte es aus den Augenwinkeln sehen, doch wollte ich lieber nicht genau hinsehen. Plötzlich riss es meine Maschine nach links – sämtlicher Auftrieb am linken Querruder war weg – und im nächsten Augenblick war ich im Trudeln. Normalerweise ist das erste was man beim Trudeln machen muss, gegenzusteuern und das Gas rauszunehmen und ich hatte die Gashebel hinten, doch nichts geschah; die Motoren liefen voll weiter und ich hörte sie heulen, doch das Flugzeug fiel weiter. Mit voll rechts eingeschlagenen Rudern gab es, als ich den Steuerknüppel nach vorn schob, nur ein kleines Schütteln... das war alles.

Es ging immer weiter abwärts und als ich hörte, wie sich die Lader der Motoren abschalteten, wusste ich, dass ich schon runter auf 19000 Fuß war. Ich sah die beiden Gashebel hinten und die beiden Luftschraubenverstellungen vorn. Nun zog ich den Hebel der Propellerverstellung des Steuerbordtriebwerks zurück und als ich dies tat, konnte ich hören, wie die Drehzahl zurückging und das Flugzeug wurde wieder steuerbar. Ich flog es mit dem Steuerknüppel nach rechts, das Seitenruder ebenfalls voll rechts ausgeschlagen und mit heulendem und kochenden linken Motor. Die Drehzahl des rechten Motors war gefallen, aber der Ladedruck war noch vorhanden.

Ich war immer noch damit beschäftigt, die Dinge in Ordnung zu bringen, als Archie schrie: „ Sieh raus, er kommt wieder!“ Alles was ich tat, war alles loszulassen und das Flugzeug zuckte nach links weg, so dass er über uns hinwegschoss. Ich konnte den Me 262-Piloten nach uns zurückschauen sehen... Er war ein guter Flieger und immer wenn er vorbeiflog, zog er in die Sonne hoch. Er spielte richtiggehend mit uns mit seiner enormen Geschwindigkeit, aber Archie war ein

Im August 1944 übernahm Hptm. Horst Geyer (Mitte) das Kommando über das Erprobungskommando 262 nach Werner Thierfelders Tod. Er ist hier 1943 in einer der hochbegehrten Fliegerjacken der USAAF zu sehen, als er das Erprobungskommando 25 befehligte, die Erprobungs- und Auswertungseinheit für Luft-zu-Luft-Bewaffnung der Luftwaffe.

Me 262 A-1a, W.Nr. 170045, „Weiße 5", des Erprobungskommandos 262 in Lechfeld, August 1944.
Dieses Flugzeug wurde in Schwäbisch-Hall gebaut und hat einen Tarnanstrich, ähnlich wie die anderen Flugzeuge des Erprobungskommandos 262. Es wurde im Oktober 1944 an das Kommando Nowotny in Hesepe abgegeben und erlitt am 6. November mit Ofw. Helmut Baudach am Steuer einen Unfall. Nach der Reparatur wurde es an die I./KG(J) 54 geliefert.

Die obere Bildfolge mit Aufnahmen der Me 262 A-1a, W.Nr. 170045, „Weiße 5", zeigt die Maschine kurz nach einer Landung in Lechfeld. Ein Mann des Bodenpersonals ist auf die Fläche gestiegen, um dem Flugzeugführer beim Öffnen der Haube und des Gurtzeugs zu helfen. Gleichzeitig nähert sich ein weiterer Mechaniker um den Drahtkorb über die Ansaugöffnung des Backbord-Triebwerks zu legen und das Hauptfahrwerk mit Bremsklötzen zu sichern.

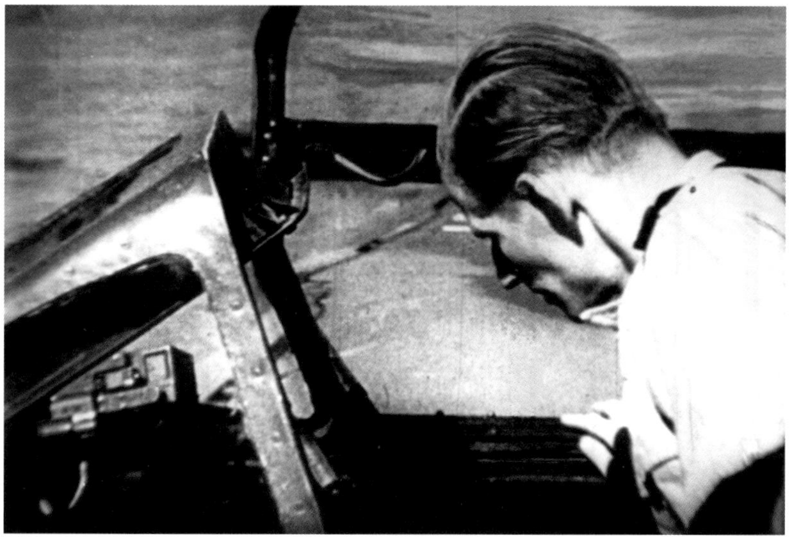

Ein Bordwart des Erprobungskommandos 262 überprüft die Instrumente im Flugzeugführersitz einer Me 262. Man beachte die Stärke der Windschutzscheibe aus Panzerglas.

Das Instrumentenbrett einer Me 262 A-1a zeigt die sechs Hauptinstrumente oben links: den Fahrtmesser, den Wendezeiger, den Steigungsmesser, den Höhenmesser, den Kompass und das Blindlande-Anzeigegerät AFN 2. Rechts befinden sich die Triebwerksüberwachungsgeräte, je ein Satz pro Strahlturbine mit Drehzahlmessern, Temperatur-, Kraftstoff- und Schmierstoffdruckmessern.

Eine Serie von Bildern, die das Betanken der Me 262 A-1a, „Weiße 6“, eventuell die W.Nr. 170063, des Erprobungskommandos 262 im Sommer 1944 in Lechfeld darstellt.

Ein Bodenkontrolloffizier beobachtet die Anfahrt eines Opel Blitz Tankwagens. Dieser ist grün und dunkel sandfarben getarnt und deutlich mit dem Treibstoffkennzeichen „J2“ versehen. J2 war ein niedrig raffinierter Treibstoff, ähnlich dem Dieselöl und 1944 normalerweise noch gut verfügbar, trotz der Transport- und Produktionsprobleme des Dritten Reiches zu dieser Zeit.

Nach dem Anhalten des Tankwagens nimmt ein Mechaniker den Füllschlauch und steckt ihn in die Tanköffnung des Strahljägers. Die Me 262 A-1a trug insgesamt 2570 Liter Kraftstoff in ihren vier Treibstoffbehältern, womit sie eine Reichweite von 845 km in 6000 m Höhe erzielen konnte.

wundervoller Kumpel in diesen Momenten. Er meldete sofort, wenn die Me 262 tausend Yards entfernt war... Schussentfernung... aber jedes Mal, wenn ich ihn eng auskurvte, verlor ich einiges an Höhe. Der dritte, richtig konzentrierte Angriff erfolgte, als ich schon auf sieben bis achttausend Fuß runter war, aber ich war schon ein Stück weiter in Richtung Schweiz gekommen und es gab etwas niedriger liegende Wolken, in die ich abtauchte. Doch da ich bei jedem Ausweichmanöver etwas an Höhe verlor, sagte ich, als er seinen Angriff wiederholte, zu Archie: „So, auf geht´s...“, und riss die Maschine herum, um schließlich direkt auf die Me 262 zuzuhalten. Sollten wir am Ende dran sein, konnten wir ihn auch mitnehmen! Er flog so dicht über uns hinweg, dass ich nur noch den Bauch seiner Maschine sah. Dann tauchte ich wieder in eine tiefere Wolkenschicht ein. Das war irgendwo in der Nähe des Bodensees. Der Frontalangriff gab mir etwas mehr Zeit, da die Me 262 einen beachtlichen Kurvenradius hatte. Doch als ich in der Wolke auf meinen künstlichen Horizont schaute, stand er senkrecht. Der letzte Angriff erfolgte in 500 Fuß Höhe, aber ich denke, dass dem Burschen der Treibstoff ausging, da er nur noch einmal über mich fegte und dann den Kampf abbrach. Das kam gerade rechtzeitig, weil ich die Mossie nicht über 500 Fuß bekam, da der linke Motor dann kochen würde. Der Gashebel war bei Vollgas verklemmt, verursacht durch einen Schaden im Verbindungsgestänge wegen eines Treffers im Hauptholm. Das rechte Triebwerk hatte noch vollen Ladedruck, aber wir reduzierten die Umdrehungen und so kamen wir gerade so über die Hügel und verloren dann weiter an Flughöhe.“

Die angeschlagene Mosquito schaffte es noch bis nach San Severo zurückzukommen, wo beide Besatzungsmitglieder mit dem DFC (Distinguished Flying Cross) ausgezeichnet wurden. Obwohl das Flugzeug abgeschrieben werden musste, hatte der Einsatz einen bemerkenswerten Erfolg, da die Kameras einige klare Bilder der Me 262 aufgenommen hatten.

Am gleichen Tag gab es in Lechfeld einen Alarmstart von Fw. Lennartz und Ofw. Kreutzberg vom Ekdo 262 zum Abfangen einer B-17 bei Stuttgart. Lennartz griff sie an und schoss ihr die Backbord-Tragfläche mit seinen 30-mm-Kanonen weg. Drei Tage später, am 18. August, wurde eine von Flt. Lt. F. L. Dodd geflogene Mosquito der 544. Squadron von einer Me 262 des Ekdo 262 über Giebelstadt abgefangen, doch konnte diesmal das britische Flugzeug unbeschadet entkommen.

Am 18. August wurde die 8. Staffel des ZG 26 nach Rechlin-Lärz verlegt, um das erste Einsatzkommando gegen alliierte

Die Me 262 A-1a, W.Nr. 170061, „Weiße 11“ des Erprobungskommandos 262 im Sommer 1944 in Lechfeld. Die meisten Flugzeuge der Einheit hatten schmale gelbe Bänder, die vor dem Hoheitszeichen um den Rumpf gemalt waren. Das eingesetzte Bild zeigt Bodenpersonal bei Arbeiten am Höhenrudermechanismus der „Weißen 11“.

Aufklärungsflugzeuge zu bilden. Die Flugzeugführer der Einheit waren Oblt. Müller, Lt. Weber und Fw. Lennartz, Lt. Preusker war der Jäger-Leitoffizier. Zwei Tage später berichtete ein amerikanischer Jagdflieger über eine Begegnung mit einer Me 262. Es ist offensichtlich, dass der Strahljäger noch sehr neu für die alliierten Piloten war: „Der blaue Schwarm flog über uns Höhendeckung in 13000 Fuß, während wir uns, zusammen mit einem anderen Schwarm, darunter befanden. Wir flogen nach Norden, als ich eine Maschine, sehr ähnlich einer A-20, in 3-Uhr Richtung in der Sonne sah. Sie schien sich eine Position für einen Angriff auf uns zu suchen. Ich drehte in die Sonne aus Richtung 6 Uhr. Wir griffen an, aber wegen der enormen Geschwindigkeit des Feindflugzeugs konnte ich nicht in Schussposition kommen. Der Gegner begann aus etwa 1000 Yards Entfernung zu feuern. Wir konnten ihn leicht ausmanövrieren und als er an uns vorbeitauchte, sah ich, dass er strahlgetrieben war. Während Rumpf und Leitwerk der Me 262 entsprachen, sahen Tragflächen und Triebwerksgondeln anders aus. Die Flügel liefen hinten spitz aus und die Gondeln ragten nicht über die Flächenhinterkante, wie bei der Me 262. Die Geschwindigkeit erlaubt es bei dieser Feindmaschine, dass eine Maschine jederzeit in der Sonne ist, während eine andere gleichzeitig aus der entgegengesetzten Richtung angreift. Wenn wir zu einem Angriff aus der Sonne einkurvten, griff uns der Lockvogel aus 6 Uhr an. In dieser Art wechselte sie die Positionen für einen weiteren Angriff. Die Maschine eröffnete das Feuer aus geschätzten 1000 Yards und schien sechs bis acht Kanonen im Bug zu haben. Meiner Meinung nach hatte diese Maschine keine Waffen in den Tragflächen. Alle Angriffe dieses Flugzeugs auf uns wurden aus einem Sturz mit Winkeln zwischen 45 und 69 Grad ausgeführt. Dieser wurde eingehalten bis die Maschine etwa 7000 Fuß unter uns war, von wo ein etwa zehn Meilen langer Geradeausflug folgte, bis zum erneuten Steigflug um Höhe zu gewinnen.

Diese Angriffsmethode erforderte sehr viel Raum und wir hätten nicht in dieser Maschine sein mögen. Ich bin sicher, wir hätten ihm nach unten wegtauchen können. Jede der beiden Maschinen würde angreifen, wenn die andere nicht in perfekter Position war. Die Angriffe waren gut koordiniert. Sie versuchten nicht, mit uns den Kurvenkampf aufzunehmen, sondern setzten den Sturzflug fort, nachdem wir ihren Kanonen einfach ausgewichen waren. Wenn man diese Art von Flugzeugen auskurven will, muss man aufpassen. Das Ausweichen muss viel früher eingeleitet werden, als es beim Kampf gegen Bf 109 oder Fw 190 nötig ist. Das erfordert die kolossale Geschwindigkeit des Feindflugzeugs. Der Kampf dauerte etwa 10 Minuten. Wir konnten keinen Schaden oder Verletzungen an der gegnerischen Maschine erzielen und sie nicht bei uns. Der Gegner flog davon. Ich folgte mit einer angezeigten Geschwindigkeit von 350 mph (563 km/h) bis auf 15000 Fuß (4600 m). Die Feindmaschine war in etwa fünf Sekunden in 10000 Fuß aus meiner Sicht.“

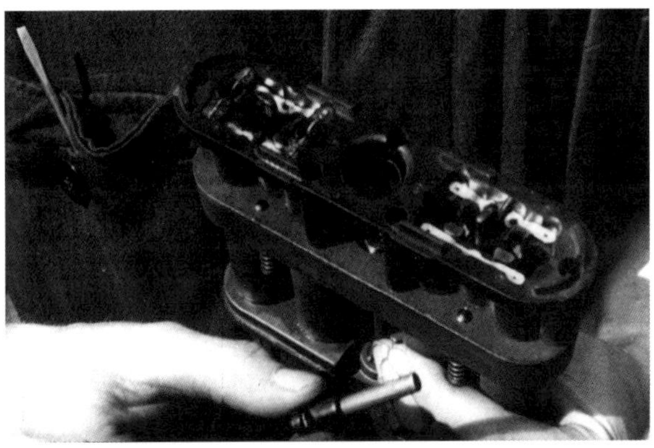

Diese Folge von Einzelbildern aus einem Film zeigt einen Wart des Erprobungskommandos 262, der mit einem Schraubendreher eine der beiden Kassetten für Signalmunition, die auf der Backbordseite des Hinterrumpfs eingebaut waren, demontiert. Bis zu acht Leuchtsignale konnten benutzt werden, die normalerweise rote und weiße Erkennungssignale waren, die beim Anflug auf eigene Flugplätze abgefeuert wurden. Das untere Bild zeigt ein anderes Flugzeug, erkennbar an der leicht verschobenen Position des Balkenkreuzes auf dem Rumpf gegenüber der ersten Maschine.

Am 24. August meldete Ofw. Helmut Baudach vom Ekdo 262 den Abschuss eines Aufklärers[3] Lightning F-5. Unerklärlicherweise wurde dies in einem Brief von Professor Messerschmitt an Baudach, geschrieben am 4. September, als dritter Luftsieg einer Me 262 bezeichnet:

„Sie haben unseren neuesten Strahljäger bei seinen ersten Einsätzen geflogen und in Ihrer Hand hat die Me 262 siegreich ihre Feuertaufe bestanden.

Ich gratuliere Ihnen zu diesem großen Erfolg, der für mich die Freude des Wissens darüber bedeutet, dass unsere letzte Entwicklung sich bewährt hat und die Gewissheit, dass die Luftüberlegenheit über unserem Heimatland wieder erreicht werden kann.

In diesem Sinne verbinde ich meine Gratulationen zum dritten Luftsieg in der Me 262 mit meinen besten Wünschen für viele weitere erfolgreiche Luftkämpfe."

Zwei Tage später schoss Lt. Schreiber eine Mosquito der 60. Squadron ab und Ofw. Recker eine Spitfire, wahrscheinlich von der 683. Squadron. Ebenfalls am 26. August wurden die ersten Einzelheiten zur Flugzeugerkennung der Me 262 an die Wehrmacht ausgegeben:

Bezug: Neuer Typ eines Einsatzflugzeugs
Gen.Kdo.LXIV.A.K. informiert per Fernschreiben:
„Neues Einsatz-Flugzeugmuster Me 262
Grobbeschreibung:
Eindecker zweimotorig, einfaches Seitenleitwerk, kein Fahrwerk, rechteckiges Mittelstück, hochliegendes Höhenleitwerk, kein Motorgeräusch, stark pfeifender Klang."

Ende August 1944 gab der General der Jagdflieger ein Dokument zum vorgesehenen Trainingsprogramm für die Me 262 heraus. Drei Einsatzkommandos sollten in Lechfeld, Rechlin-Lärz und Erfurt-Bindersleben aufgestellt werden, jedes geführt von einem Offizier im Rang eines Staffelkapitäns. Aufgaben waren das Ausmerzen der technischen Probleme, Entwicklung taktischer Verfahren und die Ausarbeitung eines Trainingsprogramms für Jagdflieger auf der Me 262, das für Einzelmaschinen, und beim Einsatz in der Rotte, dem Schwarm, der Staffel und der Gruppe anwendbar war. Zur gleichen Zeit sollte die III./ZG 26, bestehend aus der Stabskompanie und den Staffeln 8 und 9, ihr Training unter Betreuung von Messerschmitt in Leipheim, Schwäbisch-Hall und Lechfeld fortsetzen. Für die Rolle des Gruppenführers war Hptm. Geyer, Kommandoführer des Ekdo 262, vorgesehen. Die 7. Staffel des ZG 26 ging in der II./ZG 1 auf.

Eine Aufstellung der an die Einheit zu liefernden Bodengeräte, einschließlich Funkmess-, Funk- und zugehörigen Apparaten war beigefügt und das folgende Schulungsprogramm für Flugzeugführer wurde vorgeschlagen:

a) A-Schule (Anfangs-Flugtraining)
b) Jagdschule
c) Jagdergänzungsgruppe
d) Spezielles Me 262-Training auf Flugzeugen, wie Si 204, Bf 110 oder Me 210. Die Ta 154 und Me 262 sollten für das endgültige Strahljägertraining benutzt werden. (Die Ta 154 wurde

Das sogenannte „Kettenkrad", ein Halbketten-Motorrad, wurde häufig zum Schleppen der Me 262 am Boden benutzt. Hier wird ein Flugzeug des Erprobungskommandos 262 in seine getarnte Abstellposition in Lechfeld im Sommer 1944 geschleppt.

Eine typische Szene vom Sommer 1944 in Lechfeld. Flugzeugführer und Bodenpersonal des Erprobungskommandos 262 benutzten Feldtelefone zur Verständigung mit anderen Angehörigen der Einheit auf dem Flugfeld. Der dritte von links am Telefon ist Lt. Alfred „Bubi" Schreiber, links von ihm steht Lt. Joachim Weber. Ganz links ist Fw. Puttkammer, ein Unteroffizier vom Nachrichtentrupp der Einheit.

hauptsächlich deswegen vorgeschlagen, weil sie wie die Me 262 ein zweimotoriges Flugzeug mit Bugrad Fahrwerk war).

e) Einsatzübungen mit der Me 262.

Die zur Taktikentwicklung vorgesehenen Teile des Kommandos waren dem Kommando von Maj. Walter Nowotny unterstellt, einem 23 Jahre alten österreichischen Jäger-As, der bereits 255 Luftsiege an der Ostfront beim JG 54 erzielt hatte und einer der bekanntesten jungen Flugzeugführer der Luftwaffe war. Die Autoren denken, dass Nowotny, obwohl ein exzellenter Kampfflieger von seltenem Können, vermutlich die vollkommen falsche Art von Person war, um die Einführung eines solch radikal neuen Flugzeugs, wie die Me 262, zu leiten. Ein älterer und technisch mehr befähigter Flugzeugführer wäre eine bessere Wahl gewesen.

Einer von Nowotnys damaligen großen Freunden war Lt. Karl „Quax" Schnörrer, ein Pilot, der anfangs große Schwierigkeiten hatte, die Bf 109 zu landen und nicht weniger als drei dieser Maschinen zu Beginn seiner Ausbildung beschädigt hatte. So hatte er seinen etwas unfairen Spitznamen, nach Heinz Rühmanns „Quax der Bruchpilot" erhalten. Schnörrer war längere Zeit Nowotnys „Katschmarek" (Rottenflieger) beim JG 54 in Russland gewesen und erhielt in Anerkennung seiner 46 Luftsiege das Ritterkreuz. Im November 1943 wurde er schwer verwundet, als seine Fw 190 A-5 von der Flak abgeschossen wurde. Er erinnert sich: „Am 12. November 1943, nach dem Abschuss von 36 russischen Flugzeugen wurde ich selbst abgeschossen und schwer verwundet, da sich mein Fallschirm nicht mehr richtig öffnete als ich zu niedrig ausstieg. Ich hatte eine Gehirnerschütterung, meine Rippen waren gebrochen, ebenso beide Knie und Arme. Eine deutsche Infanterieeinheit rettete mich aus dem Niemandsland. General Ritter von Greim[4] ordnete an, mich in seiner persönlichen He 111 nach Deutschland zurückzufliegen, damit ich die bestmögliche Behandlung bekommen würde. Nowotny begleitete mich. Alle drei Wochen besuchte er mich im Krankenhaus und brachte Lebensmittel, Getränke und Zigaretten. Eines Tages sagte Nowotny zu mir: „Quax wir werden ein ganz neues Flugzeug, einen Strahljäger, bekommen." Ich machte später meinen ersten Flug in der Me 262 im Juni 1944 noch mit vergipsten Beinen. Damals gab es noch keine Zweisitzer, deshalb flog ich ein paar Mal in der Bf 110, um mit einem zweimotorigen Flugzeug vertraut zu werden. Der erste Flug gab mir ein wundervolles Gefühl von müheloser Geschwindigkeit und Kraft.

Vor dem Fliegen der Me 262 bekam ich drei bis vier Tage am Boden Einweisung in die neuen Motoren, gefolgt von vierzehn Tagen Theorie. Die ersten Triebwerke flogen nur etwa zwölf Stunden bis die Turbinen ausgewechselt werden mussten. Wir hatten sehr vorsichtig mit den Gashebeln umzugehen. Wir konnten sie nur sehr langsam bewegen, weil ansonsten Brandgefahr bestand. Der Riedel-Anlasser brachte das Triebwerk auf 1800 U/min, bevor wir den Jumo mit C-3-Kraftstoff zündeten. Dann wurden die Leistungs-

WALTER NOWOTNY

Der am 7. Dezember 1920 in Gmünd in Österreich geborene Nowotny kam am 1. Oktober 1939 zur Luftwaffe, wo er ab Februar 1941 bei der 9./JG 54 im Einsatz flog. Er errang seine ersten Luftsiege am 19. Juli 1941, als er drei I-153 abschoss. Nach seinem 56 Luftsieg erhielt er am 4. September 1942 das Ritterkreuz und übernahm am 25. Oktober das Kommando der 9. Staffel des JG 54. Im Verlauf des Juni 1943 schoss er nicht weniger als 41 Flugzeuge ab, am 13. August allein neun und am 21. weitere sieben. An diesem Tag wurde er Gruppenkommandeur der I./JG 54 und am 4. September errang er als vierter Pilot weltweit seinen 200. Luftsieg. Im September erhielt er Eichenlaub und Schwerter zum Ritterkreuz und die Liste seiner Abschüsse stieg auf 250, weniger als einen Monat später. Am 19. Oktober wurde er als achter mit den Diamanten zum Ritterkreuz geehrt. Seine Karriere stoppte zeitweilig, als er im Februar 1944 versetzt wurde, um das Schuljagdgeschwader JG 101 zu kommandieren.

Major Walter Nowotny (rechts) mit Professor Kurt Tank, dem Chefkonstrukteur der Firma Focke-Wulf, während einer hochrangigen Besichtigung des Focke-Wulf-Werkes in Bad Eilsen am 21. Oktober 1943.

hebel langsam bis zum Erreichen von 3000 U/min geschoben, ehe wir auf den Kraftstoff J-2 umschalten konnten. Zwischen 6000 und 8000 Umdrehungen pro Minute konnten die Leistungshebel etwas schneller bewegt werden. Beim Erreichen von 8400 U/min lösten wir die Bremsen und ab ging es. Da der Kraftstoff nur für 40 bis 60 Minuten reichte, wurde meist sofort gestartet. Wir konnten es uns nicht leisten, zehn Minuten am Boden in Startposition zu rollen. Nach dem Abheben mussten wir das Fahrwerk einziehen.

Die anderen Flugzeugführer erzählten mir, dass das Fliegen nicht schwer sei, aber ich müsste alles im Steigflug, nicht im Niedergehen, erledigen. Sie sagten mir, dass, wenn man im Sturzflug die Geschwindigkeit über 1000 km/h steigen ließ, man nicht mehr herauskommen würde. Später wurde zwischen März und April 1945 ein neuer Steuerknüppel-Typ in alle Me 262 eingebaut. Ein weiteres Problem war, dass man aufpassen musste, beim Höhenflug nicht zuviel Gas heraus zu nehmen, weil sonst die Triebwerke ausgingen.“ Ende August 1944 waren die beiden Einsatzkommandos in Lechfeld und Lärz bereits einsatzbereit, während die dritte Einheit unter dem Kommando von Oblt. Günther Wegmann am 22. September nach Erfurt-Bindersleben ging. Vier Tage später erließ der General der Jagdflieger einen Befehl der die früheren Vorgaben ergänzte. Erstens wurde die III./ZG 26 in III./JG 6 umbenannt. Gleichzeitig: „... bilden die Kommandos in Schwäbisch-Hall, Leipheim, Erfurt-Bindersleben und Lärz, zusammen mit Teilen der Stabskompanie, der gesamten Nachrichtenabteilung und Teilen des Ekdo 262 eine neue Gruppe unter dem Kommando von Maj. Nowotny. Am 27. September verlegt diese Gruppe von ihren früheren Standorten nach Achmer bei Osnabrück. Die verbleibenden Teile der III./ZG 26 und des Ekdo 262 werden zu einer Einheit vereinigt, die unter Zuweisung neuen Personals das neue Erprobungskommando 262 bilden wird.“

Lt. Karl „Quax“ Schnörrer (rechts) im Gespräch über Flugtaktik mit Walter Nowotny in Russland 1943, als beide im JG 54 dienten. Schnörrer flog dann im Erprobungskommando 262, dem Kommando Nowotny und dem JG 7. Er erzielte 11 Abschüsse auf dem Strahljäger, bevor er am 30. März 1945 verwundet wurde und aus seiner Maschine aussteigen musste. Acht Tage vorher hatte er das Ritterkreuz erhalten.

Schon vorher, hatte am 5. September Lt. Schreiber vom Ekdo 262 in Lechfeld eine von Lt. Robert Hilborn geflogene amerikanische Spitfire XI der in Mount Farm stationierten 7. Fotoaufklärungsgruppe abgeschossen. Sie wurde über Stuttgart angegriffen und von dem Feuer der 30-mm-Kanonen der Me 262 „zerfetzt". Hilborn sprang ab und kam in Gefangenschaft. Am folgenden Tag fing Ofw. Göbel eine Mosquito der RAF ab und meldete ihren Abschuss. Dies kann eine Maschine der 540. Squadron, geflogen vom Staffelkapitän Fleming, gewesen sein, der vermisst blieb. Diese Einheit stieß am 9. September auf eine weitere Me 262 über Aschaffenburg und zwei Tage später berichteten die schweren US-Bomber erstmals über Kämpfe mit Strahljägern, als eine Formation der Achten Air Force bei Leipzig angegriffen wurde. Tatsächlich waren die deutschen Flugzeuge Raketenjäger Me 163 der in Brandis stationierten I./JG 400, jedoch wurde eine P-51 Mustang, geflogen von Lt. William A. Jones von der 339. US Fighter Group, durch Ofw. Helmut Baudach vom Ekdo 262 abgeschossen.

Am 13. September beanspruchte die Achte US Air Force ihren zweiten Luftsieg gegen einen Strahljäger, als Lt. John A. Walker von der 364. Fighter Group mit seiner P-51 eine Me 262 südlich von Stralsund beschädigte. Das war wahrscheinlich ein Flugzeug des Kommandos aus Lärz. Lt. Joachim Weber meldete Abschüsse von zwei Mosquitos (sein zweiter und dritter Luftsieg auf dem Strahlflugzeug), den ersten am 14. September und am 18. den zweiten. Vermutlich handelte es sich hierbei um Maschinen der 540. bzw. 544. Squadron. Am 23. September hatte das Erprobungskommando 262 eine Stärke von 12 Flugzeugen und 17 Mann Besatzung. Vier Tage später wurde die Einheit in 10./EJG 2 umbenannt, wobei dies wohl mehr eine Papieraktion war. Horst Geyer, der Kommandeur der Einheit, konnte sich an diese Umbenennung nicht erinnern und auch Luftwaffenakten scheinen unklar. Am 14. Oktober wurde Ofäh. Erich Haffke, ein Flugzeugführer der Einheit, bei einem Absturz nahe Hochstadt/Donau getötet. Unterschiedliche Quellen geben seine Einheit sowohl als Erprobungskommando 262 als auch 10./EJG 10 an.

Zu dieser Zeit war die Aufstellung des neuen Kommando Nowotny mit drei Staffeln zu je 16 Flugzeugen und vier dem Gruppenstab zugeordneten Maschinen angeordnet worden.
Die Führungskräfte der Einheit waren:

Kommandoführer:	Maj. Walter Nowotny
Adjutant:	Oblt. Günther Wegmann
Technischer Offizier	Hptm. Streicher
Kapitän 1. Staffel	Oblt. Paul Bley
Kapitän 2. Staffel	Oblt. Alfred Teumer
Kapitän 3. Staffel	Hptm. Georg-Peter Eder

Me 262 des Erprobungskommando 262 stehen aufgereiht in Lechfeld im September 1944. Der Kamera am nächsten unterhalten sich ein Flugzeugführer im Unteroffiziersrang und ein Mann vom Bodenpersonal auf dem Bug der Me 262 A-1a, „Weiße 2", W.Nr. 170071, wobei die „Weiße 3", W.Nr.170087 und die Werknummer 170045, „Weiße 5" als nächste Maschinen erkennbar sind. Es fällt auf, dass die „Weiße 2" nur zwei Ausschussöffnungen für Kanonen hat, aber vier Hülsenauswurfkanäle.

Major Georg-Peter Eder, der frühere Gruppenkommandeur der II./JG 26 wurde im Oktober 1944 zum Führer der 3. Staffel des Kommando Nowotny ernannt. Ausgezeichnet mit dem Eichenlaub zum Ritterkreuz im November 1944, wurde er eines der führenden Asse der Luftwaffe auf Strahljägern.

Eder, der im Juni 1944 mit dem Ritterkreuz ausgezeichnet worden war und im November das Eichenlaub dazu erhalten sollte, war ein erfahrener Jagdflieger, der vorher die II. Gruppe des JG 26 kommandierte. Er kam erst am 8. Oktober zur 3./Kommando Nowotny und führte dann diese und die 11./JG 7 bis Februar 1945. Am 27. September erhielt das Kommando Nowotny den Befehl, zum Kampf gegen alliierte Bomberverbände nach Achmer und Hesepe bei Osnabrück zu verlegen. Zu dieser Zeit hatte die Einheit etwa dreißig Me 262, die auf die drei Staffeln aufgeteilt waren. Die Einheit verlegte dann am 3. und 4. Oktober zu den neuen Standorten, doch am zweiten Tag setzte ein Triebwerk an Hptm. Teumers Flugzeug, W.Nr.170044, aus, als er zur Landung ansetzte. Beim folgenden Bruch mit Aufschlagbrand wurde er getötet. Seine Stelle als Staffelkommandeur der 2./Kommando Nowotny wurde von Lt. Franz Schall besetzt. Am gleichen Tag konnte dieser Flugzeugführer unverletzt entkommen, als seine Maschine in Waggum wegen eines technischen Fehlers bruchlandete. Die Einheit flog ihren ersten Kampfeinsatz am 7. Oktober bei Kämpfen mit vier USAAF-Bomberverbänden, die Ziele im Gebiet Magdeburg angriffen. Der erste Verband sollte Pölitz, der zweite Ruhland, der dritte Böhlen, Lützkendorf, Merseburg und Leuna und der vierte Magdeburg und Kassel bombardieren. Lt. Schall und Fw. Heinz Lennartz von der 2. Staffel starteten in Hesepe und zerstörten jeder eine B-24, doch die 1. Staffel hatte weniger Glück. Als Oblt. Bley, Lt. Gerhard Kobert und Ofäh. Heinz Russel ihren Start in Achmer begannen, wurden sie von Lt. Urban L. Drew von der 361. US Fighter Group in seiner P-51 Mustang „Detroit Miss“ entdeckt. Der amerikanische Jagdflieger stürzte sich aus 5000 m Höhe hinab und eröffnete zuerst das Feuer auf Russels Flugzeug, dessen Fahrwerk zusammenbrach, so dass die Me 262 auf ihren Triebwerken über die Rollbahn rutschte. Russel konnte unverletzt aussteigen, doch Kobert und Bley waren nicht so glücklich. In 300 m Höhe gerieten beide in einen Hagel von Maschinengewehrfeuer, die Me 262 (W.Nr. 110405) des ersteren explodierte in einem Feuerball, während die zweite (W.Nr. 170307) mit abgeschossenem Leitwerk ebenfalls aufschlug. Bley hatte es allerdings noch geschafft, in geringer Höhe abzuspringen. Drew wurde so der erste Pilot, der zwei Strahljäger an einem Tag abschoss.

Dieses Desaster veranlasste Nowotny, konventionelle Jäger zur Deckung der Basen des Kommandos anzufordern, woraufhin bald danach die III./JG 54 unter Hptm. Robert Weiß ins naheliegende Oldenburg verlegt wurde. Diese Einheit war gerade auf die neuen „Langnasen“ Fw 190 D-9 mit Jumo 213 A-Motoren umgerüstet worden. Ihre Ankunft verhinderte eine Wiederholung der Katastrophe, doch hatte die Einheit von Weiß oft gezielte Angriffe von alliierten Jagdbombern abzuwehren. Während einer dieser Aktionen verlor die 9./JG 54 am 15. Oktober vier Fw 190.

In diesem Zeitraum begann das Erscheinen der Me 262 und Me 163 Strahl- und Raketenjäger die Führer der USAAF-Bombenoffensive bei Tag zu beunruhi-

Lt. Urban L. Drew von der 361. US Fighter Group war der erste amerikanische Pilot, der zwei Luftsiege über Strahlflugzeuge an einem Tag errang, als er die von Oblt. Paul Bley und Lt. Gerhard Kobert geflogenen Me 262 abschoss. Das war am 7. Oktober 1944.

gen. Um ihren Bomberbesatzungen etwas Erfahrung beim Kampf gegen diese Bedrohung zu vermitteln, wurden zwischen dem 10. und 17. Oktober eine Reihe von taktischen Übungen, organisiert vom 65. US Fighter Wing und dem RAF Fighter Command, durchgeführt. Für diese Übung wurden vier Meteor-Strahljäger der RAF unter Führung von Wing Commander Andrew McDowell von der 616. Squadron zur USAAF-Basis in Debden geflogen.

Während der ersten Übung vereinigten sich am 10. Oktober 120 B-24 von der zweiten Bombardment Group mit einem Jagdschutz, geflogen von Jagdflugzeugen der 4. US Fighter Group. Die Meteors flogen zwei Einsätze. Beim ersten wurden zwei Arten von Angriffen ausgeführt, von vorn und von 4 Uhr hinten. Beim zweiten Mal erfolgten die Anflüge von vorn und direkt von hinten. Es ergaben sich drei hauptsächliche Schlussfolgerungen. Die erste war, dass eine enge Deckung wegen der hohen Geschwindigkeit der Strahlflugzeuge nutzlos war. Die zweite regte an, dass die Begleitjäger mindestens 1500 m über und entsprechend weit seitlich von den Bombern fliegen mussten, damit sie Zeit zum Angriff bekamen. Die dritte zeigte, dass die führenden Teile des Bomberverbands ihren Jagdschutz direkt über sich haben mussten, damit diese sie gegen Angriffe von vorn schützen konnten. Die Übungen zeigten, dass die Taktik des „Treffens und Absetzens“ der Strahljäger sehr effektiv war und dass die Meteors sich sogar im Kurvenkampf behaupten konnten.

Nach Abschluss der Übungen wurde eine Reihe von Berichten über ihren Verlauf von den beteiligten Piloten verfasst. Ein Captain des roten Schwarms der 4. US Fighter Group schrieb: „Sechs bis acht Sichtungen der Strahljäger erfolgten und eine ebensolche Anzahl von Abfangversuchen. Die Angriffe der Jets waren sehr gut vom Standpunkt des Angreifers gesehen und erfolgten aus Richtung 12 oder 6 Uhr. Der rote Schwarm befand sich 1500 m über und 8000 m vor den Bombern. Die Strahljäger stürzten sich in einem Winkel von 10 bis 15 Grad durch den Bomber-Verband. Die Begleitjäger gingen in den Sturzflug und versuchten, genug Geschwindigkeit für das Abfangen zu bekommen. Jedoch kamen wir bei allen Angriffen, bis auf einen, zu spät. Einmal kam ich im Sturzflug bis auf 800 km/h, schoss aber über den Strahljäger hinaus, während der Rest des Schwarms hinter ihm zurückblieb.“

Ein anderer Pilot des „weißen“ Schwarms der 355. US Fighter Group berichtete: „Es gab ungefähr acht Sichtungen der Strahljäger und sieben Versuche, sie abzufangen. Der Anflug der Jets war gut, doch im Kampf würden sie ohne Zweifel mehr Ausweichbewegungen beim Angriff fliegen. Die Anflüge der Strahljäger erfolgten aus Richtung 2, 4, 6, 8, 10 und 12 Uhr. Unser Schwarm flog etwa 1000 bis 1500 m über den Bombern, links hinten über der letzten Gruppe. Die meisten Angriffe kamen aus 6 oder 12 Uhr. Einer der Strahljäger griff aber auch aus 2, 4, 8 oder 10-Uhr-Richtung an. Nach jedem Anflug zog er scharf nach oben in den Steigflug zu einem Turn. Die Taktik unseres Schwarms war es, in eine halbe Rolle und einen anschließenden Sturzflug unter 60 Grad zu gehen. Die halbe Rolle war weniger erfolgreich, da dabei die Strahljäger für einen Teil des Manövers verdeckt blieben. Ebenso schätzten wir die Geschwindigkeit falsch ein. Direkte Angriffe scheinen besser zu sein, da man dabei den Angreifer im Auge behält und das Abfangen einfacher wird. Ich bemerkte, dass einige der anderen Schwärme der Begleitjäger auch die Rolle benutzten, aber meist nicht an den Gegner herankamen.“

Im Herbst 1944 wurde die mit Fw 190 D-9 ausgerüstete III./JG 54 unter Hptm. Robert „Bazi“ Weiß nach Oldenburg verlegt, um den Me 262 des Kommando Nowotny in Achmer konventionellen Jagdschutz zu geben. Die Verluste während dieser Einsätze waren jedoch kritisch hoch. Weiß ist hier bei einer Besprechung auf dem Platz zu sehen.

Ein Meteor-Pilot der 616. Squadron kommentierte: „Mit den vier 20-mm-Kanonen im Bug gab es keine Probleme, die Bomber von vorn anzugreifen. Ich hatte keinen Ärger mit Verlust des Blickkontakts und die Sicht war gut.“ Als er gefragt wurde, ob er bei einem Frontalanflug auch gut zum Schießen kam, antwortete er: „Ja, durch frühes Schießen bei einem Angriff hatte ich ein paar Sekunden in 1000 Yards Entfernung, bevor ich den Anflug abbrechen musste.“ Zur Taktik der verteidigenden Begleitjäger sagte er: „Ich glaube, dass die Begleiter zu langsam reagierten. Jerry (Slang für die Me 262) würde schneller angreifen, als wir es heute taten. Wenn wir mehr Höhe gehabt hätten, wären wir durch den Jagdschutz gebrochen.“ Anschließend

Eine Meteor im Landeanflug in Manston im Sommer 1944. Die Aufnahme der Me 262 A-1a (W.Nr. 170071), „Weiße 2“, des Erprobungskommandos 262 auf Seite 19 erlaubt einen guten Vergleich zwischen dem britischen und dem deutschen Entwurf.

Als die Me 262 des Erprobungskommandos 262 und des Kommando Nowotny die ersten Kampfeinsätze von Strahljägern im Sommer und Herbst 1944 ausführten, begann die 616. Squadron der RAF die Umstellung von Spitfire VII auf Gloster Meteor und war im August vollständig mit diesem Typ ausgerüstet. Diese Folge von Aufnahmen zeigt neugelieferte Meteor der 616. Squadron in Manston, Kent, von wo aus die ersten britischen Einsätze auf Strahljägern erfolgten.

Die Meteor trug wie die Me 262 A-1a vier Kanonen in der Bugnase (20 mm Hispano Mk II) mit insgesamt 700 Schuss.

Es ist interessant, die Bilder vom Betanken der Meteor mit denen der Me 262 A-1a, Weiße 6“, des Erprobungskommandos 262 in Lechfeld auf Seite 31 zu vergleichen. Ebenso können die Fotos, welche die Wartung der Meteor zeigen, mit der Bildfolge über die Me 262 A-1a, „Weiße 3“ auf den Seiten 22-23 verglichen werden.

wurde er gefragt, ob dieses Problem dadurch gelöst werden könnte, dass eine zweite Gruppe von Begleitjägern 3000 Meter über den Bombern, die 1500 m darunter fliegenden warnte. „Nein“ antwortete er, „die Dienstgipfelhöhe der Bomber würde einen Abstand von 3000 Metern nicht erlauben.“

Am 27. kam ein Befehl des OKL[5] heraus, in dem es hieß, dass „aus Sicherheitsgründen“ die folgenden Tarnnamen für die neuen Einsatz- bzw. Versuchsflugzeuge zu verwenden seien: Silber für die Me 262, Zinn für die Ar 234, Blei für die Me 163 und Kupfer für die Do 335. Tatsächlich wurden zwei Tarnbezeichnungen für die Me 262 verwendet, die zweite war Ahorn. Für die Me 262 gab es zwei offizielle Namen, Schwalbe (dieser ist durch eine offizielle Bekanntmachung bestätigt) und Sturmvogel (diesen bevorzugte Hitler). Die letztere Bezeichnung änderte man am 17. Juni 1944 in Blitzbomber, doch nach dem 26. November wurde entschieden, zur ursprünglichen Bezeichnung zurückzukehren.

Inzwischen hatte das Kommando Nowotny nach dem katastrophalen ersten Einsatz weitere von Achmer und Hesepe aus geflogen. Am 10. Oktober meldete Bley den Abschuss einer P-51. Er selbst wurde zwei Tage später zur Notlandung in Steenwijk gezwungen, bei der seine Me 262 leichte Beschädigungen erlitt. Nach der Meldung der Zerstörung einer weiteren P-51 musste Fw. Lennartz von der 1./Kdo. Nowotny in der Nähe von Bramel ebenfalls notlanden. Am 13. stürzte Obering. Lüthners Flugzeug beim Start in Achmer ab und wurde zerstört, ebenso erlitt Ofäh. Heinz Russels Me 262 schwere Beschädigungen beim Versuch einer Notlandung in Hesepe. Schlechtes Wetter verhinderte bis zum 28. Oktober weitere Einsätze des Kommando Nowotny.

Als die Einheit wieder zum Einsatz kam, versuchte sie einen Angriff der Achten US Air Force auf Hamm abzuwehren. Zwei Flugzeugführer, Lt. Schall und Lt. Schreiber, meldeten Abschüsse (eine P-51 und eine P-38), die Maschine von Oblt. Bley geriet jedoch beim Start in Achmer in einen Vogelschwarm und er fand den Tod. Das Bugrad von Lt. Franz Schalls Me 262 ging ebenfalls zu Bruch als er auf dem gleichen Platz landete, doch blieb er selbst unverletzt. Den Platz von Bley übernahm als Staffelkapitän der 1./Kdo. Nowotny Oblt. Joachim Weber. Am folgenden Tag meldete Lt. Schreiber den Abschuss einer F-5 Lightning der 7. US Foto-Aufklärungsgruppe. Später rammt er eine Spitfire nahe Nordhorn, vermutlich die von Flt. Lt. Wilkins von der 4. Squadron, konnte selbst mit dem Fallschirm aussteigen und blieb unverletzt. Fw. Büttner und Ofw. Göbel vom Kommando Nowotny griffen einen Schwarm P-47 an und meldeten je einen Abschuss.

---

1 *Kogler, damals Geschwaderkommodore des JG 6, wurde am 1. Januar 1945 beim Angriff der Luftwaffe (Aktion „Bodenplatte“) auf alliierte Flugfelder in Holland, Belgien und Frankreich abgeschossen. Er flog eine Fw 190 A-9, W.Nr. 980543, die mit einem Winkel und horizontalem Balken vor dem Rumpf-Balkenkreuz und einem weiteren horizontalen Streifen dahinter und dem rot-weiß-roten Heckband des JG 6 markiert war.*

2 *„Ultra“ war die ab Juni 1941 verwendete britische Code-Bezeichnung für alle wichtigen aufgefangenen Aufklärungsmeldungen von deutschen per Enigma- und Geheimschreiber-Chiffrier-Maschinen oder handcodierten Nachrichten. Die Bedeutung der alliierten Fähigkeit, das deutsche Verschlüsselungssystem zu brechen, wird für den Ausgang des Zweiten Weltkriegs wird erst jetzt erkannt.*

3 *Die F-5 war die Aufklärervariante der P-38 Lightning.*

4 *Robert Ritter von Greim hatte im Ersten Weltkrieg als Jagdflieger den Pour le Mérite erhalten und 1920 Hitler nach Berlin geflogen, damit dieser sich über den Ausgang des Kapp-Putsches informieren konnte. Er blieb Hitler und der NSDAP eng verbunden und als 1935 die Luftwaffe enttarnt wurde, war er Kommandeur der ersten Jagdfliegereinheit, der Reklamestaffel Mitteldeutschland. 1943 erhielt er das Kommando der Luftflotte 6 in Zentral-Russland, und im April 1945 flog er zu Hitler in seinen Bunker und wurde zum Nachfolger Görings als Oberbefehlshaber der Luftwaffe ernannt. Die Amerikaner nahmen ihn gefangen, doch er vergiftete sich und starb im Mai 1945 in Salzburg.*

5 *OKL = Oberkommando der Luftwaffe*

6 *OKH = Oberkommando des Heeres*

Kapitel Zwei

Die Varianten der Me 262

Ende 1944 gab es eine große Zahl von Vorschlägen für Versionen der Me 262. Manche Flugzeuge wurden mehrfach umbenannt. Das folgende Kapitel enthält die Einzelheiten aller bekannten Varianten.

Me 262 A-1a Jäger

Die Me 262 A-1a war die Standard-Jägerversion mit einer Bewaffnung von vier 30-mm-Kanonen MK 108 (zwei mit je 100 und zwei mit je 80 Schuss), die mit einem Reflexvisier Revi 16 b gerichtet wurden. Dieses sollte Anfang 1945 durch das kreiselgesteuerte Visier EZ 42 Adler abgelöst werden. Der Panzerschutz bestand aus einer Stahlplatte hinter dem Flugzeugführer, einer 90 mm dicken Panzerglasscheibe und Schutz für die Munitionsbehälter im Bug. Die Funkausrüstung dieser Version bestand aus einem FuG 16 ZY Sende- und Empfangsgerät und einem FuG 25a Freund-Feind-Kennungsgerät. Der normale Betriebsstoffvorrat umfasste 2570 Liter Treibstoff J 2 in vier eingebauten Behältern und der Anbaumöglichkeit für zwei ETC 5031 oder Vikingerschiff-Aufhängungen, die jeweils einen 300-Liter-Abwurfbehälter aufnehmen konnten.

Me 262 A-1a Jabo (Jagdbomber)

Eine Jagdbomberversion der A-1a, die entweder eine oder zwei SC 250 oder SD 250 oder eine SC 500- oder SD 500-Bombe am ETC 503 oder Vikingerschiff-Aufhängungen tragen konnte. Die Bezeichnung „SC" (Splitterbombe, cylindrisch) stand für eine dünnwandige Sprengbombe, „SD" (Splitterbombe, Dickwand) für eine halbgepanzerte panzerbrechende Bombe. Die Ziffern gaben das Gewicht an: 250 kg oder 500 kg. Bei der Me 262 traten folgende Geschwindigkeitsverluste je nach Bombenzuladung auf:

Eine SC 250	3,6 % Verlust
Zwei SC 250	7,3 % Verlust
Eine SC 500	4,6 % Verlust
Eine SD 500	3,3 % Verlust

Das Reflexvisier (Revi) 16 B war das Standard-Schusswaffen-Zielgerät der Me 262

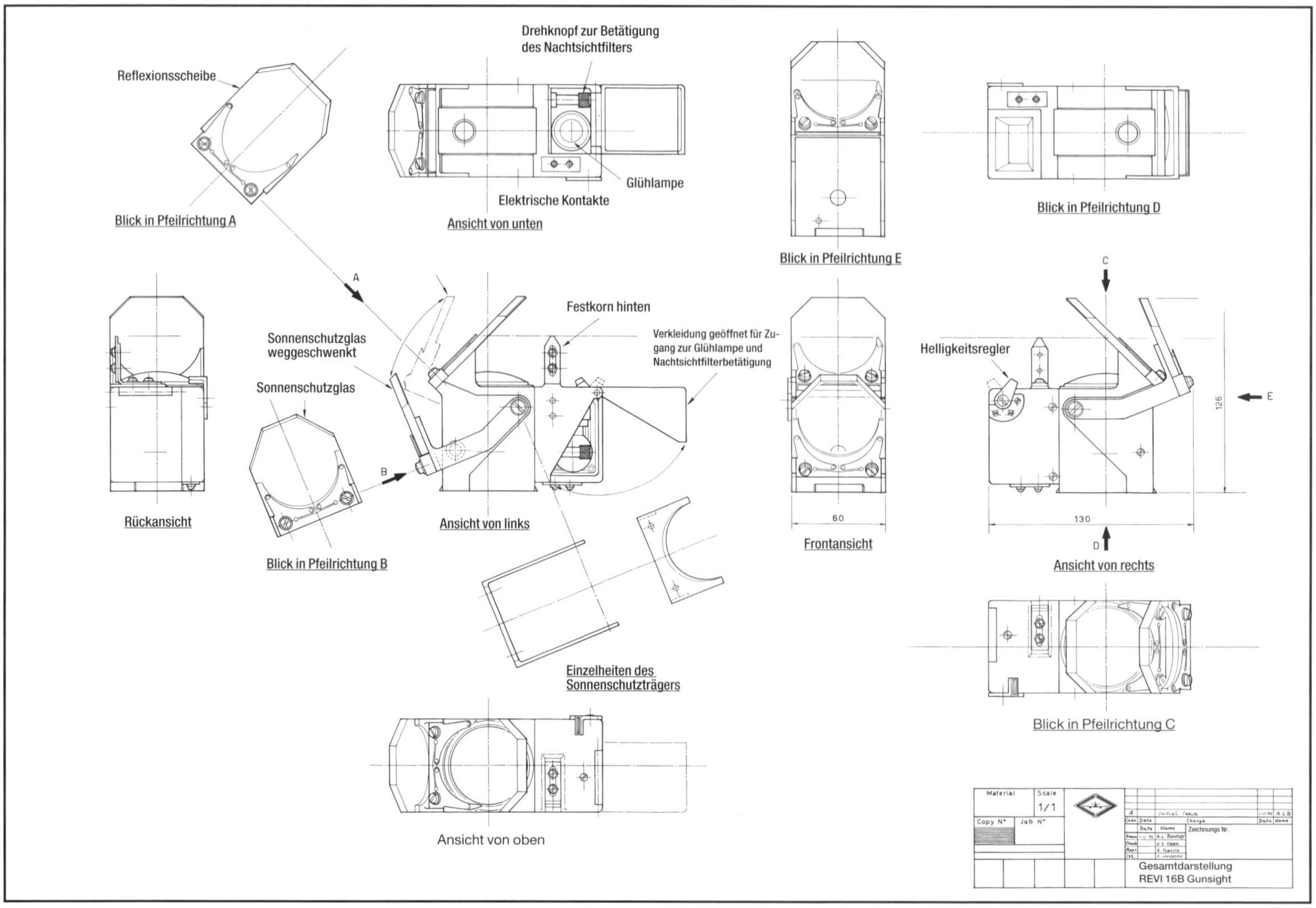

Me 262 A-1a/U1 Jäger

Ansonsten der Me 262 A-1a entsprechend, hatte diese Variante eine Bewaffnung von zwei 30-mm-Kanonen MK 103 mit je 72 Schuss, deren Läufe aus beiden Bugseiten hervorragten (siehe rechtes Bild), zwei 20-mm-Kanonen MG 151/20 mit 146 Schuss, die im oberen Bugbereich eingebaut waren, und zwei MK 108 mit 65 Schuss in der Mitte. Die MK 103-Kanone hatte eine geringere Feuerrate als die MK 108, jedoch eine größere Schussweite.

Soweit bisher bekannt wurde, ist nur ein Prototyp der Me 262 A-1a/U1 gebaut worden. Man hoffte, dass die MK 103 später durch die bemerkenswerten 30-mm-Waffen MK 213 ersetzt werden könnten, die eine Schussfolge von nicht weniger als 1100 Schuss pro Minute bei einer etwa der der MK 108 entsprechenden Mündungsgeschwindigkeit hatten.

	Masse	Länge	Schussfolge	Mündungsgeschwindigkeit
MK 103	145 kg	2,335 mm	420 min^{-1}	940 m/s
MK 108	58 kg	1,050 mm	600 min^{-1}	520 m/s

Die 20-mm-Kanone Rheinmetall-Borsig MG 151/20, wovon zwei in der Me 262 A-1a/U1 eingebaut werden sollten.

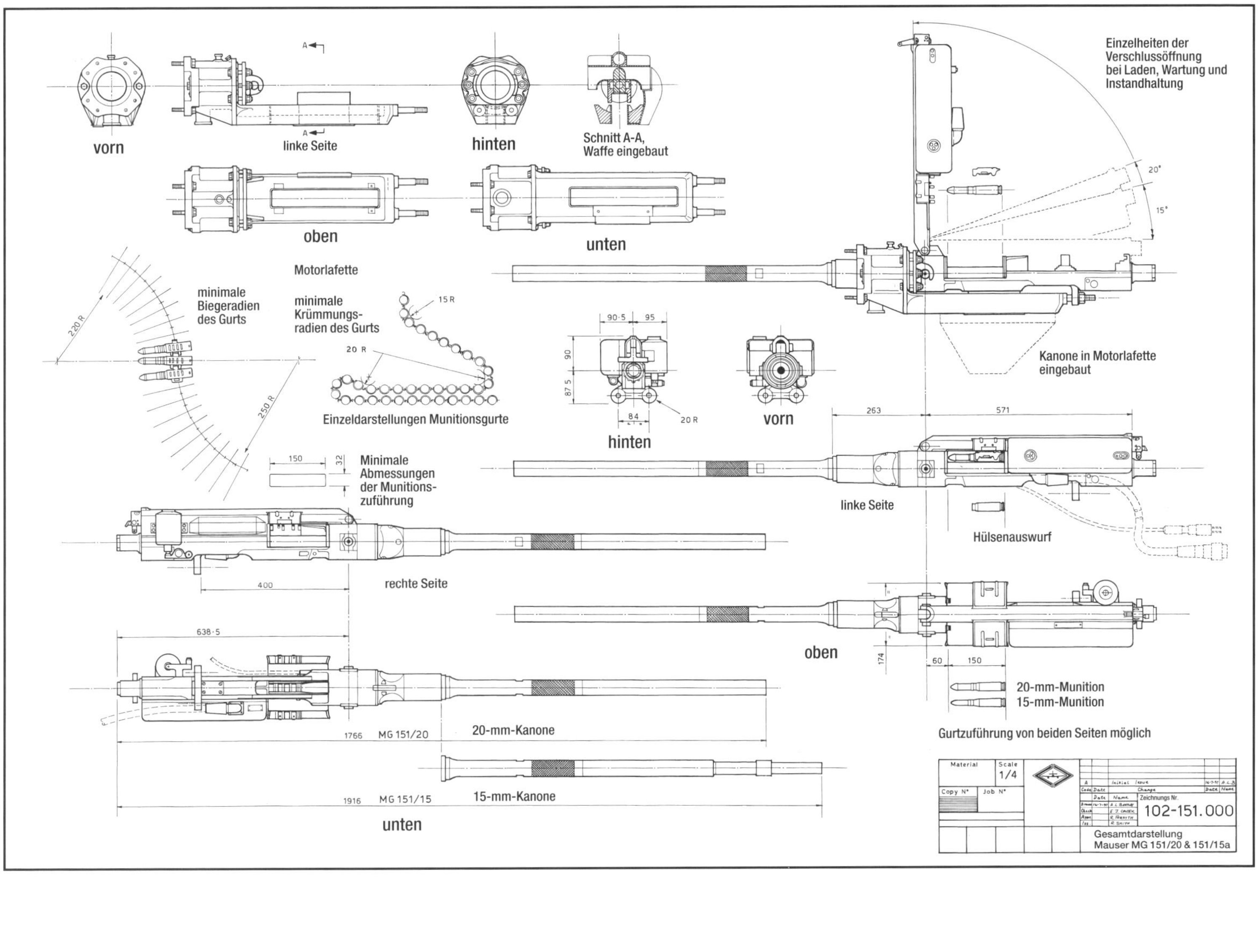

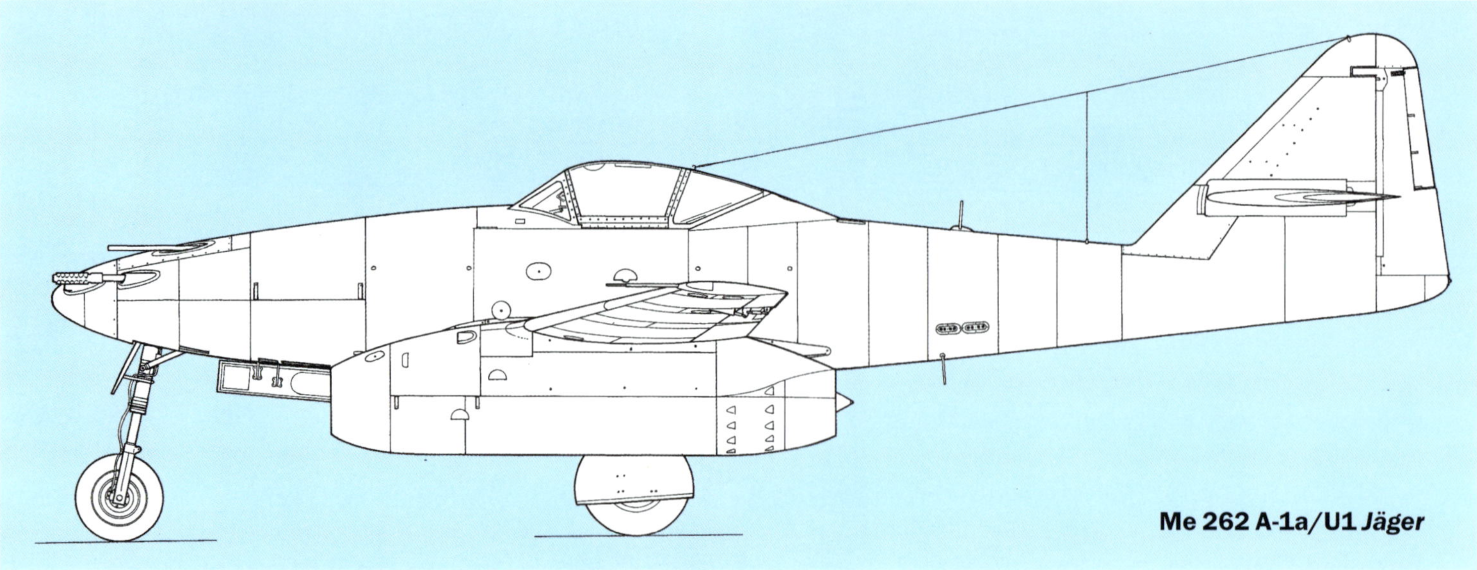

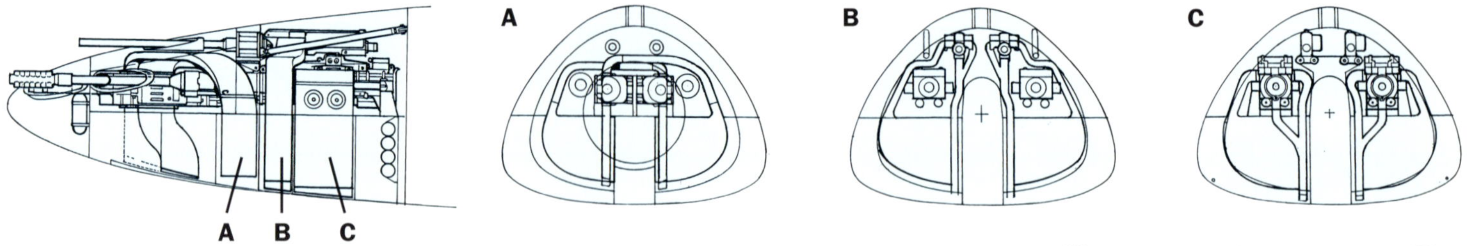

Bugspitze der Me 262 A-1a/U1. Nur ein gebauter Prototyp dieser Variante ist bisher bekannt geworden. Das Paar der MG 151/20 ist im obersten Teil der Anordnung montiert, während man die Läufe der beiden 30-mm-Kanonen MK 103 aus beiden Bugseiten austreten sieht, darunter sind die beiden MK 108 eingebaut.

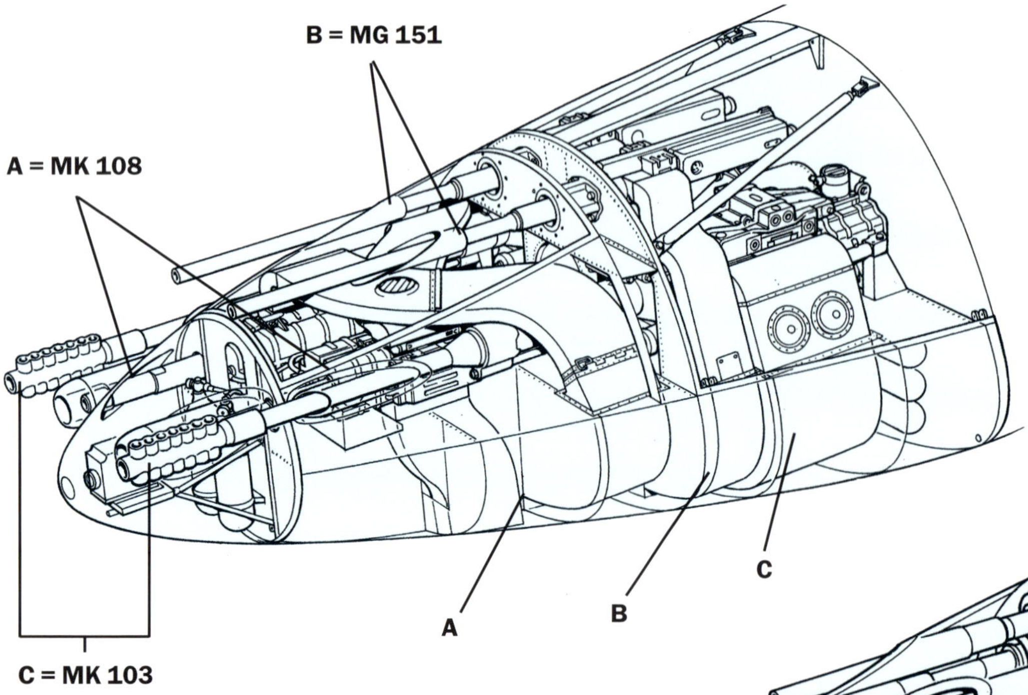

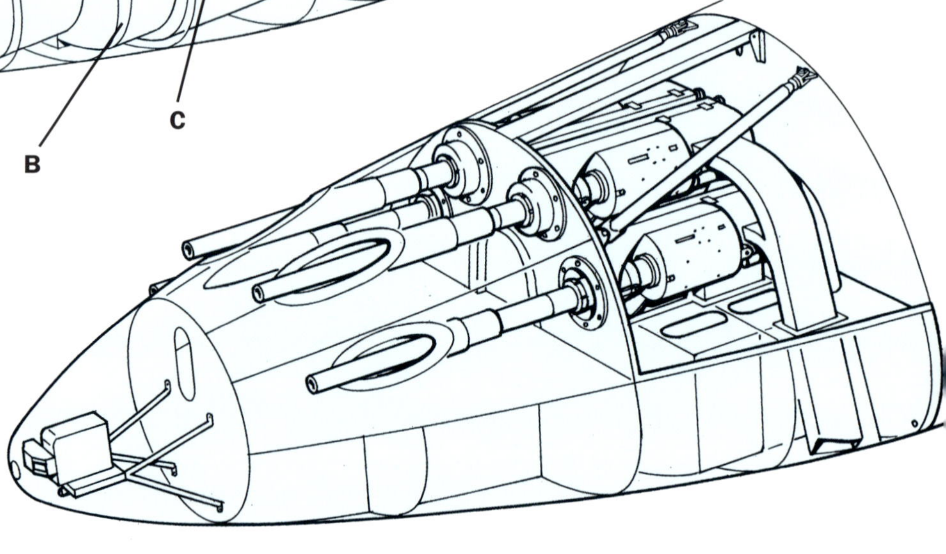

Zeichnerische Darstellung des Einbaus von vier Revolverkanonen MK 213 C in der Me 262.

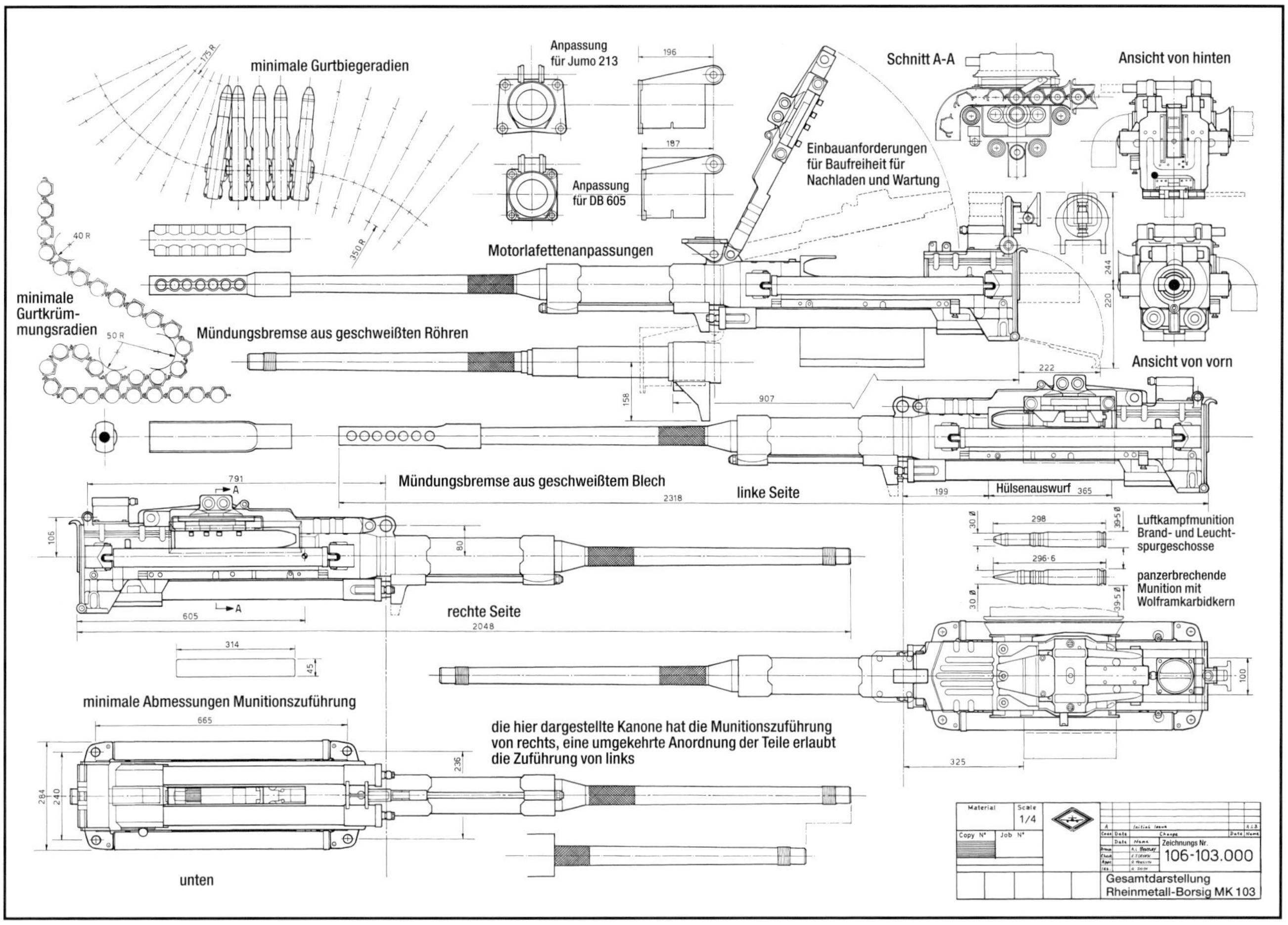

Oben:
Die 30-mm-Kanone Rheinmetall-Borsig MK 103 war eine weitreichende Waffe, von der zwei in die Me 262 A-1a/U1 eingebaut werden sollten.

Unten:
Vier Mauser 30-mm-Kanonen MK 213 C sollten die MK 108 als Standardbewaffnung der Me 262 ablösen. Diese bemerkenswerte Waffe hatte eine Feuergeschwindigkeit von 1000 Schuss pro Minute.

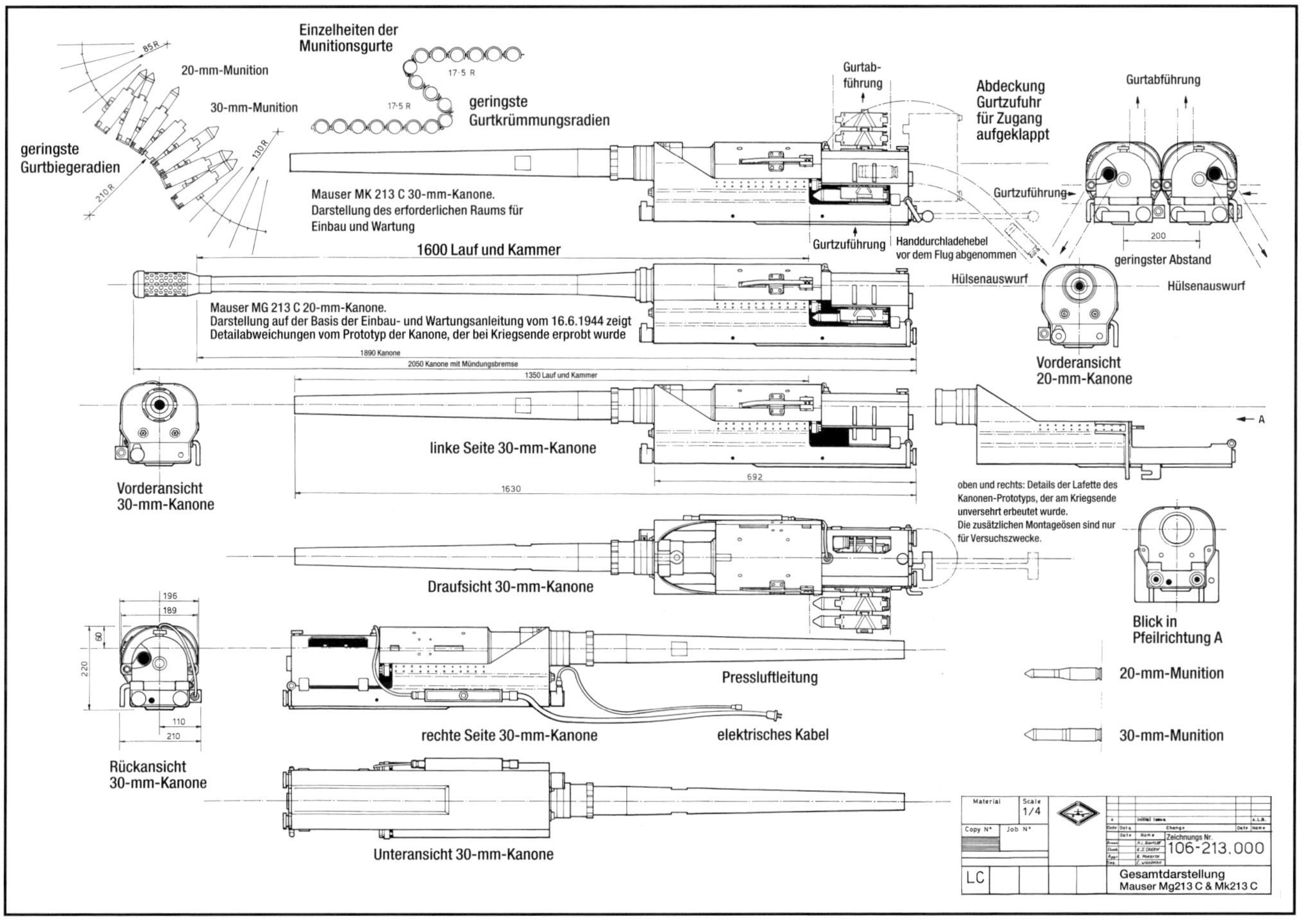

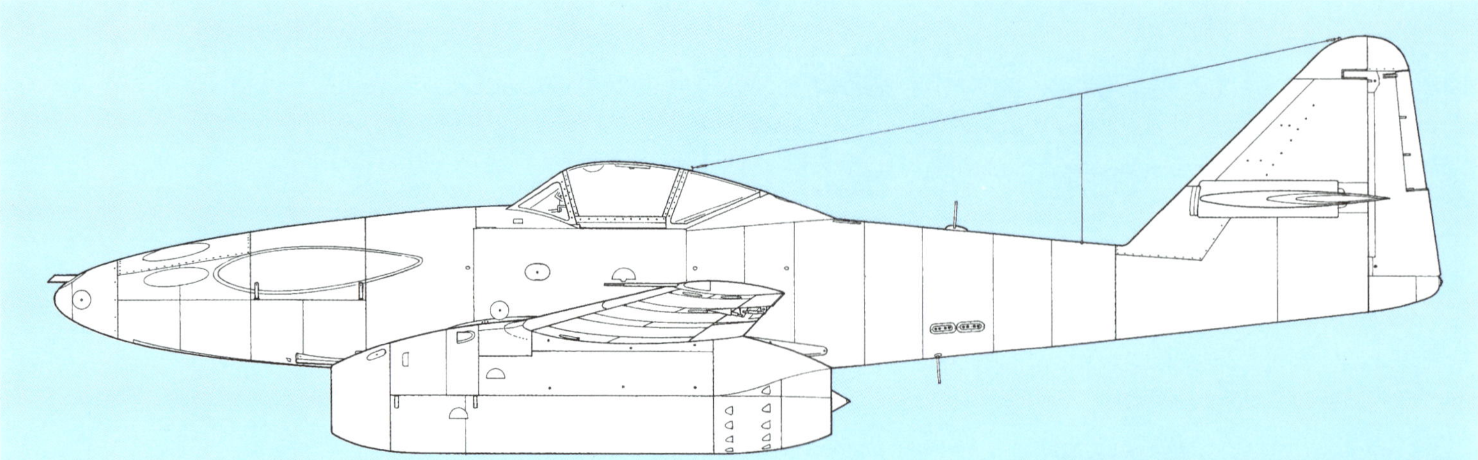

Me 262 A-1a/U3 Behelfsaufklärer

Me 262 A-1a/U2 Schlechtwetterjäger

Dies war eine Allwetter-Jagdvariante der A-1a. Neben der normalen FT-Ausrüstung mit dem FuG 16 ZY und dem FuG 25a trug diese Version ein Funkfeuerempfangsgerät FuG 125 Hermine, das im Frequenzbereich 30 – 33,3 MHz arbeitete und eine Reichweite von 200 km besaß. Sie sollte auch noch die Kurssteuerung K 22 und später den Kommandoübertragungszusatz FuG 120 Bernhardine erhalten. Dieser arbeitete im gleichen Frequenzbereich wie das FuG 125, hatte aber eine Reichweite von 400 km. Die empfangenen Informationen (Navigationssignale von der Bodenstation und laufende Bemerkungen zur Luftsituation) wurden auf einem Schreibstreifen aus Papier von der angeschlossenen Fernschreibeinheit ausgedruckt. Es war vorgesehen, dass die A-1a/U2 die A-1a Mitte 1945 in der Fertigung ablösen sollte. (siehe Anhang Drei)

Eine Me 262 A-1a/U3 der NAGr. 6 in Lechfeld 1945. Auf diesem Foto sind die beiden Rb 50/30-Kameras und die Position der einzelnen MK 108 im Bug klar zu erkennen. Weitere Angaben zu diesem Flugzeug in Kapitel 6.

Me 262 A-1a/U3 Behelfsaufklärer

Der erste Entwurf für eine Aufklärungsversion der Me 262 wurde am 26. September 1941 vorgestellt. Nach der Attrappenbesichtigung am 5. Februar 1942 schlug man am 26. März vor, eine verbesserte Version mit FuG 16 Z oder EZ 6-Ausrüstung und Rb 75/30-Luftbildkameras zu ent- wickeln. Der General der Aufklärungskräfte der Luftwaffe, Oberst Hans-Henning von Barsewisch, prüfte diesen Entwurf am 2. Juni 1943, der nun zwei Rb 50/30-Kameras vorsah.

Diese Version sollte als Me 262 A-5a gebaut werden, als eine Zwischenlösung jedoch wurde unter der Bezeichnung A-1a/U3 eine Modifikation des A-1a-Jägers gebaut. Diese hatte zwei im Bug unter einem Winkel von 11 Grad nach außen eingebaute Rb 50/30-Kameras, die über einen Zeitgeber mit angeschlossenem Taktmotor gesteuert wurden. Da die Kameras zu groß waren, um sauber in den Rumpfbug eingebaut zu werden, erhielten die beiden Zugangsklappen kleine horizontal liegende tropfenförmige Ausbeulungen über den herausragenden Kamerateilen. Zwei kleine quadratische Glasscheiben an der Rumpfunterseite beiderseits der Bugradklappen deckten die Kameraobjektive ab. Diese Version war mit einem FuG 16ZS Funkempfänger ausgerüstet, der auf den Frequenzen des deutschen Heeres arbeitete. Diese Übergangslösung hatte nur eine Kanone MK 108, die im vorderen Bug montiert war, so dass ihre Mündungsöffnung leicht bis zur Bugspitze aus der Verkleidung ragte. Am 18. Juli 1944 wurde das Aufklärungsflugzeug Bf 109 H-2/R 2 zu Gunsten der Me 262 A-1a/U3 gestrichen.

Me 262 A-1a/U4 Jäger

Das Protokoll Nr. 24 vom 9. Februar 1944 regte den Einbau einer großkalibrigen Kanone in die Me 262 an. Zwei Waffen wurden vorgeschlagen, die 50-mm-Kanone MK 214A mit hoher Schussweite und die viel schneller feuernde MK 112 mit 55 mm Kaliber und geringerer Reichweite.
Die Entwicklung der beiden schwerbewaffneten Versionen der Me 262 verlief bis Anfang 1945 sehr langsam. Am Neujahrstag dieses Jahres diskutierten Hitler und Göring über Flugzeugbewaffnung.

Hitler: „Wir müssen eine effektive Waffe großer Reichweite einsetzen... . Wir sollten in der Lage sein, sie (die US-Bomber) mit einer Waffe zu erreichen, die in einem so großen Abstand wirksam ist, dass sie nicht antworten können. Mit seinen 12mm kann er einen und einen halben Kilometer schießen... . Nun würde jeder Treffer mit einem 5-cm-Geschoß ohne Zweifel einen Bomber runterholen. Sogar die größten würden abgeschossen werden. So wie es jetzt ist, erleidet der Amerikaner keine, oder nur sehr geringe Verluste. Wenn ich daran denke, dass sich die deutschen Maschinen einerseits selbst gegen die Jäger verteidigen und andererseits die Bomber angreifen müssen..... Das Ergebnis ist wie eine Hasenjagd. Und der Eindruck in der Bevölkerung ist niederschmetternd. Die Bomber sind unsere Plage... Die 5-cm-Kanone ist das geringste, was wir anwenden können. Ich sprach heute mit, wie hieß er noch?[2] Er denkt, er kann die 5-cm-Kanone sogar in die Me 262 einbauen."

Göring: „Mit der Kanone wird die Me 262 in der Lage sein, ihre Geschwindigkeit vollkommen zu halten."

Hitler: „Er sagte, es wäre das gleiche Gewicht."

Göring: „Das ist nebensächlich. Die Bewaffnung ist die Hauptsache."

Hitler: „Wenn sie aufsteigen und mit der 5-cm-Kanone, aus, sagen wir, tausend Meter Entfernung; angenommen ein Schwarm von vierzig Me 262 schießt aus tausend Meter Abstand... und wir haben keine Verluste, die anderen aber verlieren zehn oder mehr, dann ist das in Ordnung."

Göring: „Soweit ist die Sache ganz klar... Trotz allem haben wir das Strahlflugzeug rausgebracht. Wir haben es in Dienst gestellt. Und jetzt müssen wir es in großen Mengen haben um unseren Vorsprung zu halten."

Hitler: „Unglücklicherweise kann die V-1 den Krieg nicht beenden."

Göring: „Diese Kanone ist gut. So wie ein Projekt, das am Anfang bezweifelt wird, am Ende Erfolg hat, so wird der Bomber kommen..."

Hitler: „Das ist eine Sache der Zukunft."

Göring: „Nein, ich denke nicht so."

Hitler: „Göring, die 5-cm-Kanone ist jetzt schon da: das andere Ding ist eine Sache der Zukunft."

Göring: „Ich denke, wir werden schon irgendwie Erfolg damit haben."

Hitler: „Nun gut, dann."

Die Me 262 A-1a/U4, W.Nr. 111899, war mit der MK 214 V2 ausgerüstet.

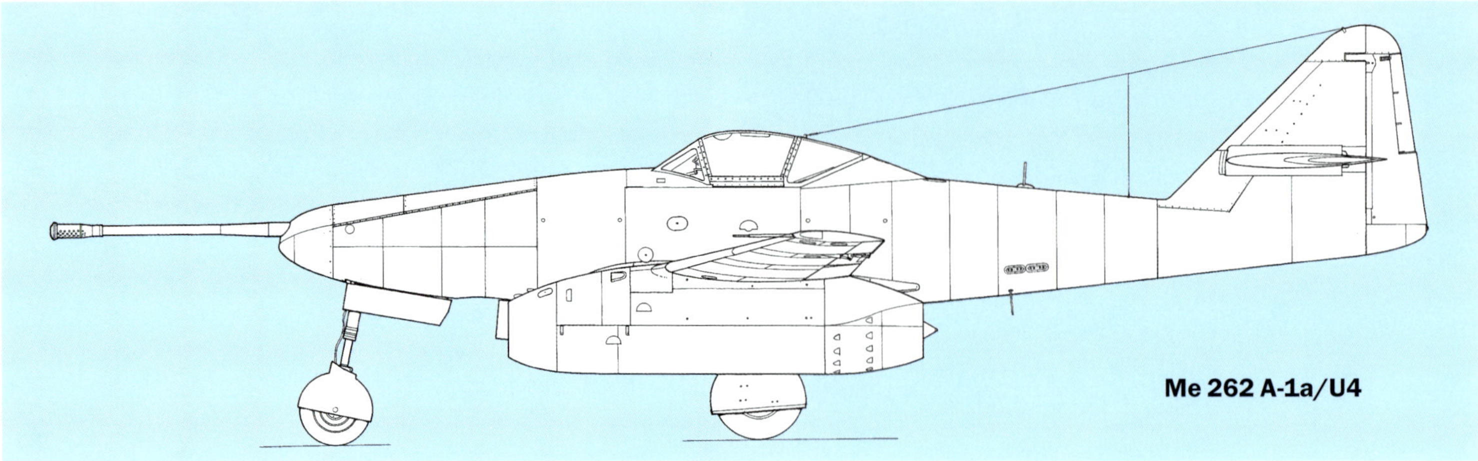

Nur zwei mit der 50-mm-Kanone MK 214 A im Bug ausgestattete Versuchsmuster der Me 262 A-1a/U4 wurden fertiggestellt.

Auf einer Konferenz über Bewaffnung, die zwischen dem 3. und 5. stattfand, ordnete Hitler den sofortigen Einbau der MK 214 in die Me 262 an. Zwischen dem 11. und 17. Februar fand eine Besprechung zwischen Messerschmitt und der Erprobungsstelle für Bewaffnung in Tarnewitz über den Einbau einer MK 214-, sechs MK 108- oder einer MK 112-Kanone und R4M-Raketen in der Me 262 statt. Für den ersten Fall wurde vorgeschlagen, die Normalbewaffnung zu entfernen und die große Kanone im Bug zu installieren, wobei der Lauf etwa 2 Meter nach vorn überstand. Um zusätzlich Platz für die Kanone zu schaffen, wurde das Bugrad modifiziert, so dass es sich beim Einziehen drehte, um flach im Bug zu liegen. Diese Variante erhielt die Bezeichnung Me 262 A-1a/U4.

Der Umbau des ersten Versuchsmusters, W.Nr. 111899, erfolgte sehr schnell, der Einbau der MK 214 V2 begann am 11. März. Das Flugzeug machte seinen ersten Flug am 19. März mit Messerschmitts Chefeinflieger Karl Baur am Knüppel. Baur flog die Maschine 19 mal und feuerte 47 Schuss am Boden und 81 in der Luft ab. Sie wurde dann am 5. April an Maj. Wilhelm Herget, ein Nachtjäger-As, übergeben. Nach dem Üben gegen ein Bodenziel, flog Herget am 16. April zwei Einsätze gegen einen US-Bomber-Verband, doch in beiden Fällen blockierte die Kanone. Eine zweite Maschine, W.Nr. 170083, die bei Messerschmitt schon zu verschiedenen Versuchen mit Fahrwerksänderungen benutzt worden war, erhielt die MK 214 V3 im April. Sie wurde auch als die zweite V4 bekannt. Es ist unklar, ob die Maschine noch mit der Kanone geflogen wurde, bevor amerikanische Truppen sie im Mai 1945 in Lechfeld erbeuteten. Es war vorgesehen, die mit der MK 214 bewaffnete Variante als Me 262 E-1 zu bauen. Sie sollte ein Kreiselvisier EZ 42 erhalten.

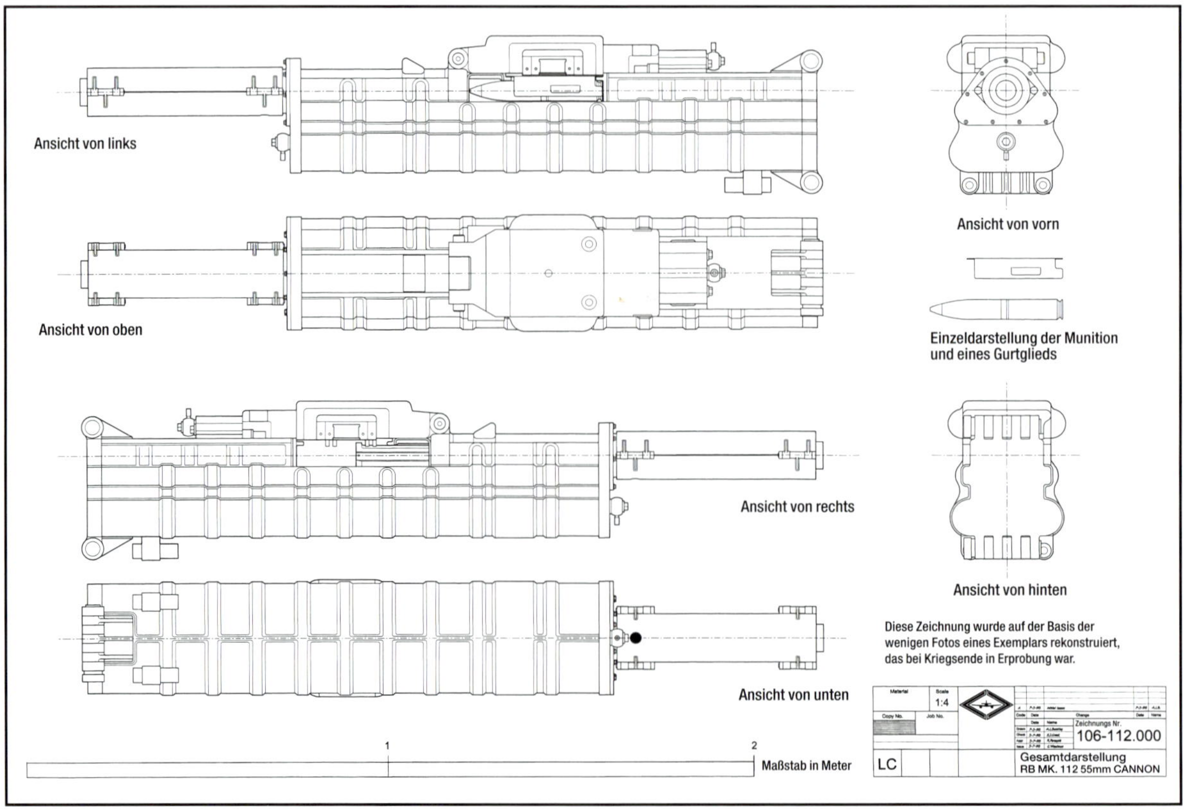

Die 55-mm-Kanone Rheinmetall-Borsig MK 112 hatte eine viel geringere Schussweite als die MK 214, dafür aber eine bedeutend größere Feuergeschwindigkeit.

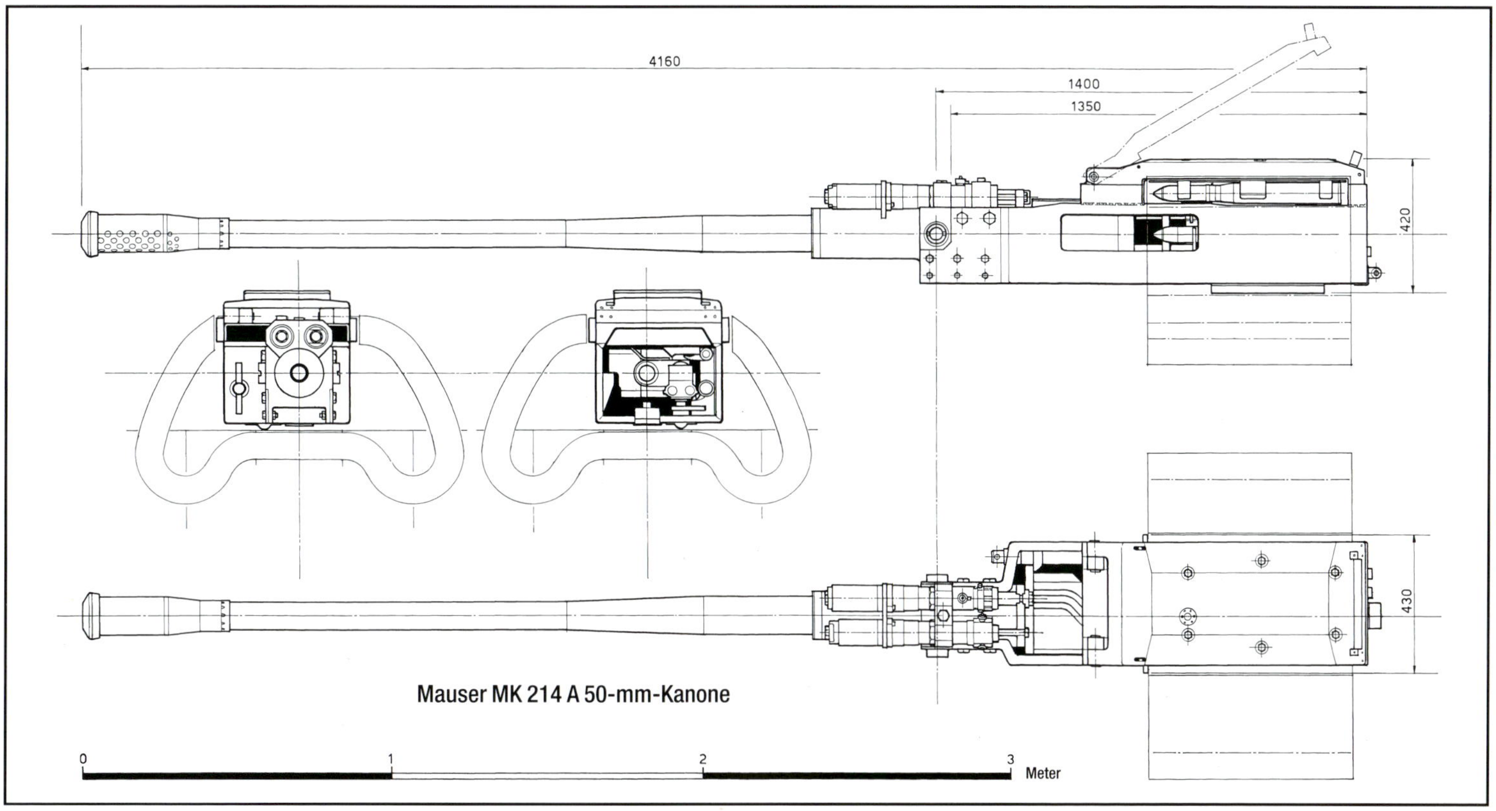

Die 50-mm-Kanone Mauser MK 214 A wurde tatsächlich in zwei Me 262 eingebaut, während sich ein drittes Flugzeug bei Kriegsende im Umbau befand.

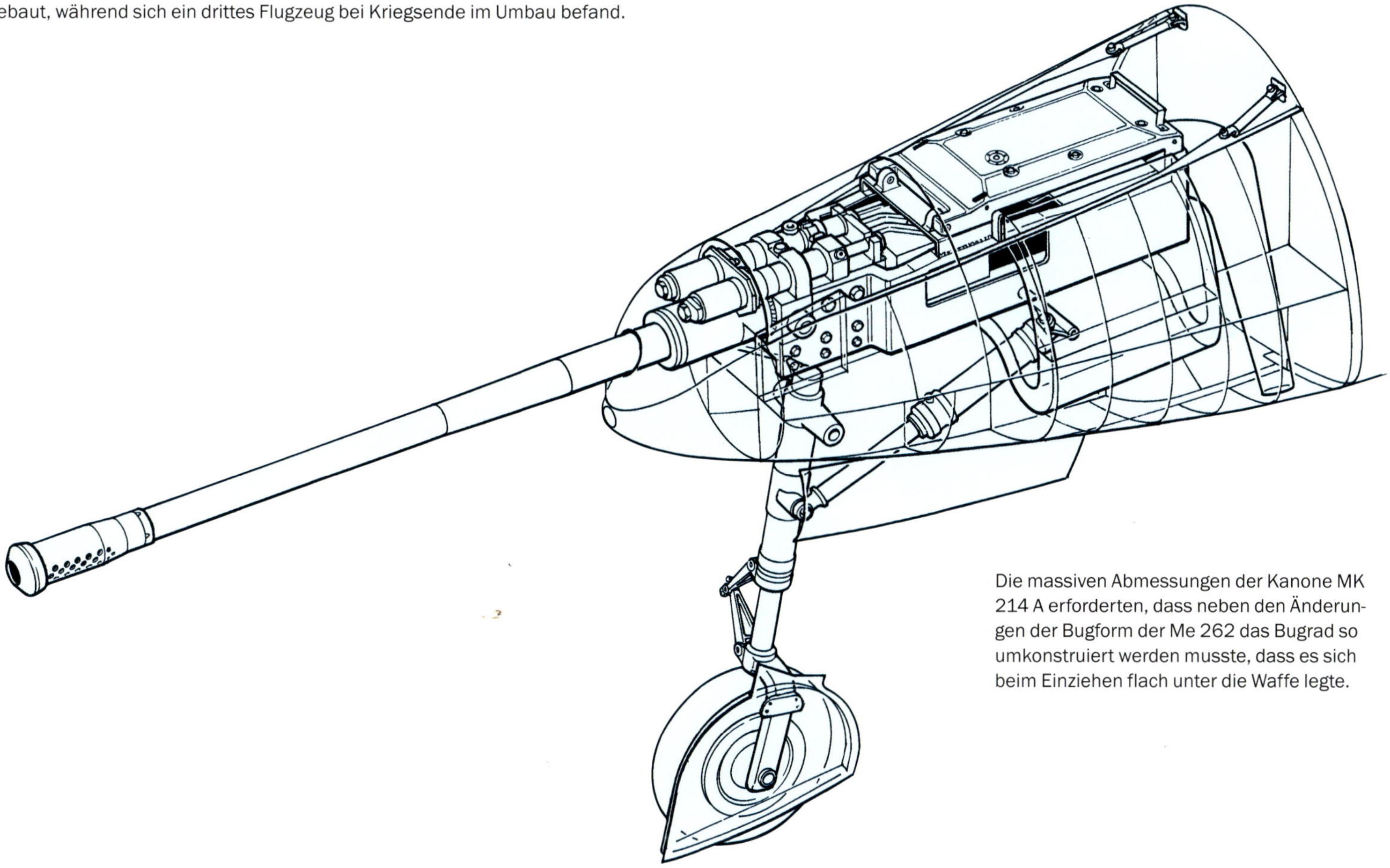

Die massiven Abmessungen der Kanone MK 214 A erforderten, dass neben den Änderungen der Bugform der Me 262 das Bugrad so umkonstruiert werden musste, dass es sich beim Einziehen flach unter die Waffe legte.

Vergleichsdaten der MK 214 und MK 112

	Masse	Länge	Feuerrate	Mündungsgeschwindigkeit
MK 214 A	490 kg	4,160 m	150 Schuss/minute	920 m/sec
MK 112	275 kg	2,000 m	300 Schuss/minute	600 m/sec

Am 1. Januar 1945 sagte Hitler zu Göring: „Wir sollten eine effektive Waffe großer Reichweite einführen... Wir müssen in der Lage sein, sie (die US-Bomber) mit einer Waffe zu erreichen, die in so großer Entfernung wirksam ist, dass sie nicht antworten können.“ Das Ergebnis der Führerwünsche war die Me 262 A-1a/U4. Hier ist diese Variante zu sehen als W.Nr. 111899, ausgestattet mit der 50-mm-Kanone MK 214 A. Das Foto rechts oben zeigt den leeren Bugraum vor dem Einbau der MK 214 A.

Das erste Versuchsmuster der Kanone, MK 214 V1. Soweit bekannt, wurde dieser Prototyp nicht in ein Flugzeug eingebaut, während die V2 und V3 in zwei Me 262, die Werknummern 111899 bzw. 170083, installiert wurden.

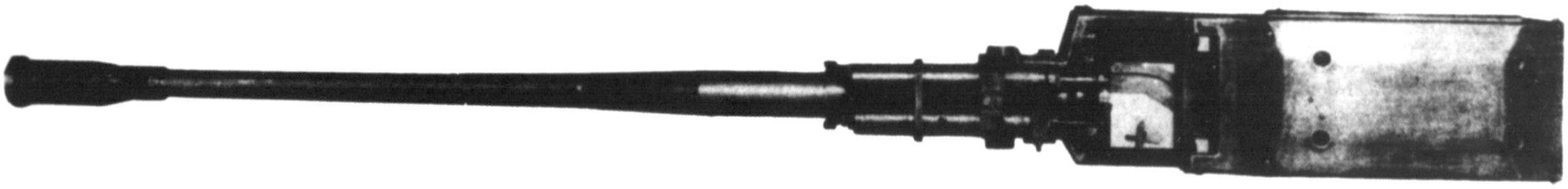

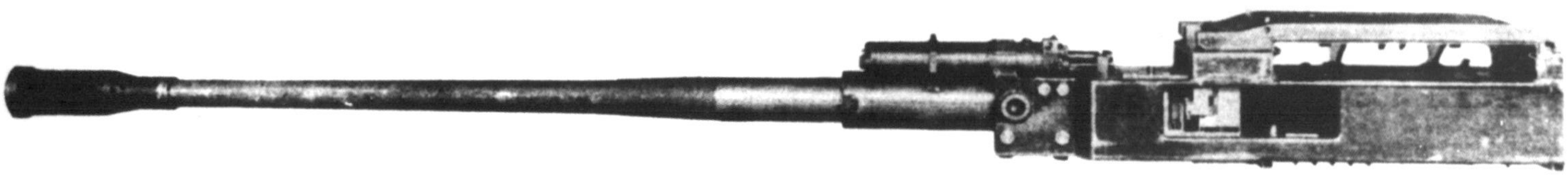

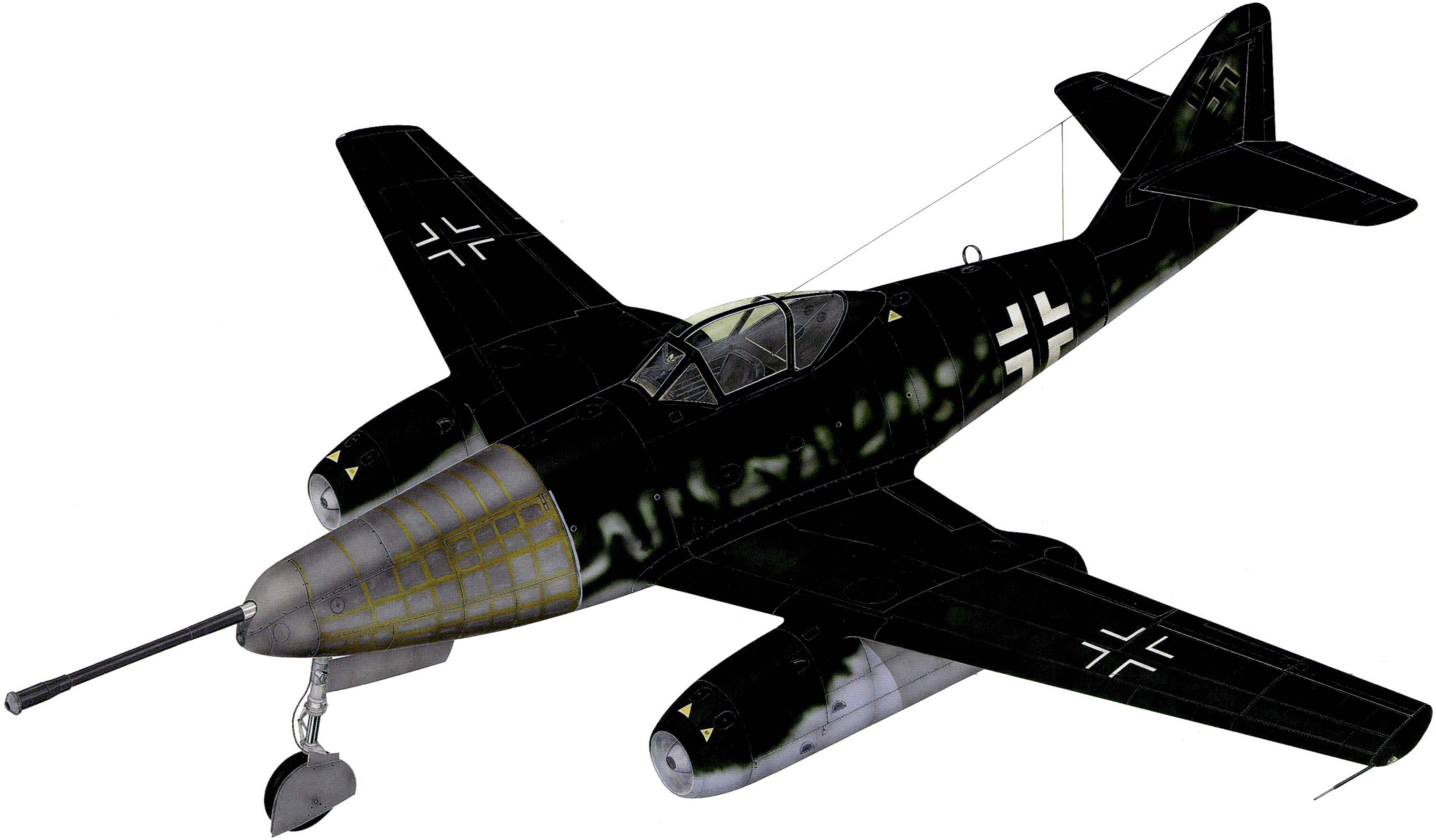

Me 262 A-1a/U4, W.Nr. 111899
Dieses Flugzeug war mit der Kanone MK 214 V2 ausgerüstet. Die Maschine machte ihren ersten Flug am 19. März 1945 mit Karl Baur als Flugzeugführer. Nach der Erprobung wurde das Flugzeug an den JV 44 abgegeben, wo Maj. Wilhelm Herget es flog.

Messerschmitts Chefeinflieger Karl Baur, schiebt eines der 606 mm langen Geschosse in den Verschluss der 50-mm-Kanone MK 214 A der Me 262 A-1a/U4, W.Nr. 111899. Baur machte 19 Flüge in diesem Flugzeug, wobei er 47 Schüsse auf dem Boden und 81 in der Luft abfeuerte. Er erreichte 27 von 30 möglichen Treffern auf ein 32 m langes rechteckiges Ziel. Das Flugzeug flog erstmals am 19. März 1945.

Die Waffe ist geladen und bereit zum Versuchsbeschuss am Boden.

Messerschmitt-Personal, einschließlich Karl Baur, steht bei der Me 262 A-1a/U4, W.Nr. 111899, und begutachtet die MK 214 A.

Nach der erfolgreichen Beendigung der Beschussversuche durch Messerschmitt-Chefeinflieger Karl Baur, wurde die Me 262 A-1a/U4, W.Nr. 111899, an die Luftwaffe zur Einsatzerprobung übergeben. Beauftragt mit der Bewertung der Maschine wurde das Nachtjäger-As, Maj. Wilhelm Herget. Nach Übungsschießen gegen Bodenziele flog Herget zwei Einsätze gegen einen US-Bomberverband am 16. April, wobei jedoch in beiden Fällen die Kanone versagte. Herget (links) ist hier im Juni 1943 nach der Verleihung des Ritterkreuzes zusammen mit zwei anderen führenden Nachtjäger-Assen, Hptm. Helmut Lent (Mitte, Gruppenkommandeur IV./NJG 1, erlag am 5.10.1944 seinen Verletzungen, nachdem er 102 Nachtjagdsiege errungen und die Diamanten zu seinem Ritterkreuz erhalten hatte) und Hptm. Hans-Dieter Frank vom NJG 1, der im Juni 1943 in einer Nacht sechs Feindflugzeuge abschoss (gefallen am 27.9.1943), zu sehen.

Foto einer weiteren Me 262 A-1a/U4, die so von alliierten Truppen in Augsburg gefunden wurde. Der Umbau der Bugsektion musste vor dem Einbau der 50-mm-Kanone MK 214 erfolgen. Ein Mitglied eines BIOS-Teams (British Intelligence Objectives Sub-Committee = Britisches Geheimdienst-Aufklärungs-Kommando) steht neben der Maschine.

Nach dem Auffinden durch US-Truppen und vor dem Ummalen sind auf diesem Foto der Me 262, W.Nr. 170083, die wegen der beträchtlichen Abmessungen der MK 214 umkonstruierte Bugform und das Fahrwerk zu sehen, das beim Einziehen im rechten Winkel gedreht wurde, um flach unter der Kanone zu liegen. Die Form der Fahrwerksabdeckungen ist anders als bei der W.Nr. 111899.

Die zweite Me 262 A-1a/U4, W.Nr. 170083, die mit der MK 214 V3 ausgerüstet war. Es ist unbekannt, ob dieses Flugzeug vor seiner Erbeutung durch die Amerikaner schon geflogen ist. Das Flugzeug ist hier 1945 in Lechfeld aufgenommen worden und trägt noch seine Originalbemalung, aber das Hakenkreuz scheint von den Amerikanern aufgebracht zu sein. Das Flugzeug erregte große Beachtung und wurde mehrfach umgemalt, einschließlich des Namens „Wilma Jeanne“ auf der linken Bugseite.

Me 262 W.Nr. 170083

Das Flugzeug hatte dunkelgrüne (81) Oberseiten mit einem blassen Blaugrau (76) unten. Ein großes weißes „V“ und die letzten drei Ziffern der Werknummer 083 waren auf beiden Seiten des Rumpfvorderteils gemalt. Vor den Versuchen mit der 50-mm-Kanone wurde das Flugzeug auch zur Erprobung einer gekrümmten Bugradgabel verwendet, die der Verbesserung des Nachlaufverhaltens und dem Vermeiden von Bugradflattern dienen sollte. Die W.Nr. 170083 wurde bei Kriegsende von US-Truppen erbeutet und „Wilma Jeanne“ und später „Happy Hunter II“ genannt. Sie stürzte in Frankreich bei einem Überführungsflug von Melun nach Cherbourg ab, wobei der deutsche Flugzeugführer Ludwig Hoffmann unverletzt abspringen konnte. Das Flugzeug ist hier mit dem dritten Versuchsmuster der 50-mm-Kanone MK 214 A abgebildet.

Me 262 A-1a/U5 Jäger

Die meisten der projektierten Weiterentwicklungen der Me 262, die im Kapitel 5 des ersten Bandes beschrieben wurden, sollten eine Bewaffnung von sechs MK 108-Kanonen tragen. Nur ein Versuchsmuster (W.Nr. 112355) ist unter der Bezeichnung Me 262 A-1a/U5 mit diesem Einbau versehen worden. Zwei der Mk 108 hatten je 100 Schuss, zwei je 85 und zwei je 65 Schuss Munition. Der Prototyp wurde im März 1945 probegeflogen und soll im April beim JV 44 auch Einsätze mitgemacht haben.

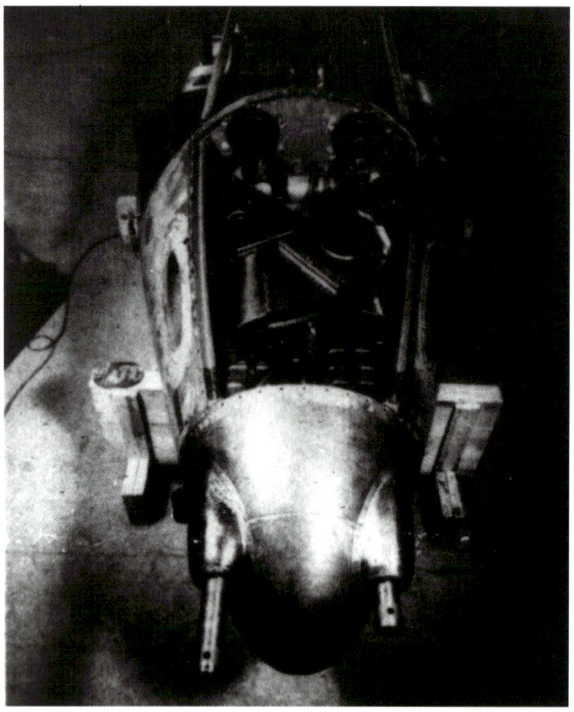

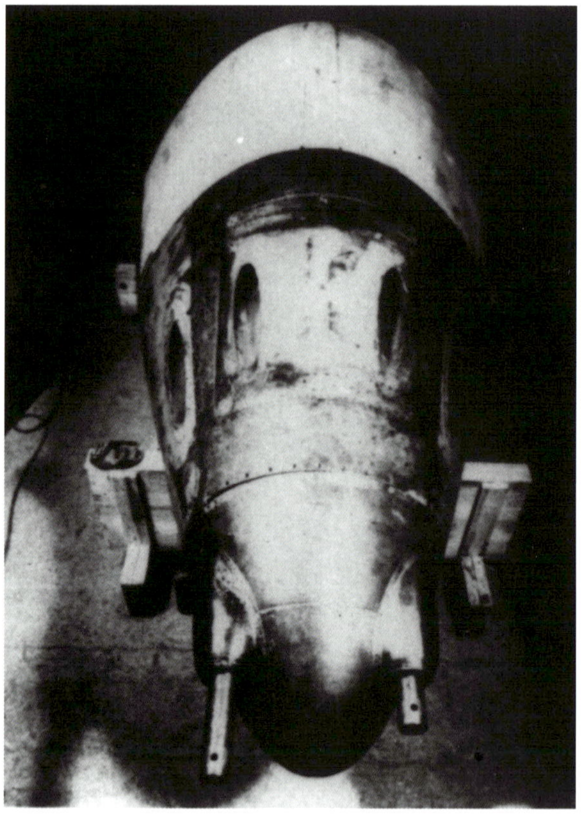

Die speziell zur Aufnahme von sechs MK 108-Kanonen modifizierte Nase der Me 262 A-1a/U5, W.Nr. 112355. Die hinteren vier Kanonen waren wie gewöhnlich eingebaut, dazu kam weiter vorn ein zusätzliches Paar, dessen Läufe aus dem Bug ragten.

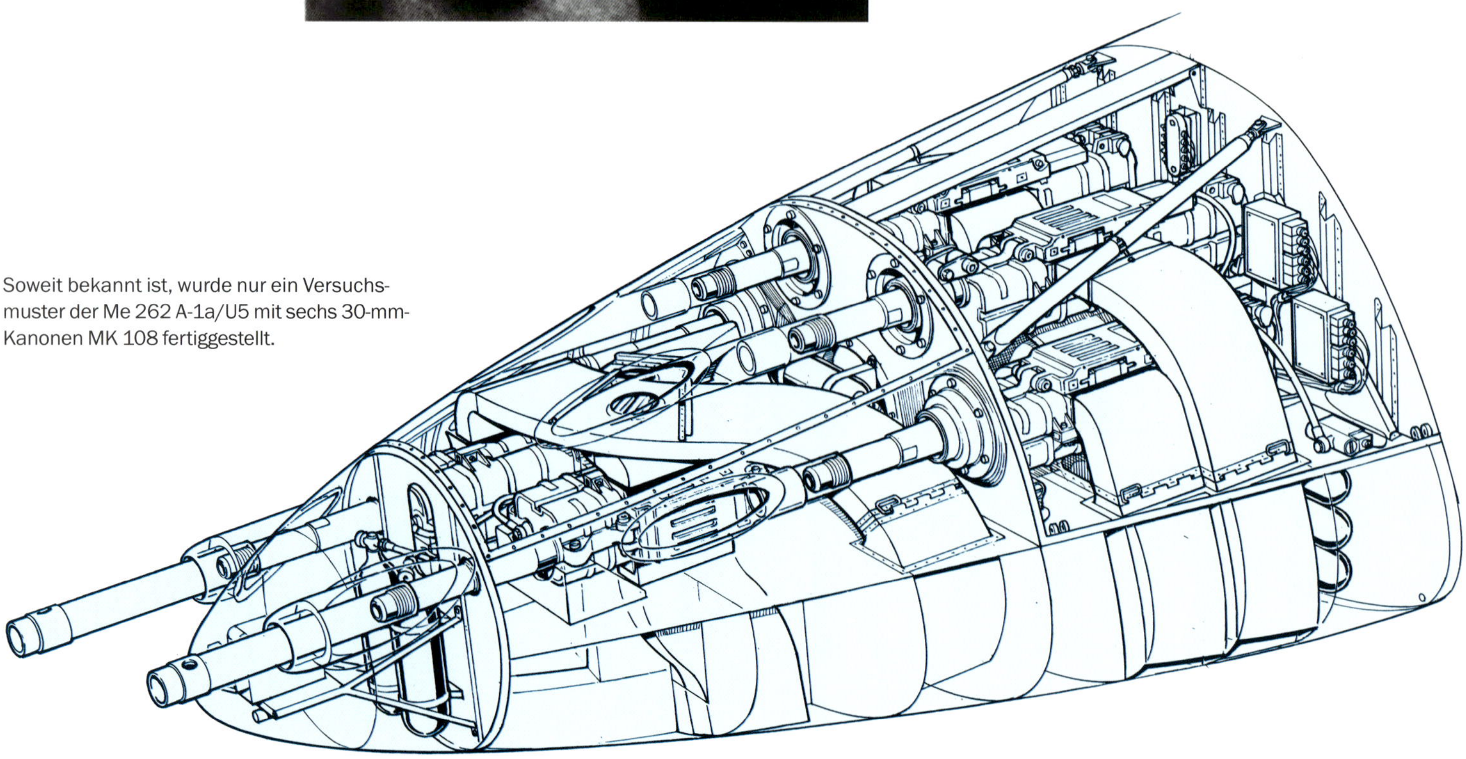

Soweit bekannt ist, wurde nur ein Versuchsmuster der Me 262 A-1a/U5 mit sechs 30-mm-Kanonen MK 108 fertiggestellt.

Me 262 A-2a Blitzbomber

Eine Schnellbomberversion des A-1a Jabos, bei dem die beiden oberen MK 108-Kanonen entfernt waren. Das Flugzeug konnte entweder mit zwei ETC 503- oder Wikingerschiff-Bombenträgern ausgerüstet werden, wobei geplant war, diese später durch die verbesserten ETC 504 zu ersetzen. Die alternativen Bombenlasten sind in einem Dokument vom 30. März 1945 aufgelistet:

(mit dem ETC 503)	Zwei SC 250 Sprengbomben
	Zwei SD 250 Splitterbomben
	Zwei AB 250-2 Waffenbehälter
	Eine SC 500 Sprengbombe
	Eine SD 500 Splitterbombe
	Ein AB 500-1 Waffenbehälter
	Ein AB 500-3 Waffenbehälter
	Ein BT 200 Bomben-Torpedo
(mit Wikingerschiff)	2 x SC 250
	2 x SD 250
	2 x AB 250-2
	1 x SC 500
	1 x SD 500
	1 x AB 500-1
(mit ETC 504)	wie ETC 503 plus
	1 x BT 400 (siehe Me 262, Konzepte und Entwicklung)

Im März 1945 hoffte man, mit den Me 262 A-2a Blitzbombern die Angriffe wieder aufnehmen zu können, die ausgestattet mit einem ETC 504-Bombenträger die massiven Torpedobomben BT 400 tragen sollten. Es gibt jedoch keinen Nachweis darüber, dass irgendeiner dieser Einsätze erfolgte. Die Leser werden auf Me 262, Konzepte und Entwicklung, S. 127-128 verwiesen.

Ein früher umgewandelter Blitz- oder „Schnellstbomber“ war die Me 262 A-1a, W.Nr. 110813. Äußerlich sehr ähnlich zur Me 262 A-1a, fehlten bei der A-2a die oberen beiden MK 108, dafür war ein Paar ETC 503- oder Wikingerschiff-Bombenträger angebaut. Diese Maschine diente als frühes Testflugzeug, um die Möglichkeiten der Me 262 als Bombenträger zu untersuchen. Nach der Beendigung dieser Versuche, wurde das Flugzeug zu einem Standard-Jäger rückgebaut und an das Kommando Nowotny übergeben, wo es als Übungsflugzeug diente und einen grünen Buchstaben „S“ und die gleichfarbige Ziffer „3“ erhielt. Siehe Kapitel 6.

Me 262 A-1a, W.Nr. 170070, „Weiße 12“, Erprobungsstelle Rechlin

Dieses Flugzeug wurde zur Erprobung des TSA-Zielgeräts von der Abteilung E7 des Rechliner Erprobungszentrums verwendet. Die Maschine trug das Kennzeichen „E7+02“ in schwarz an den Rumpfseiten, was anzeigte, dass sie die zweite Me 262-Versuchsmaschine dieser Abteilung war. Die weiße Zahl „12“ am Bug war ungewöhnlich für ein Rechliner Flugzeug, sie ist vielleicht beibehalten worden, als das Flugzeug bei einer Einsatzeinheit in Dienst stand, bevor es versetzt wurde.

Eine weitere Abbildung der Me 262 A-1a, W.Nr. 110813. Das Flugzeug hat zwei Wikingerschiff-Bombenträger, die je zwei SC 250-Sprengbomben tragen. Derart ausgerüstete Flugzeuge setzte das KG 51 Ende 1944 bei Störangriffen auf alliierte Truppenansammlungen, Fahrzeuge und Flugplätze an der Westfront ein.

Me 262 A-2a/U1 Blitzbomber mit TSA

Das TSA 2 D Bombenzielgerät ist in Me 262 Konzepte und Entwicklung, Kapitel 7, beschrieben. Drei Me 262 wurden mit diesem Gerät in Rechlin erprobt, W.Nr. 130164, 130188 und 170070.

Diese im Mai 1945 an der Autobahn Hamburg-Bremen zurückgelassen gefundene Maschine ist die Me 262 A-1a, W.Nr. 170070, E7+02, von der Erprobungsstelle Rechlin, welche die taktische Markierung „Weiße 12" trug. Die Maschine wurde zur Erprobung des Bombenzielgeräts TSA 2D und verschiedener Bombenabwurfversuche benutzt.

Zwei Fotos von der Instrumentierung der Me 262 A-2a/U1, u.a. mit der Zielanzeigeleuchte des Bombenzielgeräts TSA 2D.

Der Einbau der Tiefwurf- und Schleuderanlage Zeiss TSA 2D in der Führerkabine einer der drei Me 262, die in Rechlin diese Anlage erprobten. Eingesetzt in Verbindung mit dem Zielgerät Revi 16b erlaubte es genauen Bombenabwurf, selbst bei schlechter Sicht.

Me 262 A-2a/U2
Schnellstbomber mit Lotfe

Diese Variante wurde während ihrer Entwicklung mehrfach umbenannt. Sie war anfänglich als A-2a/U1 bekannt und später im Protokoll Nr. 49 vom 14. September 1994 in Me 262 A-3a umbenannt. Ende November 1944 erhielt sie dann ihre endgültige Bezeichnung Me 262 A-2a/U2.

Im Allgemeinen der Standard-A-2a entsprechend, war diese Version mit einer speziellen vergrößerten Bugnase in Holzbauweise mit einer verglasten Spitze und oberer Abdeckung ausgerüstet. Diese sollte Platz für einen Bombenschützen zur Bedienung des Lotfe 7H3 in liegender Stellung bieten. Um das erhöhte Gewicht auszugleichen, war die Treibstoffkapazität auf 1970 Liter verringert worden. Die ersten Flugzeuge blieben unbewaffnet, doch später sollten zwei Kanonen MK 108 eingebaut werden. Das erste Versuchsmuster, W.Nr. 110484 (auch als zweite Me 262 V 8 bekannt), flog im September 1944 erstmals. Es wurde dann am 22. Oktober nach Lechfeld verlegt und hatte bis Ende Dezember 22 Versuchsflüge absolviert. Messerschmitt berichtet über zwei Bombenabwurfversuche mit der mit zwei ETC 504 Bombenträgern ausgerüsteten Maschine, die im Dezember stattfanden. Beim ersten am 5. Dezember mit Baur als Flugzeugführer und Bayer als Bombenschütze wurde eine 250-kg-Bombe bei einer Geschwindigkeit von 600 km/h aus 2000 m auf die Nordostecke der Ammersee-Halbinsel geworfen. Beim zweiten Versuch, fünf Tage später, flog Messerschmitt-Einflieger Lindner an Stelle von Baur. Diesmal sollten zwei Bomben mitgeführt und bei 620 km/h abgeworfen werden. Es wurde jedoch nur eine ausgelöst, da die Besatzung wegen eines Klappergeräuschs nach deren Abwurf glaubte, dass sich die Aufhängung gelockert hatte. Der Bericht stellte fest, dass: „...die Ergebnisse als zufriedenstellend bezeichnet werden können, wenn man in Betracht zieht, dass Flugzeugführer und Bombenschütze keine Übung in der Zusammenarbeit hatten und der letztere die Zielgeräte zum ersten Mal bediente. Verschiedene Veränderungen wurden während der Versuche vorgenommen, einschließlich der Anbringung einer hölzernen Schutzverkleidung, welche die beim Ausfahren des Lotfes entstehenden Geräusche verringern sollte, dazu eine verstärkte Polsterung und verbesserte Sicherheitsgurte für den Bombenschützen. Es wurde auch beschlossen, den Bombenabwurfknopf zu versetzen, da dieser leicht irrtümlich betätigt werden konnte, wenn der Bombenschütze die Geschwindigkeit auf dem Zielgerät einstellte! Am 7. Januar 1945 überführte man die Maschine nach Rechlin zur detaillierten Untersuchung. Ihr weiteres Schicksal ist unbekannt. Ein zweites Versuchsmuster, W.Nr. 110555, wurde im Januar 1945 umgebaut und erhielt die modifizierte Lotfe Kanzel II. Neben ihrem etwas weniger massigen Aussehen, bestand das auffallendste Unterscheidungsmerkmal der neuen Kanzel in den langen Messdüsen an beiden Seiten. Das Flugzeug, das auch die alternative Bezeichnung Me 262 V11 erhielt, flog erstmals im Februar. In diesem Monat führte sie sechs und im März zehn Flüge aus. Am 30. März flog ein desertierender deutscher Flugzeugführer sie nach Schröck bei Mar-burg an der Lahn. Da das Fahrwerk nicht ausfuhr, wurden die Triebwerke bei der sich ergebenden Bauchlandung beschädigt. Soweit bekannt ist, wurde das Flugzeug von den Amerikanern nicht im Flug erprobt.

Me 262 A-2a/2, Versuchsmuster W.Nr. 110484 mit der Lotfe-Kanzel I

Nach dem Verlust der W.Nr. 130003 wurde dieses Flugzeug die zweite Me 262 V8. Wie die zweite V4 hatte das Flugzeug dunkelgrüne (81) Oberseiten. Die Unterlagen zeigen, dass es seinen ersten Flug am 22. Oktober 1944 machte und Ende Dezember 22 Flüge mit einer Gesamtdauer von 8 Stunden und 14 Minuten absolviert hatte. Es wurde am 7. Januar 1945 zur E-Stelle Rechlin transportiert, sein weiteres Schicksal ist unbekannt.

Die zweite Me 262 V8 – eine Me 262 A-2a/U2-Variante, W.Nr. 110484, wird Anfang 1945 über den morastigen Flugplatz in Rechlin geschleppt. Das Flugzeug hatte eine hölzerne Bugnase für einen Bombenschützen in liegender Position und ein kreiselstabilisiertes Bombenzielgerät Lotfe 7H. Die zweite Maschine ist wahrscheinlich die W.Nr. 130015, die zweite Me 262 V1 (siehe die Ziffern auf dem Bug, die gerade unter der Tarnabdeckung vorsehen). Beide Flugzeuge werden hier versuchsweise mit einem Zweifach-Schleppsystem gezogen.

Als eine Behelfsmaßnahme entwarf man bei Messerschmitt eine kleine „beulenartige“ Verkleidung zum Schutz der hervortretenden Optik des Bombenzielgeräts Lotfe 7H.

Zwei Ansichten der Lotfe-Kanzel I von Anfang Dezember 1944, wie sie in der Me 262 A-2a/U2, W.Nr. 110484, eingebaut war. Der Bombenschütze lag darin auf dem Bauch.

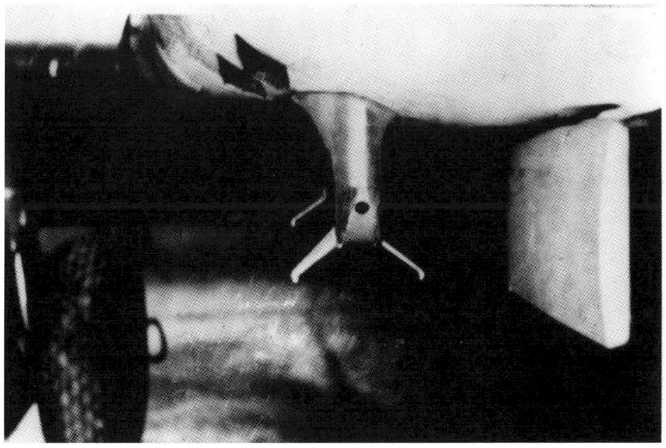

Nahaufnahme des schlankeren Bombenträgers ETC 504, wie er an der Me 262 A-2a/U2 mit der Lotfe-Kanzel montiert war. Es handelt sich hier um eine normale Maschine aus der späten Fertigung mit profilierten Reifen.

Das zweite als Me 262 A-2a/U2 gebaute Flugzeug war die W.Nr. 110555, auch als V11 bekannt. Das Flugzeug wurde im Januar 1945 umgebaut und erhielt die modifizierte Lotfe-Kanzel II. Hier öffnet Messerschmitt-Chefpilot Karl Baur die Kanzel des Bombenschützen.

In Rechlin geänderte Anordnung der Instrumentierung.

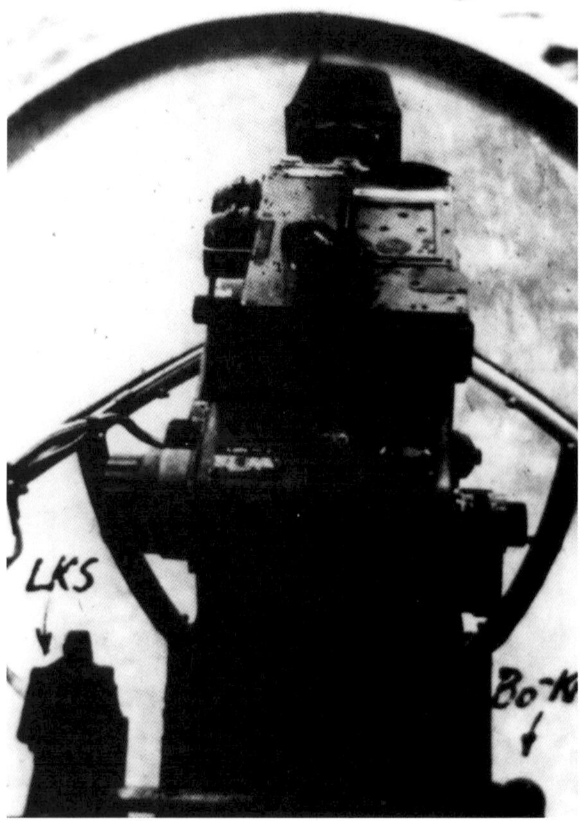

Die ursprüngliche Anordnung der Instrumentierung in der Lotfe-Kanzel in einer Me 262 a-2a/U2. Sichtbar sind das LKS, der Bombenabwurfknopf und das zusätzliche Bombenzielgerät.

Die Me 262 V11, W.Nr. 110555. Ende März 1945 hatte dieses Flugzeug 22 Flüge mit insgesamt 5 Stunden und 5 Minuten Dauer absolviert.

Am 30. März 1945 flog ein desertierender deutscher Flugzeugführer die zweite Me 262 A-2a/U2 nach Schröck bei Marburg an der Lahn. Das Fahrwerk des Flugzeugs fuhr nicht aus und die Triebwerke wurden bei der folgenden Bauchlandung beschädigt. Hier ist es nach der Entdeckung durch amerikanische Truppen vor seiner Bergung zu sehen. Die Markierung V555 war in weiß auf beiden Seiten des Rumpfes direkt vor der Kabine gemalt.

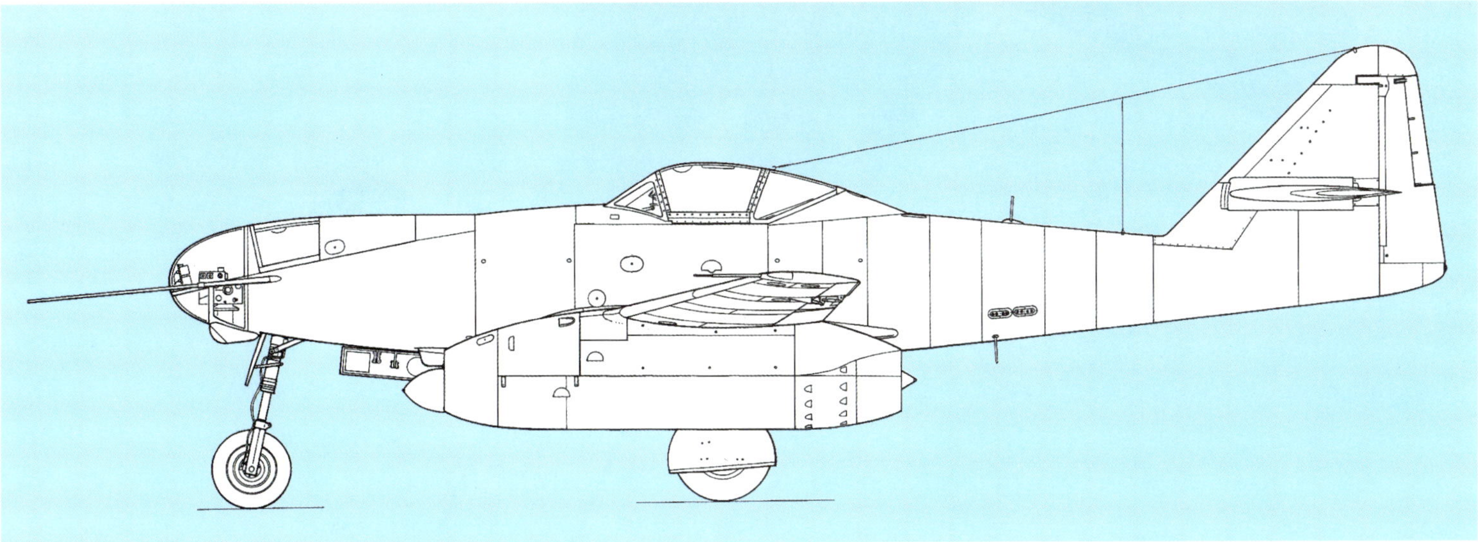

Me 262 A-2/U2, W.Nr. 110555.
Das Flugzeug, auch als Me 262 V11 bezeichnet, war mit der hölzernen Lotfe-Kanzel II ausgerüstet. Die Nase beherbergte einen bäuchlings liegenden Bombenschützen, der das Bombenzielgerät Lotfe 7H bediente. Der auffallendste Unterschied der Bugnase dieses Flugzeugs und der an der W.Nr. 110484 waren die an den Bugseiten angebrachten beiden langen Sonden, eventuell dienten sie als Hilfe zur Abstandsbestimmung. Das Flugzeug flog erstmals im Februar 1945 und absolvierte insgesamt sechs Flüge in diesem Monat und zehn weitere im März. Am 30 März wurde sie von einem desertierenden Flugzeugführer nach Schröck bei Marburg geflogen und von US-Truppen erbeutet.

In dieser Folge von Fotos ist der Abbau der V 555, W.Nr. 110555, durch ein US-Bergungs-Team zu sehen. Der Zweck der langen Sonden an beiden Seiten des Bugs ist unbekannt, es wird aber angenommen, dass es sich um eine Hilfe zum Bombenabwurf oder zur Entfernungsbestimmung handelte.

Nach dem Anheben des Flugzeugs und dem Ausschwenken des Fahrwerks ist das rechte Jumo-Triebwerk von der Tragfläche abgenommen worden. Soweit bekannt ist, wurde das Flugzeug von den Amerikanern nicht geflogen.

Me 262 A-3a Panzerflugzeug

Nicht zu verwechseln mit der vorher genannten Bezeichnung A-3a, die für die A-2a/U2 benutzt wurde, ist der definitive Entwurf A-3a für ein Flugzeug mit verbessertem Panzerschutz. Es wurde aus dem zweiten Panzerflugzeug-Entwurf, der im Band Konzepte und Entwicklung beschrieben wurde, abgeleitet und hatte einen gepanzerten Bereich in der Rumpfmitte, um den Flugzeugführer zu schützen. Das Flugzeug sollte hauptsächlich für Tiefangriffe verwendet werden und hatte ETC 504-Bombenträger unter dem Rumpf und die Standard-Bewaffnung mit vier 30-mm-Kanonen MK 108. Soweit bekannt, wurde kein Versuchsmuster des A-3a Panzerflugzeugs vor dem Kriegsende fertiggestellt.

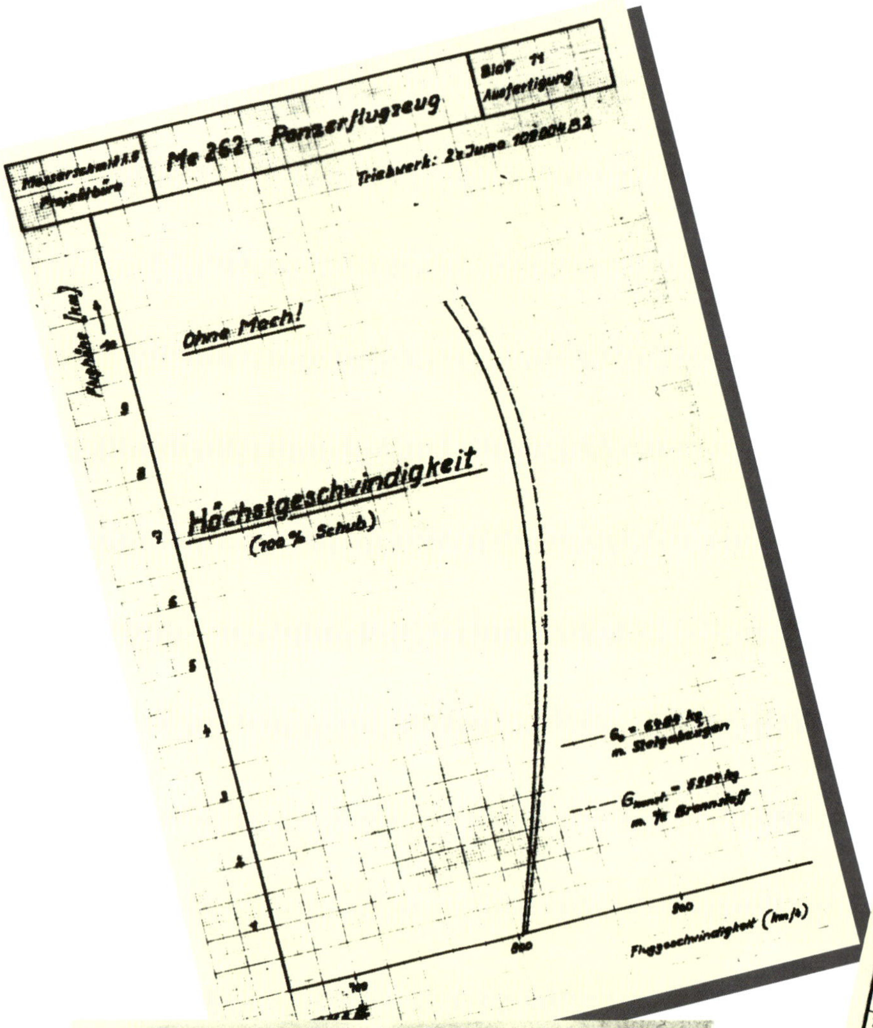

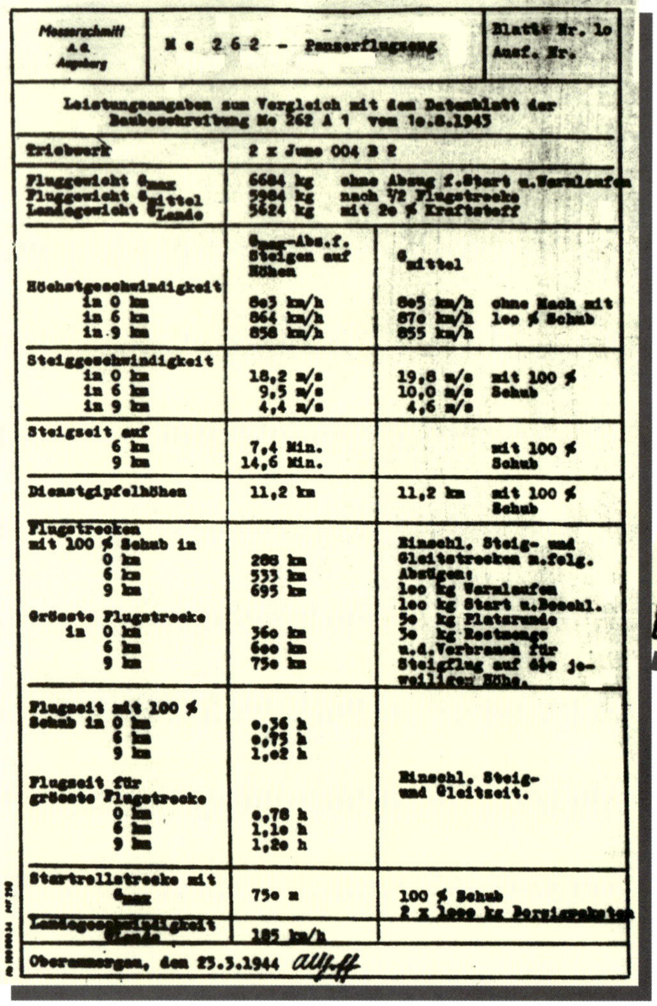

Messerschmitt A.G. Augsburg	Me 262 - Panzerflugzeug	Blatt Nr. 1o Ausf. Nr.

Leistungsangaben zum Vergleich mit dem Datenblatt der Baubeschreibung Me 262 A 1 vom 1o.8.1943

Triebwerk	2 x Jumo 004 B 2	
Fluggewicht G_{max} Fluggewicht G_{mittel} Landegewicht G_{Lande}	6684 kg ohne Abzug f.Start u.Warmlaufen 5984 kg nach 1/2 Flugstrecke 5624 kg mit 2o % Kraftstoff	
	G_{max}-Abz.f. Steigen auf Höhen	G_{mittel}
Höchstgeschwindigkeit in 0 km in 6 km in 9 km	8o3 km/h 864 km/h 858 km/h	8o5 km/h ohne Mach mit 87o km/h 1oo % Schub 855 km/h
Steiggeschwindigkeit in 0 km in 6 km in 9 km	18,2 m/s 9,5 m/s 4,4 m/s	19,8 m/s mit 100 % 10,0 m/s Schub 4,6 m/s
Steigzeit auf 6 km 9 km	7,4 Min. 14,6 Min.	mit 100 % Schub
Dienstgipfelhöhen	11,2 km	11,2 km mit 100 % Schub
Flugstrecken mit 100 % Schub in 0 km 6 km 9 km Grösste Flugstrecke in 0 km 6 km 9 km	 288 km 533 km 695 km 36o km 6oo km 75o km	Einschl. Steig- und Gleitstrecken u.folg. Abzügen: 1oo kg Warmlaufen 1oo kg Start u.Beschl. 5o kg Platzrunde 5o kg Restmenge u.d.Verbrauch für Steigflug auf die jeweiligen Höhe.
Flugzeit mit 100 % Schub in 0 km 6 km 9 km Flugzeit für grösste Flugstrecke 0 km 6 km 9 km	o,36 h o,75 h 1,o2 h o,78 h 1,1o h 1,2o h	Einschl. Steig- und Gleitzeit.
Startrollstrecke mit G_{max}	75o m	100 % Schub 2 x 1ooo kg Borsigraketen
Landegeschwindigkeit G_{Lande}	185 km/h	
Oberammergau, den 23.3.1944		

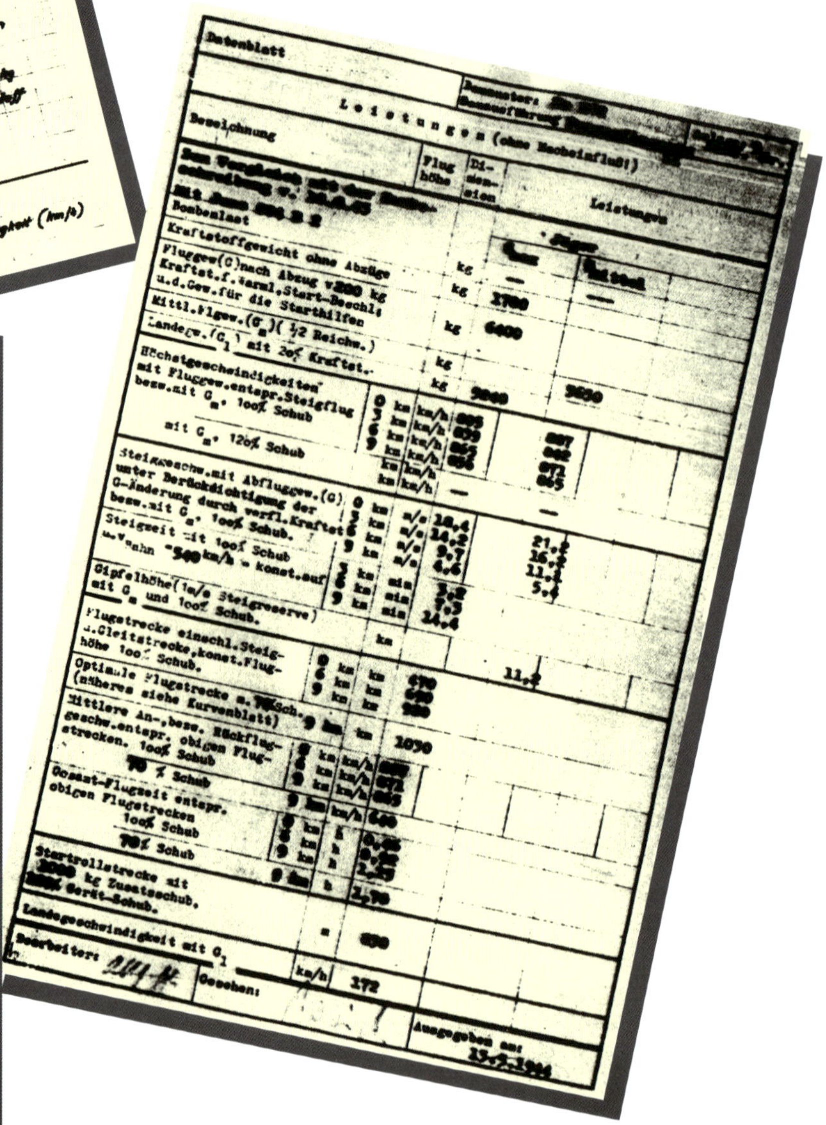

Datenblatt

Leistungen (ohne Macheinfluß!)

Bezeichnung	Flug höhe	Dimension	Leistungen
Bombenlast			
Kraftstoffgewicht ohne Abzüge		kg	—
Fluggew.(G) nach Abzug v. 200 kg Kraftst.f.Warml.Start-Beschl. u.d.Gew.für die Starthilfen		kg	
Mittl.Flgew.(G_m)(1/2 Reichw.)		kg	6400
Landegw.(G_1) mit 20% Kraftst.		kg	
Höchstgeschwindigkeiten mit Fluggew.entspr.Steigflug bezw.mit G_m, 100% Schub	0 km 3 km 6 km 9 km	km/h	
mit G_m, 120% Schub		km/h	
Steiggeschw.mit Abfluggew.(G) unter Berücksichtigung der G-Änderung durch verfl.Kraftst. bezw.mit G_m, 100% Schub.	0 km 3 km 6 km 9 km	m/s	18,4 14,2 9,7 4,6
Steigzeit mit 100% Schub	3 km 6 km 9 km	min	3,2 7,3 14,4
Gipfelhöhe (1m/s Steigreserve) mit G_m und 100% Schub.		km	
Flugstrecke einschl.Steig- u.Gleitstrecke,konst.Flughöhe 100% Schub.	0 km 6 km 9 km	km	
Optimale Flugstrecke (näheres siehe Kurvenblatt)		km	1090
Mittlere An-,bezw. Rückfluggeschw.entspr. obigen Flugstrecken. 100% Schub		km/h	
Gesamt-Flugzeit entspr. obigen Flugstrecken 100% Schub		h	
Startrollstrecke		m	
Landegeschwindigkeit mit G_1		km/h	172

Bearbeiter:

Gesehen:

Ausgegeben am:

Drei Seiten aus einem originalen Messerschmitt-Dokument datiert vom 23.3.1944 mit den wichtigsten technischen und berechneten Leistungsdaten für den endgültigen Entwurfs-Vorschlag des Me 262-Panzerflugzeugs, das unter der Bezeichnung Me 262 A-3a gebaut werden sollte.

Me 262 A-4a Behelfsaufklärer

Es gibt eine Reihe von Unstimmigkeiten in bezug auf die Bezeichnung A-4a. In einem Flugzeug-Baureihen-Blatt 4 vom 1. November 1944 ist die Maschine als unbewaffneter Behelfsaufklärer mit zwei Rb 50/30-Kameras beschrieben. Das Lieferprogramm 227/I (beschrieben in Kapitel 5 und ausführlich dargestellt in Anhang Drei) gibt an, dass diese Version mit einer kleinen SSK-Kamera ausgerüstet und mit zwei Kanonen MK 108 bewaffnet war. Diese Quelle deutet darauf hin, dass drei Maschinen Ende November 1944 fertiggestellt und der Bau von wenigstens einhundert im Werk Eger geplant war. Ohne Zweifel ist eine A-4a (W.Nr. 500095) am 20. Februar 1945 als beschädigt gemeldet worden. Es ist jedoch unwahrscheinlich, dass viele Flugzeuge fertig geworden sind, da eine Baureihenübersicht[5] vom 1. Januar 1945 angibt, dass die Bezeichnung A-4a nicht „zugeteilt“ wurde.

Me 262 A-5a Aufklärer

In dem vorher erwähnten Flugzeug-Baureihen-Blatt vom 1. November 1944, ist die Bezeichnung Me 262 A-5a für eine Zwischenlösung einer einsitzigen Nachtjäger-Variante mit FuG 353 und FuG 120 Funkausrüstung verwendet worden. Diese wurde bald verworfen und die Bezeichnung A-5a für eine in Fertigung befindliche Aufklärungsversion erneut verwendet, die eine für die Aufnahme von zwei RB 50/30-Kameras und zwei 30-mm-Kanonen MK 108 mit 66 Schuss gebaute Bugsektion hatte. Wie bei der A-1a/U3 mussten die Filmmagazine der Kameras mit Verkleidungen abgedeckt werden, die, obwohl größer und schlanker, stromlinienförmiger waren, als die in der früheren provisorischen Ausführung. Die normale Rumpftreibstoffmenge und die Möglichkeit für zwei 300-Liter-Abwurftanks unter dem Rumpf blieben vorhanden. Wie die A-1a/U3 war das Flugzeug mit dem Sende- und Empfangsgerät FuG 16 ZS ausgerüstet.

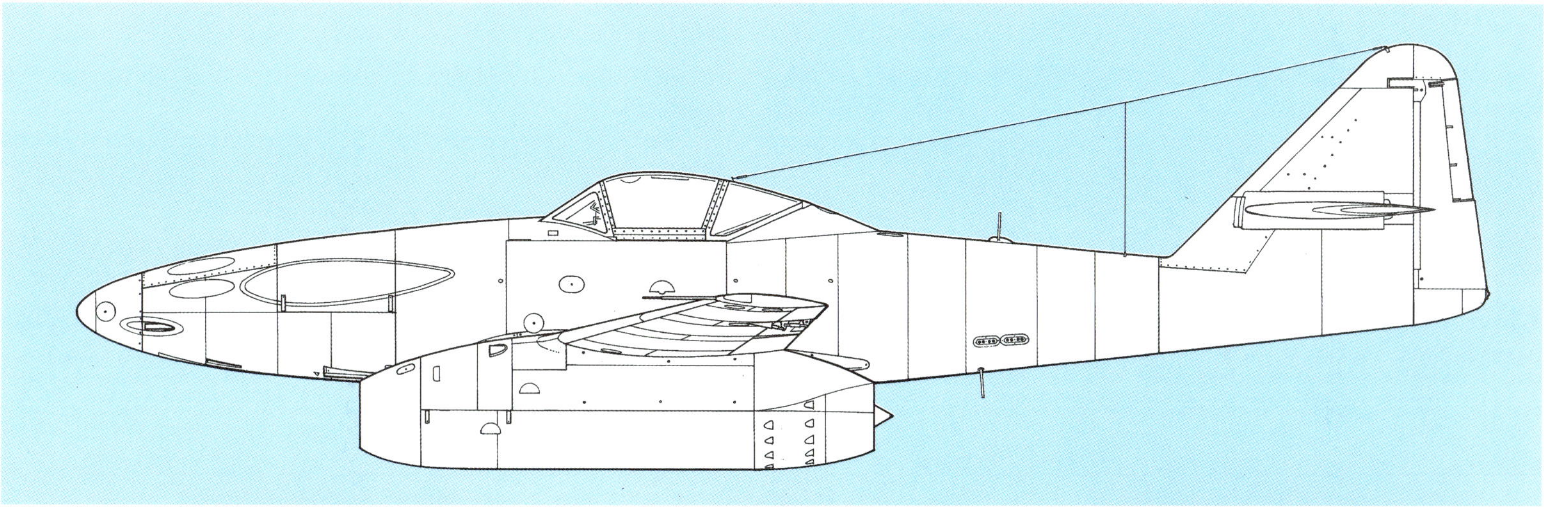

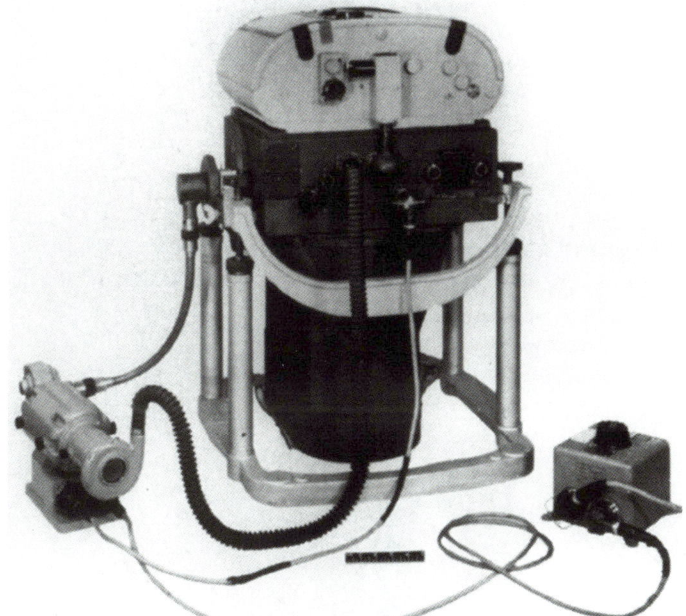

Eine Rb50/30-Reihenbildkamera montiert in ihrer Einbau- und Wartungshalterung. Der obere helle Kasten ist das auswechselbare Filmmagazin, das, wenn es vollständig gefüllt war, 64 m Film aufnahm.

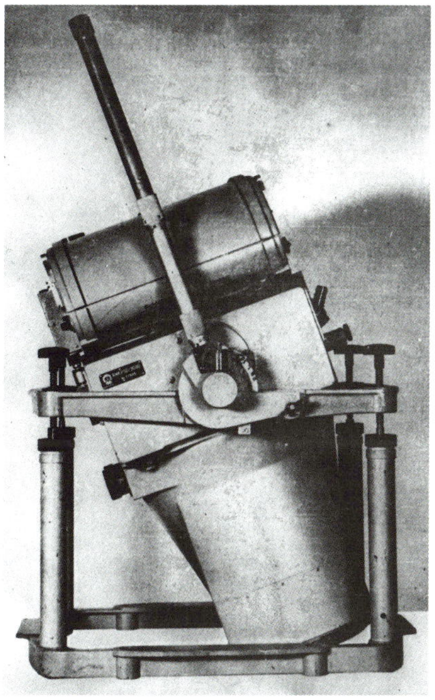

Die Luftbildkamera Rb 50/30 konnte abhängig von der Konstruktion des Flugzeugs unter verschiedenen Winkeln eingebaut werden. Das Gesamtgewicht der Kamera, einschließlich der zugehörigen Ausrüstung, betrug 72,5 kg.

Me 262 B-1a Schulflugzeug

Als Nachfolger des Schulflugzeug-Projekts vom Juli 1943 (siehe Me 262, Konzepte und Entwicklungen, Kapitel 5) kam am 2. März 1944 ein Vorschlag heraus, Standard-Me 262 für die Rolle als Schulzweisitzer zu modifizieren. Diese sollten aus normalen A-1a-Maschinen bei der Firma Blohm und Voss in Wenzendorf, 30 km südwestlich von Hamburg, umgebaut werden. Blohm und Voss stellte bereits Rumpfenden und Leitwerke für das Flugzeug her, und komplettierte bis Kriegsende 1577 Stück davon. Am 18. März entschied man, einen Auftrag für eine Attrappe einer zweisitzigen Me 262 zu vergeben, der, wenn möglich, zwei Versuchsmuster folgen sollten.

Der doppelsitzige Prototyp, die Me 262 S5 (W.Nr. 130010), flog zum ersten Mal am 28. April 1944 und wurde danach an Blohm und Voss zum Umbau abgegeben. Er entsprach dem ursprünglichen Schulflugzeug-Entwurf, jedoch waren die beiden hinteren Treibstoffbehälter durch kleinere ersetzt worden, die 400 bzw. 250 Liter Inhalt hatten. Den gewonnenen Raum nahm ein zweiter Sitz für den Fluglehrer ein, der über eine vollständige Doppelsteuerung verfügte. Eine verlängerte Kabinenhaube wurde eingebaut, die Standard-Bewaffnung von vier MK 108-Kanonen beibehalten. Normalerweise wurden zwei 300-Liter-Abwurfbehälter unter den ETC 503-Trägern benutzt, um die interne Kraftstoffkapazität zu vergrößern. Der von Blohm und Voss gebaute Prototyp erforderte 8800 Mannstunden zur Fertigstellung, wovon ungefähr 5500 Stunden für den Umbau und der Rest für Änderungen und Einfliegerei nötig war.

Am 30. August 1944 kam ein Lieferplan für den Umbau von Me 262 zu Zweisitzern heraus, der vorsah, ab November auch die Werkstätten der Deutschen Lufthansa in Berlin-Staaken in die Umbau-Arbeit einzubeziehen (siehe Tabelle 1).

Die ersten vier Me 262 B-1a, wie die Bezeichnung der Variante lautete, wurden im September 1944 fertig. Zwei davon kamen später zum KG 51, eine zum KG 54 und die andere zum Erprobungskommando 262. Bis zum 6. Oktober baute man neun Flugzeuge in Wenzendorf um, doch an diesem Tag wurde das Werk schwer bombardiert. Das Ergebnis waren zwölf zerstörte Flugzeuge, die sich im Umbau befunden hatten und es dauerte bis Januar, ehe die nächste Maschine bei Blohm und Voss fertig wurde.

Zum Glück für das Programm konnte die Lufthansa die Fertigung fortsetzen, während Blohm und Voss noch sieben Flugzeuge herausbrachte, bevor ein erneuter Bombengriff am 7. Januar 1945 das Werk Wenzendorf fast vollständig zerstörte. Diesmal wurden fünf Flugzeuge zerstört und Blohm und Voss konnte bis zum Ende des Krieges nur noch einen Umbau vollenden. Trotzdem konnten Blohm und Voss und die Lufthansa bis Ende März 1945 insgesamt 67 Flugzeuge umbauen. Diese wurden in kleinerer Zahl an verschiedene Einheiten aufgeteilt (siehe Tabelle 2).

Die III. Gruppe des KG 76 flog Ende 1944 bis 1945 mit der Arado Ar 234 Bombenangriffe über der Westfront. Wenigstens drei Me 262 B-1a Schulflugzeuge wurden jedoch an die Einheit zu Trainingszwecken geliefert. Eine dieser Maschinen ist hier nach dem Auftanken Ende 1944 in Burg zu sehen.

Tabelle 1

Monat	Blohm und Voss	Lufthansa
Juli 1944	1	–
August 1944	3	–
September 1944	6	–
Oktober 1944	9	–
November 1944	11	1
Dezember 1944	12	3
Januar 1945	10	5
Februar 1945	8	7
März 1945	5	10
April 1945	0	15
Summe	65	41

Tabelle 2

Einheit	Sept. 44	Okt. 44	Nov. 44	Dez. 44	Jan. 45	Febr. 45	März 45	Summe
Ekdo 262	1	1	–	–	–	–	–	2
III./EJG 2	–	–	–	1	–	9	10	20
IV./EKG 1	–	–	–	–	4	3	4	11
II./EKG(J)	–	–	–	–	–	1	2	3
Fl.Üb.G 1	–	–	–	1	–	4	2	7
I./JG 7	–	–	–	2	1	–	–	3
II./JG 7	–	–	–	–	–	2	–	2
III./JG 7	–	–	–	–	–	–	1	1
JV 44	–	–	–	–	–	–	2	2
KG 51	2	–	–	–	–	–	–	2
III./KG 76	–	1	1	1	–	–	–	3
III./KG(J) 6	–	–	–	–	–	–	1	1
KG(J) 54	1	–	–	4	–	–	–	5
NAGr 6	–	–	–	–	3	–	–	3
TLR	–	–	1	–	–	–	1	2
Summe	4	2	2	9	8	19	23	67

Hptm. Diether Lukesch kommandierte sowohl die Strahlbomber-Trainingseinheit III./EKG 1, als auch die Ar 234-Einsatzstaffel der III./KG 76. Beide Einheiten benutzten eine beschränkte Zahl von Schulflugzeugen Me 262 B-1a, von denen eines auf diesem Foto hinter Lukesch zu erkennen ist.

Me 262 B-1a Schulflugzeug (zweisitziger Trainer)

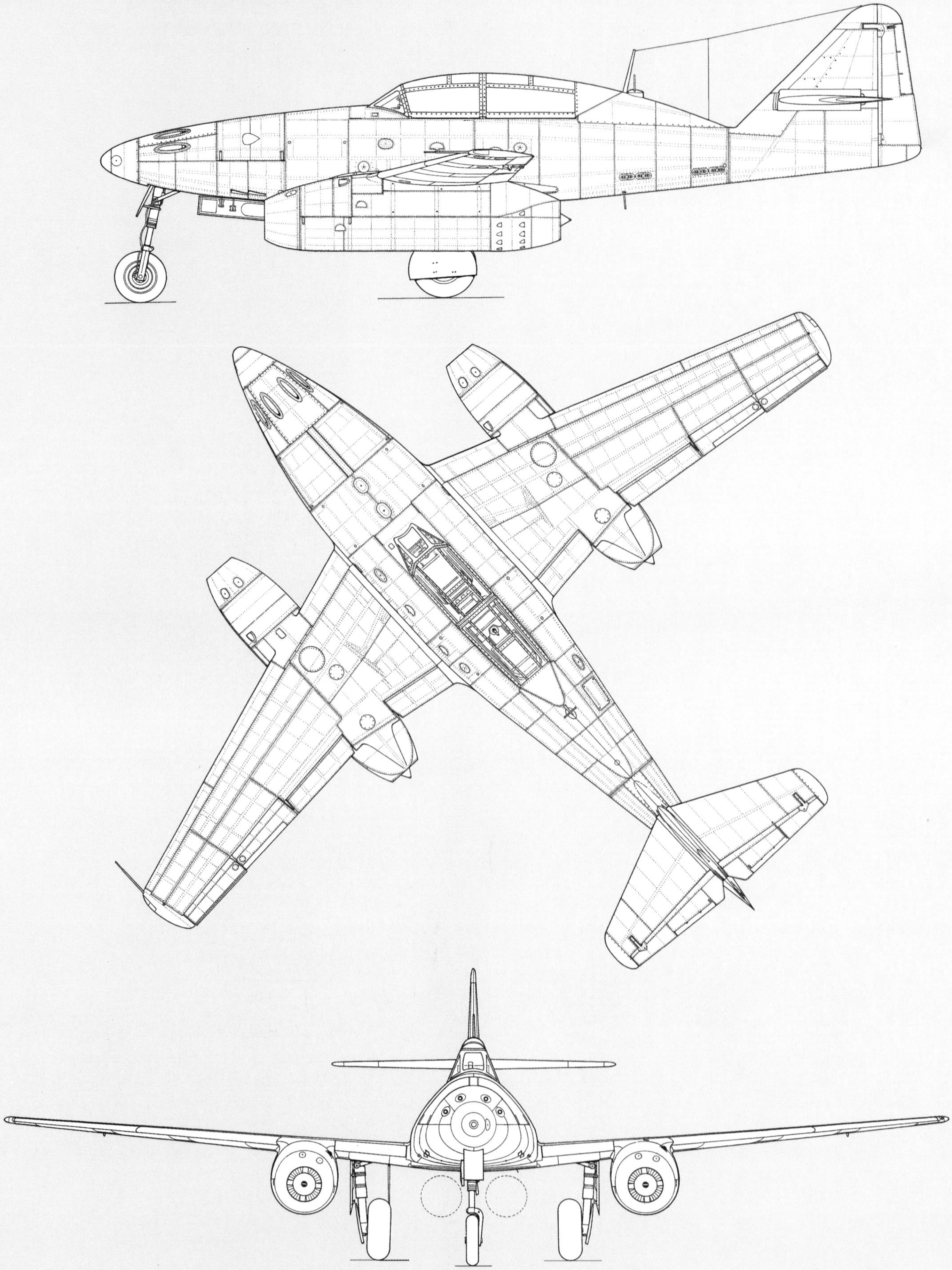

Me 262 C-1a Heimatschützer I

Die in Konzepte und Entwicklung, Kapitel 5 detailliert beschriebene Entwicklung der drei schnellsteigenden raketenunterstützten Abfangjäger-Vorschläge (Interzeptoren) verlief zuerst sehr langsam. Im Frühjahr 1944 waren sie in Heimatschützer I, II und III umbenannt worden. Kurz danach ließ man den Entwurfsvorschlag des dritten Heimatschützers, der nur von zwei Walter-Raketenmotoren angetrieben war, fallen, während die Arbeit an den anderen beiden Entwürfen weiterging.

Im August 1944 begannen die Umbauarbeiten an einer Me 262 aus der frühen Fertigung, W.Nr. 130186, zum Prototyp Heimatschützer I. Das war im wesentlichen eine normale Me 262 A-1a mit zur Unterbringung eines Walter Raketentriebwerks HWK R II/211 (109-509) umgebautem Rumpfheck. Die wichtigsten äußerlichen Veränderungen waren das abgeschnittene Rumpfende und Seitenruder, um den Raketenstrahl austreten zu lassen. Der normale vordere 900-Liter-Kraftstoffbehälter war durch einen speziellen nicht korrodierenden Tank für T-Stoff ersetzt und der C-Stoff wurde im hinteren 600-Liter-Rumpfbehälter befördert. Die verbleibenden 900- und 170-Liter-Behälter wurden für den J 2-Treibstoff benutzt. Der Prototyp machte seinen ersten Flug nur mit den Strahltriebwerken, als er am 2. September von Leipheim nach Lechfeld verlegte, wurde jedoch zehn Tage später bei einem Luftangriff der 15. US Air Force leicht beschädigt. Nach dem Austausch des Raketentriebwerks und eines der Riedel-Anlasser machte er am 18. Oktober seinen zweiten Flug. Dieser diente der Erprobung des T-Stoff-Schnellablasses, wobei 900 Liter einer gefärbten Flüssigkeit aus dem vorderen Treibstoffbehälter ausgeblasen wurden. Die Ausbreitung der Farbe an der gesamten Rumpfunterseite und den Fahrwerksschächten zeigte, dass das Ablassen des Treibstoffs zu einem Feuer beim Kontakt mit Ölresten führen könnte.

Am 21. Oktober führte das Flugzeug Rollversuche mit zusätzlichen Hauptfahrwerksrädern aus und vier Tage später wurde das Raketentriebwerk erstmals am Boden erprobt. Nach Veränderungen an der Triebwerksaufhängung gab es einen zweiten Triebwerkslauf, bei dem Schweißfehler an der Brennkammer entdeckt wurden, die einen Triebwerkswechsel nötig machten. Eine Reihe anderer Änderungen, wie die Verlegung der Funkausrüstung wegen des Eindringens von Treibstoffdämpfen in diesen Rumpfteil und Veränderungen an der Druckkabine folgten. Danach wurde das Raketentriebwerk am 23. November zweimal erprobt, jedoch mussten vier Tage später die Treibstoffpumpe und der T-Stoff-Behälter gewechselt werden. Ein weiterer Standlauf erfolgte am 2. Dezember und 13 Tage später ein dritter Flugversuch zur weiteren Erprobung des Kraftstoffablasssystems. Dieser bestätigte die Ergebnisse des ersten Tests, so dass die Konstrukteure das Ablassrohr unter das Rumpfende verlegten und nun die Entleerung hinter dem Heck erfolgte.

Die Rakete wurde am 18. Dezember erneut am Boden gezündet, wobei diesmal durch einen Schweißfehler an der Brennkammer ein kleines Feuer ent-

Mit arbeitendem Walter-Raketen-Motor und Versuchsflieger Gerd Lindner am Steuer fegt die Me 262 C-1a im Februar 1945 über die Startbahn in Lechfeld.

stand. Nachdem dies repariert war, wurde am 9. Januar das gesamte System mit Wasser gespült. Unglücklicherweise gefror dabei Restwasser in den Rohren, was Messerschmitt veranlasste, sich darüber zu beschweren, dass die Firma Walter ihr nicht mitgeteilt hatte, welches Antifrostmittel hätte verwendet werden müssen. Zwei weitere Bodenläufe fanden am 13. Januar mit abgenommener Heckverkleidung statt. Nach deren Anbau gab es einen erneuten Versuch zwei Tage später, wobei es wieder zu einem Feuer kam. Danach wurde eine dritte Brennkammer eingebaut und die Flugversuchsabteilung beauftragt, ein Schnellmontage-System für das Rumpfheck zu entwickeln, um die Zeit für dessen Ab- und Anbau zu verringern. Am 29. Januar und 3. Februar erfolgten Bodenläufe mit der Rakete und drei Tage später wurde das Treibstoffablasssystem erfolgreich erprobt. Dann entdeckte man weitere fehlerhafte Schweißungen bei Teilen des Raketenmotors und es dauerte bis zum 20. Februar, bis erneut drei erfolgreiche Bodenläufe stattfanden. Drei Tage später liefen erstmals die Strahltriebwerke und der Raketenmotor gemeinsam und am 27. Februar 1945 machte Gerd Lindner den ersten Flug mit allen drei arbeitenden Triebwerken. Zwei weitere Flüge mit Raketenunterstützung fanden am 16. März statt, doch sechs Tage später wurde das Flugzeug bei einem alliierten Luftangriff leicht beschädigt. Wenn man die damalige militärische Situation in Betracht zieht, ist es unwahrscheinlich,

Fotos vom speziell umgebauten Rumpfheck der Me 262 C-1a, die in Farnborough entstanden. Auf dem linken Bild ist es möglich, das Rumpf-Verstärkungsband und die beschädigte Ablassleitung für den Raketenkraftstoff zu erkennen.

Nahansicht des Rumpfhinterteils des Versuchsmusters der Me 262 C-1a. Versehen mit der Versuchsnummer „V186“ (den letzten drei Ziffern der Werknummer), ist dieses Flugzeug nach dem Verlust der W.Nr. 130001 auch als die zweite Me 262 V6 bekannt. Das Flugzeug hatte am 2. September 1944 seinen Erstflug, flog aber erst am 27. Februar 1945, bei seinem fünften Flug, mit laufendem Raketenmotor.

Diese Nahansicht des hinteren Rumpfs der Me 262 C-1a zeigt die Wartungsöffnung für den Walter HWK 509 A-2 Raketenmotor.

Zwei Detailansichten des Raketenmotors Walter HWK 509 A-2, der im Rumpfhinterteil derMe 262 Heimatschützer I eingebaut war. Die Aufnahmen entstanden während der Untersuchung des Rumpfes nach dem Krieg beim Royal Aircraft Establishment in Farnborough, England.

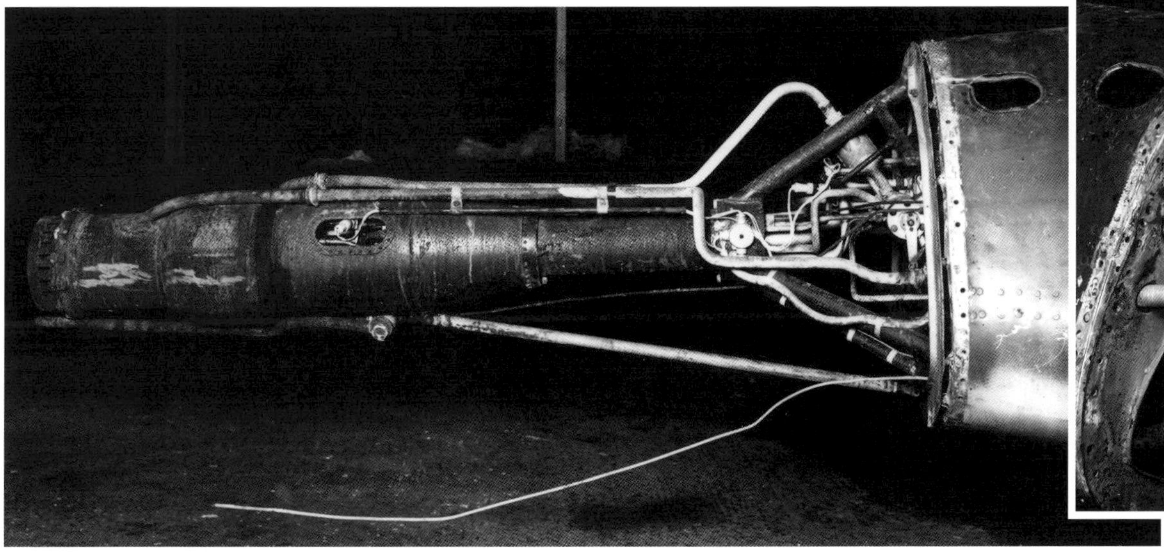

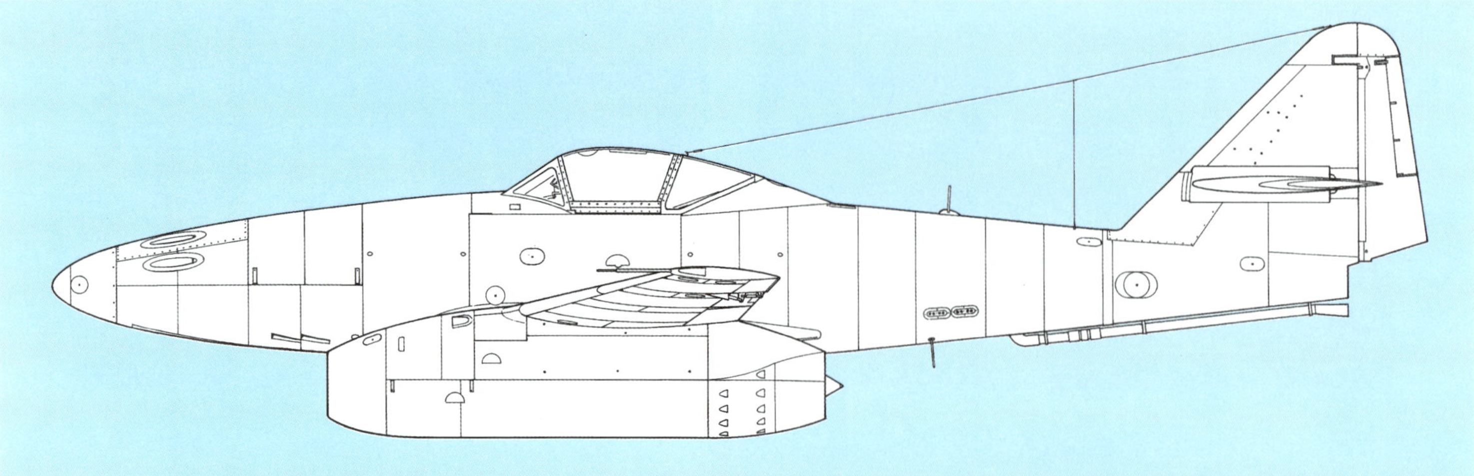

Jäger mit Raketenzusatzantrieb Me 262 C-1a Heimatschützer I

dass die Maschine noch einmal flog. Der Rumpf des C-1a-Versuchsmusters (das auch als zweite V 6 bekannt ist) wurde bei Kriegsende in Lechfeld gefunden und zur Untersuchung zum Erprobungszentrum Royal Aircraft Establishment nach Farnborough gebracht.

Das Raketentriebwerk Walter HWK 509 A-2 entwickelte 1700 kp Schub für 3,5 Minuten. Vierzig Sekunden dieser Zeit wurden zum Start, 60 Sekunden zur Beschleunigung und 110 Sekunden zum Steigflug auf 6500 m benötigt. Die ungefähre Startmasse betrug 7800 kg. Es gab auch einen Vorschlag, das HWK 509 gegen das im Versuch befindliche Triebwerk BMW P.3390 C (109-510) auszutauschen.

Me 262 C-2b Heimatschützer II

Die C-2b, die auf dem Projekt Interzeptor II basierte, war eine Standard-Me 262, deren Motoren durch BMW 003 TLR ersetzt waren, kombinierten Einheiten aus TL-Triebwerken und Raketen. Diese bestanden aus einem normalen BMW 003 A Strahltriebwerk, an das ein BMW P.3395-Raketentriebwerk angebaut war, das eine Kombination aus R-Stoff oder Tonka (selbstzündender Treibstoff) und SV-Stoff (konzentrierte Salpetersäure) verbrannte. Das erste Versuchsmuster, W.Nr. 170074 (das die alternative Bezeichnung V12 erhielt), wurde am 20. Dezember 1944 auf dem Landweg nach Lechfeld gebracht, nachdem es mit zwei BMW-TLR-Umrüsteinheiten ausgerüstet worden war. Nach Änderungen am elektrischen Bordnetz und dem Belüftungssystem für die SV- und R-Stoff-Behälter machte es am 8. Januar seinen ersten Werkstattflug, nur von den Strahltriebwerken angetrieben. Während des Januars fanden eine Reihe von Versuchen mit den Raketenmotoren mit Wasser anstelle von Treibstoff statt, die verschiedene Probleme mit den Pumpen, Belüftungsleitungen und Dichtungen ergaben. Die Riedel-Anlasser der Strahltriebwerke machten auch Schwierigkeiten und mussten mehrfach ausgewechselt werden. Erst am 24. Januar lief der erste Wasserversuch mit den Raketenmotoren erfolgreich. Am folgenden Tag wurden die Raketentriebwerke erstmals am Boden erprobt, wobei jedoch der Steuerbord-Motor unmittelbar nach der Zündung explodierte. Der entstehende Flammenstrahl beschädigte das TL-Triebwerk und Teile der Tragfläche erheblich und brannte die gesamte Farbe von der Rumpfseite.

BMW meinte, dass die Explosion durch Wasserverunreinigungen des R-Stoffs verursacht sei, während Untersuchungen von Messerschmitt darauf hindeuteten,

Vorbereitungen der Me 262 C-2b Heimatschützer II, W.Nr. 170074, für eine Bodenerprobung des BMW 003 TLR-Triebwerks.

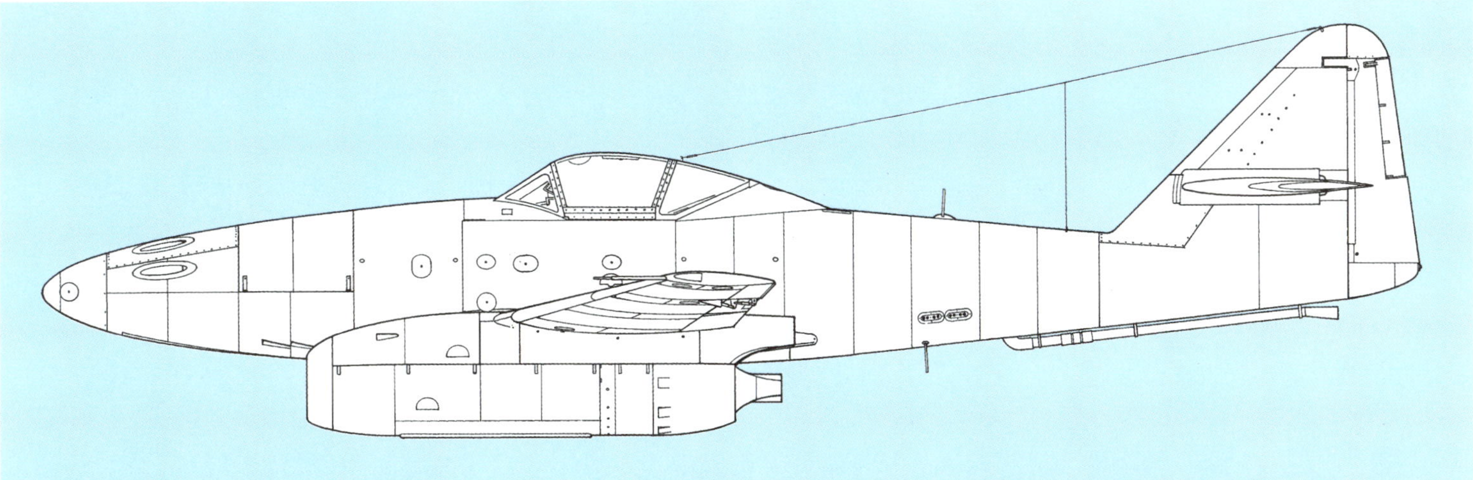

Jäger mit Raketen-Zusatzantrieb Me 262 C-2b Heimatschützer II

dass ein Überschuss von SV-Stoff in das Triebwerk gespritzt worden war. Es wurde die absolute Notwendigkeit betont, dass der Flugzeugführer die Hähne beider Treibstoffbehälter aus der Kabine schließen können musste. „Wenn diese Möglichkeit nicht vorgesehen wird," fuhr der Bericht fort, „besteht die große Gefahr eines Brandes bei Fehlstart mit R-Triebwerken für Ausströmen von SV- und R-Stoffen während des Ausrollens der Maschine." Am 1. Februar fand eine Reihe von Standerprobungen mit neuen BMW 003 TLR-Triebwerken statt, die am 7. in die Maschine eingebaut wurden. Wieder traten Probleme mit den SV-Stoff-Behältern und Dichtungen, hauptsächlich durch die aggressiven Eigenschaften dieser Treibstoffkomponente, auf. Nach Veränderungen konnten am 18. Februar einige „scharfe" Läufe mit beiden Raketenmotoren durchgeführt werden, die aber nicht vollkommen befriedigten. Das linke Raketetriebwerk wurde drei Tage später entfernt und am nächsten Tag durch ein neues TLR-Gerät ersetzt. Ein weiterer Versuchslauf mit Wasser brachte weitere Druckprobleme und fehlerhafte elektrische Schaltungen ans Tageslicht, die von BMW untersucht werden mussten.

Nachdem alle diese Schwachstellen beseitigt worden waren, konnte das Flugzeug am 24. März 1945 seinen zweiten Flug mit TL-Antrieb machen. Dieser erfolgreiche Versuch führte zum ersten Flug mit laufenden Raketenmotoren zwei Tage später. Die Raketen brannten für 40 Sekunden im Steigflug und konnten so wenigstens die Brauchbarkeit der Triebwerke demonstrieren. Ein weiterer Flug fand am 29. März statt, doch diesmal versagte die Zündung der Raketen. Am nächsten Tag baute man die BMW 003 aus, die wegen des Mangels an dem dafür benötigten Treibstoff B4 auf den leichter erhältlichen J2 umgestellt werden mussten. Das Flugzeug flog nie wieder und wurde ohne Triebwerke von amerikanischen Truppen gefunden, als sie am Ende des Krieges nach Lechfeld kamen.

Drei Fotos von der weiteren Erprobung der kombinierten TL-Raketen-Motoren BMW 003 TLR der Me 262 C-2b Heimatschützer II in Lechfeld am 23. März 1945. Die Versuche wiesen Druckprobleme und versagende elektrische Verbindungen nach, woraufhin BMW um Untersuchung gebeten wurde.

Das Ergebnis des Brands des Raketentriebwerks im Januar 1945 ist auf diesem Bild des Hinterrumpfs der Me 262 C-2b erkennbar. Die Flammen waren so stark, dass sie die Bemalung von der Beplankung brannten.

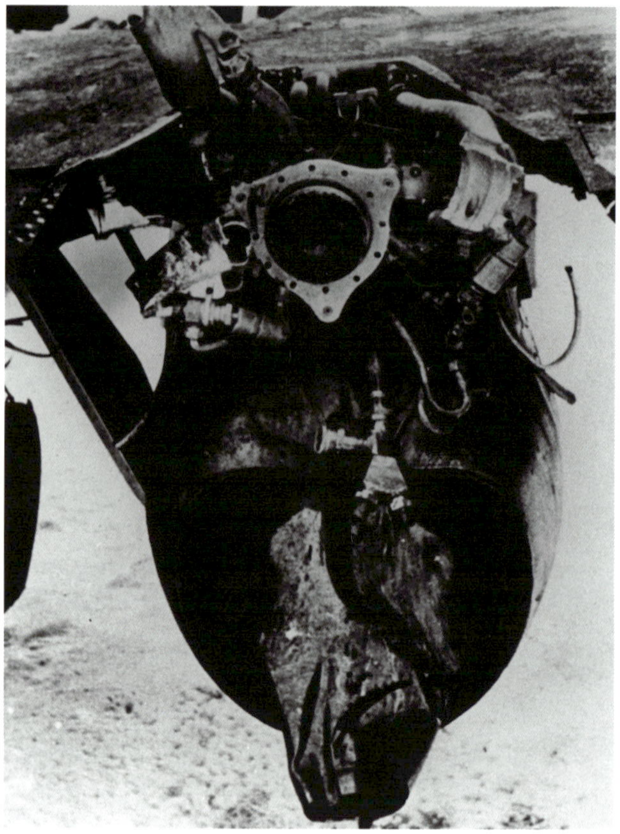

Die stark beschädigte Rückseite des BMW 003-Triebwerks der Me 262 C-2b Heimatschützer II nach dem Brandschaden der Raketeneinheit.

Ein dramatisches Foto, aufgenommen in Lechfeld am 25. Januar 1945, zeigt die Me 262 C-2b Heimatschützer II, W.Nr. 170074, auch als Me 262 V12 bekannt, bei einem Bodenlauf ihrer BMW Raketenmotoren. Unglücklicherweise explodierte das rechte Triebwerk unmittelbar nach der Zündung, woraus ein spektakulärer Triebwerksbrand entstand (siehe auch das erste Foto dieser Seite).

Me 262 C-1a W.Nr. 130186 Heimatschützer I

Ausgerüstet mit zwei Jumo 004 B- und einem Walter HWK 509 A-Triebwerk, machte der Heimatschützer I-Prototyp seinen ersten Flug am 2. September 1944, wurde jedoch mit arbeitenden Raketen erst am 27. Februar 1945 bei seinem fünften Flug geflogen. Er erhielt die Bezeichnung zweite V6 und erlitt bei einem alliierten Luftangriff am 22. März Schäden. Nach dem Ende des Krieges untersuchte man den hinteren Rumpfteil beim RAE Farnborough.

Am 30. März 1945 kam die Me 262 C-2b Heimatschützer II, W.Nr. 170074, zum Umbau der BMW 003-Triebwerke für den leichter erhältlichen Kraftstoff J2 in die Werft. Diese Umrüstung wurde nie vollendet und das Flugzeug nach dem Krieg abgestellt in Lechfeld gefunden. Hinter der C-2b ist auf diesem Foto die Me 262 V10, W.Nr. 130005, zu sehen, mit der man verschiedene Formen von Panzerschutz erprobte und die an Bombenabwurf- und Schleppversuchen beteiligt war.

Me 262 C-2b, W.Nr. 170074, Heimatschützer II

Der Heimatschützer II-Prototyp „V074“ wurde auch als Me 262 V12 bezeichnet. Er flog am 8. Januar 1945 nur mit den TL-Triebwerken erstmals. Das Flugzeug ist hier dargestellt, nachdem die Reparaturen der Rumpfschäden durch die Explosion des linken Raketenmotors beim Bodenversuch am 25. Januar 1945 begonnen wurden. Der erste Flug mit den TL-Triebwerken und laufenden Raketenmotoren fand dann am 26. März 1945 statt. Der Mangel an dem Treibstoff B4, der für die BMW 003 benutzt wurde, führte zu deren Ausbau am 30. März 1945, zum Zwecke der Umstellung auf J2. Das Flugzeug wurde von US-Truppen am Ende des Krieges in Lechfeld gefunden.

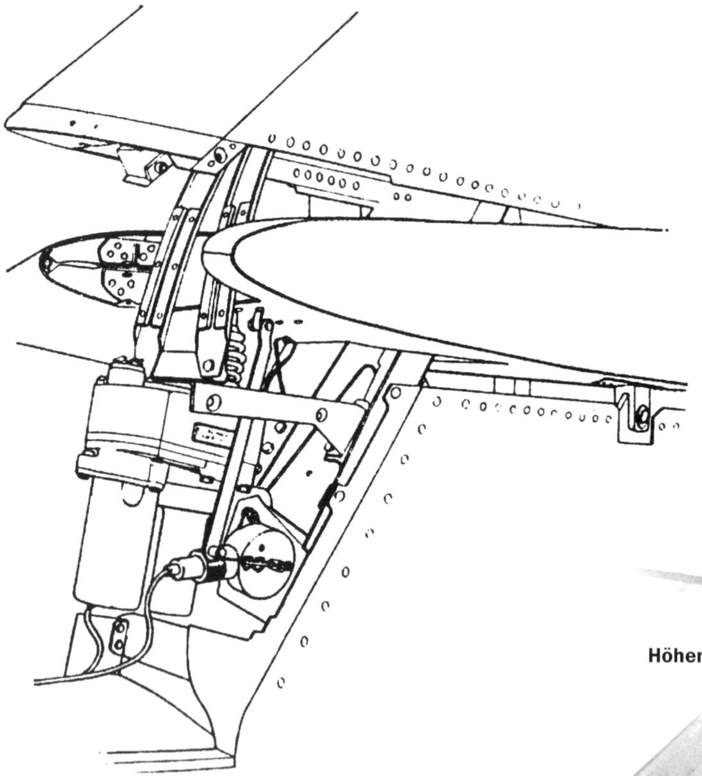

Der Einstellmotor für das Höhenleitwerk konnte benutzt werden, um die horizontalen Leitwerksflächen um maximal 1,5 Grad in 0,5-Grad-Schritten zu verstellen. Einige Flugzeugführer, einschließlich des Versuchspiloten Willy Ostertag, hatten Schwierigkeiten bei hohen Geschwindigkeiten, wegen falscher Einstellung des Anstellungswinkels.

Nahaufnahme des Einstellmotors für das Höhenleitwerk.

Der Anstellwinkel ließ sich vom Inneren der Kabine ändern durch die Bewegung des gekennzeichneten Hebels nach hinten oder vorn für eine Bewegung nach unten bzw. oben.

Das Rohr des Raketentreibstoffschnellablasses, wie er an der Me 262 C-2b Heimatschützer II verwendet wurde. Beachtenswert die Entfernung der Seitenruderverkleidung, um den Einstellmotor des Höhenleitwerks zu zeigen.

Eine ungewöhnliche Aufnahme des Kraftstoff-Schnellablassrohrs, das bei den Objektschutzjägern Me 262 C-1a und C-2b verwendet wurde. Die sehr unbeständige Natur dieser Treibstoffe machte Möglichkeiten für deren schnellen Ausstoß notwendig.

Das Kombinationstriebwerk BMW 003 R bestehend aus TL- und Raketen-Triebwerk, das in der Me 262 C-2b eingebaut war. Die BMW 718 (Projektbezeichnung P.3395)-Raketeneinheit ist auf und hinter dem TL-Triebwerk montiert erkennbar.

Messerschmitt-Monteure helfen einem Versuchsflieger beim Anlegen des Fallschirms auf der Tragfläche der Me 262 C-2b. Die Ausströmöffnung des BMW-Raketen-Motors über dem TL-Haupttriebwerk ist gut sichtbar.

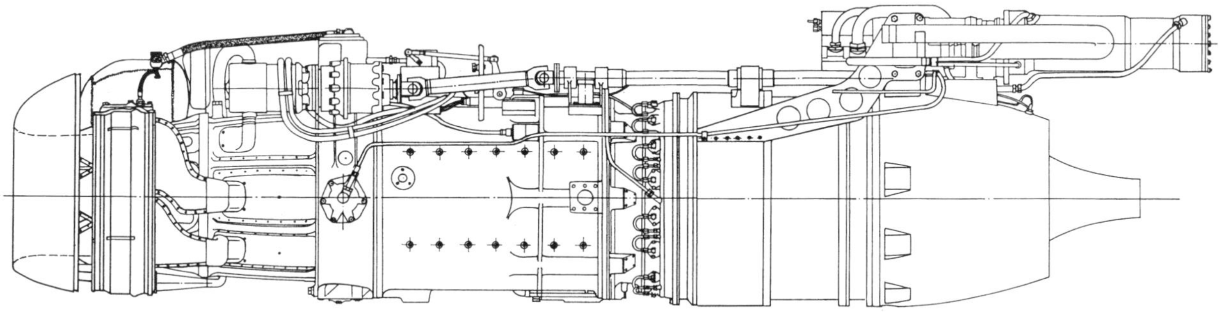

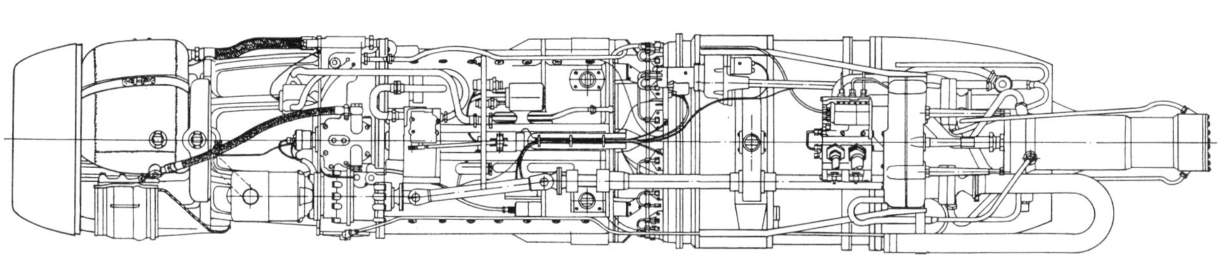

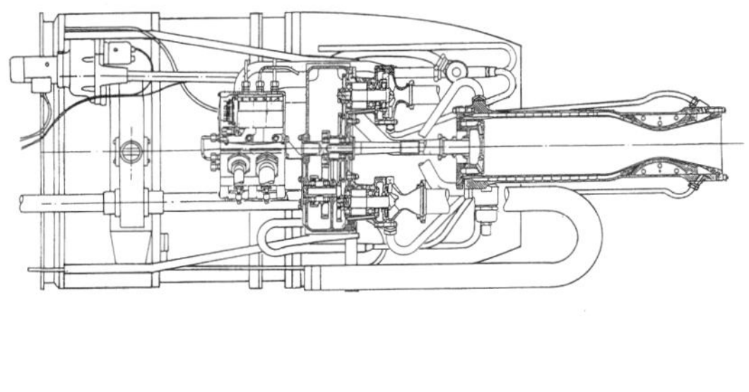

Das Kombinationstriebwerk BMW 003 TLR (Turbinen-Luftstrahltriebwerk mit Rakete). Es bestand aus einem normalen BMW 003 A-TL-Triebwerk und einem speziell entwickelten Raketenmotor BMW P. 3395 (109-718). Dieser verbrannte eine Mischung aus SV-Stoff (konzentrierter Salpetersäure) und R-Stoff (selbstzündender Brennstoff Tonka) und erreichte einen Schub von 1000 kp für drei Minuten. Die Treibstoffpumpen für die Raketenmotoren waren elektrohydraulisch über eine 125-PS-Verlängerungswelle mit den Turbinentriebwerken verbunden.

Me 262 Interzeptor III
(siehe Me 262 Konzepte und Entwicklungen)

Me 262 C-3a Heimatschützer IV

Am 11. Januar 1944 legte Karl Althoff, ein Entwurfsingenieur im Projektbüro, einen Vorschlag für eine vierte raketengetriebene Version der Me 262 vor. Diese hatte den Walter-Raketenmotor HWK 509 A-2 in einer abwerfbaren Verkleidung unter dem Rumpf montiert. Dieser Entwurf wurde in einer Projektbeschreibung vom 5. Februar 1945 weiterentwickelt, in der die Bezeichnung Me 262 C-3 benutzt wurde. In dieser stand:

„Die Erfahrung hat gezeigt, dass die leichte Erreichbarkeit der Raketentriebwerke von größter Wichtigkeit ist. Bei der Me 262 C-3 wird die R-Ausrüstung in Form eines Rüstsatzes unter dem Rumpf befestigt. Dies hat die folgenden Vorteile:

1.) Ein normaler Jäger Me 262 kann als Heimatschützer verwendet werden, da die Änderungen an der Zelle minimal sind.
2.) Die Wartung ist durch den einfachen Zugang zum R-Rüstsatz sehr vereinfacht.
3.) Der gefährliche ätzende T-Stoff ist vollkommen außerhalb des Flugzeugs gehalten und kann im Gefahrenfall abgeworfen werden.
4.) Wenn die Notwendigkeit entsteht, kann der R-Rüstsatz an anderen Flugzeugen verwendet werden.“

Der Umbau bestand aus einem normalen Raketenmotor der Me 163, der 1500 kp Schub erzeugte, zwei Abwurfbehältern für T-Stoff und dem Austausch des hinteren Rumpf-Hilfsbehälters gegen einen, der C-Stoff enthielt, sowie verschiedenen anderen Einrichtungen. Der komplett abwerfbare Rüstsatz befand sich auf einem Gerüst, das an den normalen Befestigungspunkten für Startraketen hing. Die Triebwerksverkleidungen waren mit Schnellverschlüssen befestigt. So sollte bei Bodenläufen mit abgenommenen Verkleidungen die Ausrüstung von allen Seiten leicht zugänglich für Kontrollen und Beobachtung sein, was die Wartung und Bedienbarkeit stark verbessert hätte. Wie bei der C-1 und C-2 konnten zwei zusätzliche Hauptfahrwerksräder der Größe 660 x 190 mm angebaut werden. Doch da die ersten Versuche mit verringertem Startgewicht stattfinden würden, war die Notwendigkeit des Zusatzfahrwerks dafür nicht gegeben. Die berechneten Gewichte und Leistungsdaten (siehe Tabelle auf der Nebenseite), die in der Projektbeschreibung angegeben waren, verglichen zwei Versionen der C-3 (Version I mit nur 50 % TL-Kraftstoff, Version II mit voller Treibstoffzuladung) mit der C-1.

Drei Versuchsmuster der C-3 sollten gebaut werden, doch keines davon wurde bis Kriegsende fertig. Das Hauptproblem, welches die Entwicklung dieser Variante verzögerte, bestand darin, dass die Treibstoffbehälter zur Versorgung der Raketen etwas unter diesen lagen, was schwere Behinderungen in der Treibstoffzufuhr nach sich zog.

Me 262 D-1

Ursprüngliche Bezeichnung für die Me 262 C-2b Heimatschützer II.

Me 262 E-1

Vorgesehene Serienversion der Me 262 A-1a/U4 mit der 50-mm-Kanone MK 214.

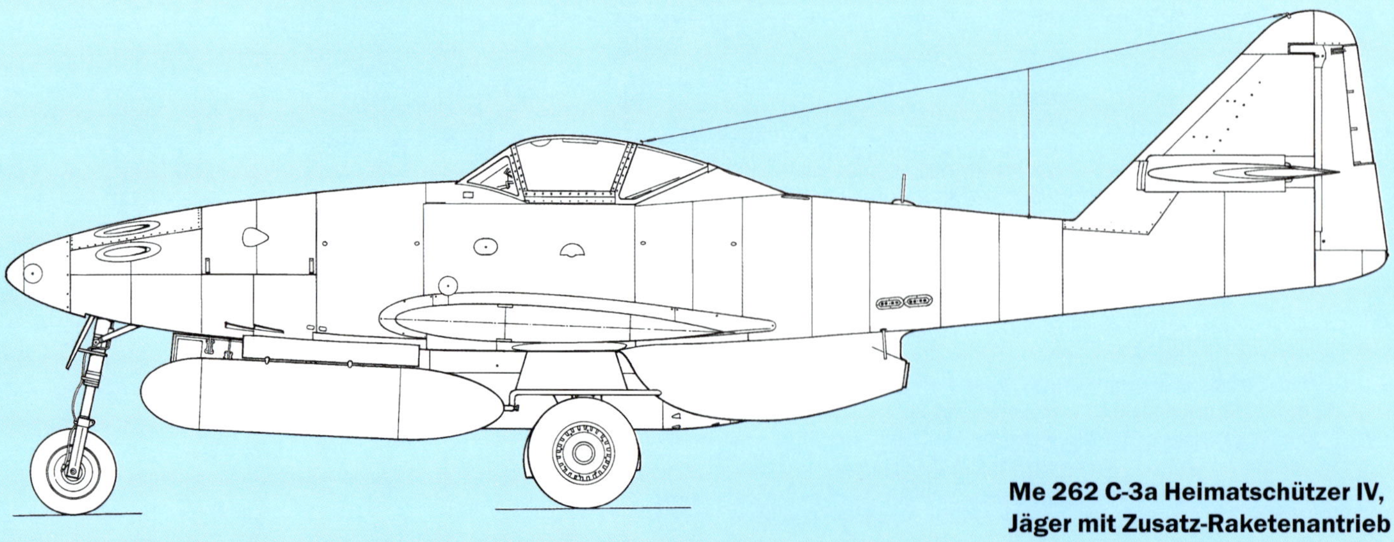

Me 262 C-3a Heimatschützer IV, Jäger mit Zusatz-Raketenantrieb

	Me 262 C-3		Me 262 C-1
	Version I	Version II	
Steighöhe bis zum völligen Raketentreibstoffverbrauch	9000 m	7000 m	10800 m
Steigzeit bis zu dieser Höhe	4,5 min	4,5 min	4,5 min
Flugdauer in dieser Höhe mit voller TL-Leistung	21 min	42 min	27 min
Startmasse	8315 kg	9020 kg	8290 kg
Landemasse	4900 kg	4980 kg	5054 kg

Me 262 E-2

Diese Bezeichnung kann für eine Version der Me 262 verwendet worden sein, die mit sechs RA 55 Raketen-Automaten ausgerüstet war. Diese trugen je 21 55-mm-Luft-Luft-Raketen R4M. Diese Variante war in einem vom 13. April 1945 datierten Bericht vorgeschlagen worden. Der RA 55 war ein automatisches Gerät, das von den Luftfahrt Gerätewerken (LGW) in Berlin gebaut und für den Abschuss der R4M-Rakete mit hoher Feuerrate entwickelt wurde. Nur 28 Stück davon konnten bis Kriegsende vollständig fertig gebaut werden, jedoch fanden die Alliierten eine große Anzahl halbfertiger Geräte.

Me 262 Rüstsätze

In einem Versuch, eine Art Austauschbarkeit der Rüstsätze, die für alle Strahljäger 1945/46 vorgesehen waren, zu erreichen, wurden wenigstens neun Rüstsätze für den Gebrauch auf diesen Flugzeugen entwickelt. Einige der Bezeichnungen dieser Rüstsätze können auch bei der Me 262 verwendet worden sein. Dies waren:

R1 Ein 500-Liter-Abwurfbehälter unter dem Rumpf.

R2 Ein Paar von Rheinmetall-Borsig-Startraketen mit je 500 kp Schub unter dem Rumpf montiert. Siehe Me 262, Konzepte und Entwicklungen.

R3 Ein nichtabwerfbares Zusatz-Raketentriebwerk, um insbesondere die Steigleistungen zu verbessern. Im Fall der Me 262 kann dies sowohl bei der Me 262 C-1a als auch der C-2b Heimatschützer I und II verwendet worden sein.

R4 Radarausstattung für Allwetter- und Nachtjagd. Zwei Sätze waren vorgesehen, der erste bestand aus dem FuG 350 Zc Naxos mit seiner EA 350 Zb Empfangsantenne im Vorderrumpf, der zweite aus dem FuG 218 Neptun V mit der Siemens Geweih-Antenne am Bug. Beide Funkmessgeräte sind an anderer Stelle in diesem Kapitel beschrieben.

R5 Eine starre Bewaffnung aus vier Kanonen MK 108. R6 ETC 503 A-1-Lastenträger unter dem Rumpf, die bis zu 500 kg Bomben tragen konnten. Das konnten eine SC 500, SD 500 oder AB 500-1 oder zwei SC 250, SD 250 oder AB 500-2 Waffen sein. Als Zielgerät war die TSA 2D (Tiefwurf-Schleuderanlage) vorgesehen.

R7 24 ungelenkte R4M-Raketen.[6]

R8 Zwei großkalibrige ungelenkte Raketen R 100 BS.[7]

R9 Zwei Lenkraketen Ruhrstahl X-4.[8]

Die ungelenkte Rakete R 100 BS mit 210 mm Kaliber wurde mit Hilfe des bei Arado entwickelten automatischen Abschusssystems Oberon gezielt. In einem Abstand von etwa 80 Metern vom Ziel brachte ein Zeitzünder den Sprengkopf, bestehend aus 460 kugelförmigen Brandladungen, die in konischer Form ausgeschossen wurden, zur Detonation.

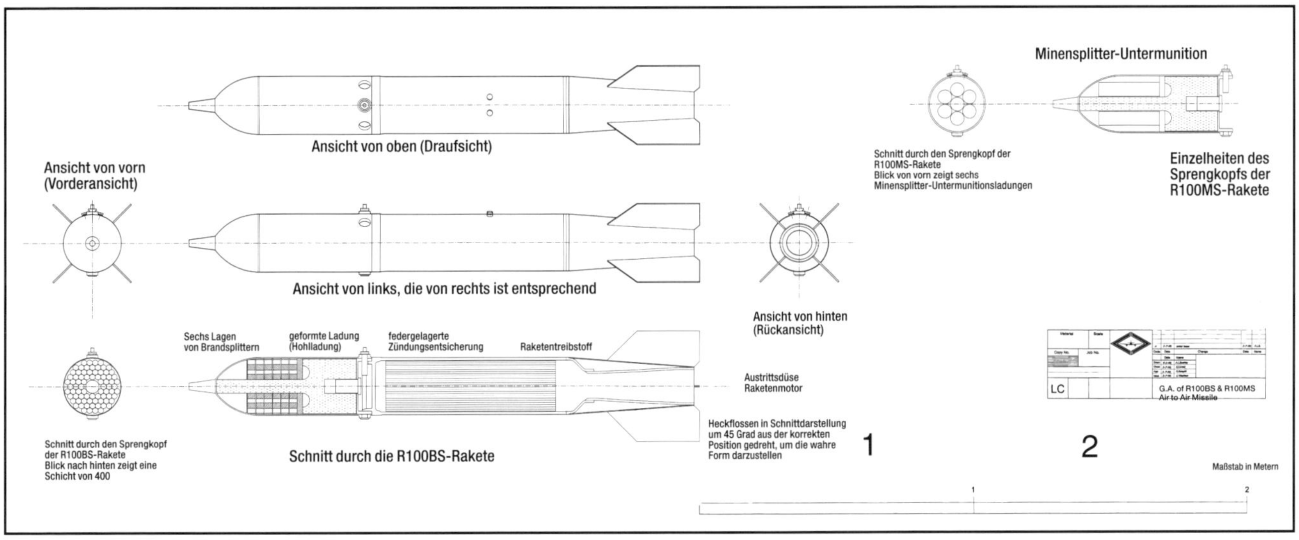

Me 262 mit BMW 003-Antrieb

Bekanntlich waren ursprünglich die Triebwerke Bramo 002 und BMW 003 für die Me 262 vorgesehen. Das erste wurde 1942 aufgegeben, während man die Entwicklung des zweiten fortsetzte, wobei jedoch zahlreiche Schwierigkeiten auftraten. Um die Entwicklung zu unterstützen, baute BMW in Berlin-Adlershof eine spezielle Erprobungsstelle auf, doch erhielt diese erst nach ihrem Umzug nach Oranienburg im Januar 1944 ihre ersten Versuchsträger. Das waren zwei Ju 88 A-5 und eine Ju 88 S, die ein Versuchsstrahltriebwerk unter dem Innenflügel tragen konnten. Nach kontinuierlicher Erprobung durch zwei zivile Erprobungsflieger, die Herren Clauss und Karner, wurde das BMW 003 am Ende als brauchbar für den Einbau in die Ar 234 V15 angesehen. Dieses Flugzeug machte am 20. Juli 1944 seinen ersten Flug und wurde am 8. August von Alt-Lönnewitz nach Oranienburg überführt.

Erfolgreiche Versuchsflüge mit verschiedenen Prototypen der Ar 2349 und die Annahme des umstrittenen Volksjäger-Programms führten dazu, dieses Triebwerk erneut für die Me 262 in Betracht zu ziehen. Das erste Versuchsmuster mit diesem Motor war die Werknummer 170078, die am 21. Oktober 1944 unter Karl Baur ihren ersten Flug ausführte. Im Wesentlichen dem Standard-Muster entsprechend, war die Me 262 A-1b, wie diese Variante bezeichnet wurde, durch ihre völlig umkonstruierten Triebwerksverkleidungen zu erkennen. Am 5. November machte Baur einen zweiten Flug und vier Tage später flog Gerd Lindner das Flugzeug zum ersten Mal. Sein Bericht war etwas kritisch: „Anlassen: Während bei Junkers-Triebwerken mit Hilfe des Riedel-Motors und der Benzineinspritzung die Drehzahl von selbst auf 2000 U/min steigt, und der Gashebel auf Stoppstellung stehen bleiben kann, muss bei BMW, nachdem der Riedel-Motor bis auf 800 U/min beschleunigt hat, unter gleichzeitiger Zündung der Kärcherdüsen, der Gashebel auf Volllast geschoben werden. (Benzin spritzt dann nach Loslassen der Kärcherdüsenzündung in die Ringbrennkammer und beschleunigt die Drehzahl des Triebwerkes weiter.) Die Temperatur nimmt ungewöhnlich schnell im Gegensatz zu Junkers-Triebwerken zu und man muss unter gleichzeitiger Berücksichtigung, dass das Triebwerk weiter beschleunigen muss, darauf achten, dass die Temperatur hinter der Turbine nicht über maximal 750°C geht. Dieses erreicht man jedoch nur durch Manipulieren mit dem Gashebel, welches für meinen Begriff besondere Geschicklichkeit erfordert, die man vom normalen Flugzeugführer für TL-Triebwerke nicht verlangen kann. Es gehört absolutes Gefühl für das Triebwerk dazu! Ich sehe in

Ebenso wie die E-Stelle Rechlin im Juni 1943 das Triebwerk BMW 003 unter Ju 88 erprobte, benutzte sie auch eine Ju 88 als Versuchsträger für das Jumo 004-Strahltriebwerk. Der Motor war unter dem linken Tragflächenmittelstück der Ju 88 aufgehängt. Hier ist die Ju 88 A-5, GH+FQ, bei der Erprobung des Jumo 004 V11 zu sehen.

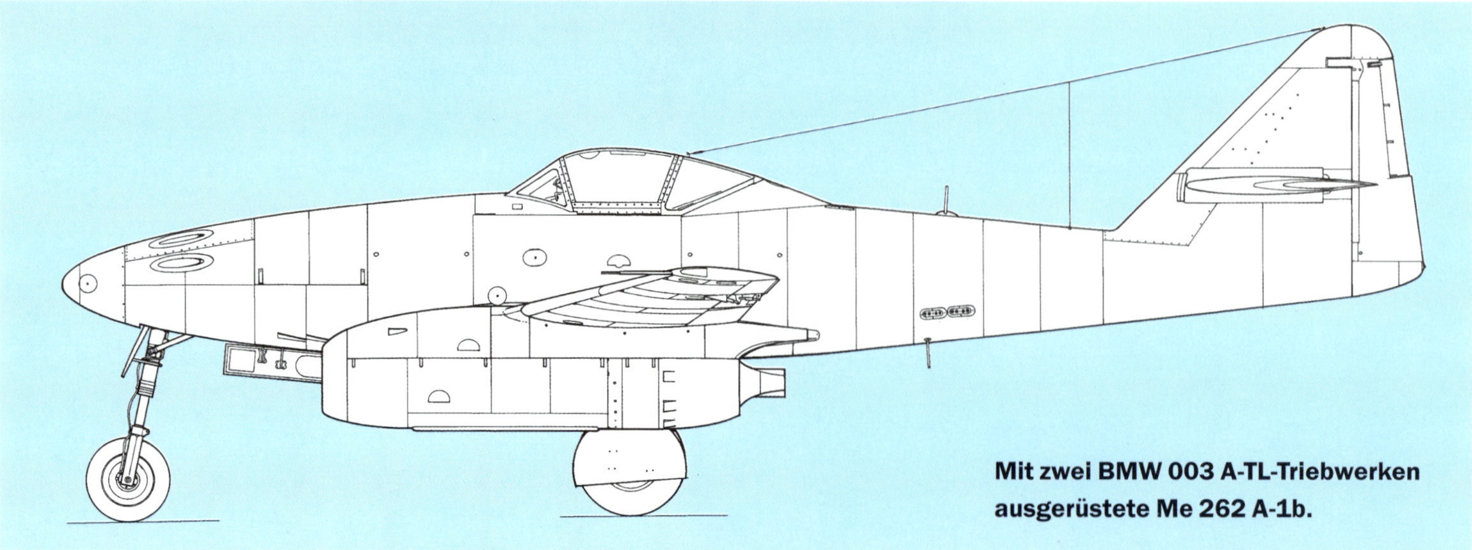

Mit zwei BMW 003 A-TL-Triebwerken ausgerüstete Me 262 A-1b.

der hier gewählten Form des Anlassvorgangs bei BMW eine Gefahr, das Triebwerk bereits beim Anlassen durch Überhitzen zu beschädigen. Eine bessere Form erfordert gründliche Überlegung und kann zurzeit von mir noch nicht vorgeschlagen werden.

Beschleunigen von Leerlauf (3000 U/min) bis auf Volllast (9600 U/min) wesentlich schneller als bei Junkers-Triebwerken, daher in dieser Hinsicht günstiger, da Gefahr des Überhitzens beim Gasgeben, besonders in unteren Drehzahlbereichen nicht so groß, wie bei Junkers. Düsenverstellung. Junkers-Triebwerk arbeitet automatisch ohne manuelle Betätigung der Düse. BMW hat für jedes Triebwerk einen Schalter mit vier Stellungen, ‚A' zum Anlassen, ‚S' zum Start, ‚F' für Steig- und Horizontalflug in Bodennähe, außerdem ‚SF' für Schnellflug in der Höhe.

Start und Landung, auch Luftkampf erfordern eine große Aufmerksamkeit des Flugzeugführers für die richtige Düsenstellung in Abhängigkeit von Geschwindigkeit und Höhe, die er bei Automatik dem Feindflugzeug zuwenden könnte. Alarmstart erfordert auch absolute Umsicht, da beim Anrollen ab Drehzahl größer 7000 U/min von ‚A' auf ‚S' geschaltet werden muss; beim Übergang vom Flug zur Landung muss wieder von ‚SF' auf ‚F' und weiter auf ‚S' rückverstellt werden. Eine Besserung würde bedeuten, wenn nur drei Stellungen vorhanden wären: ‚A' Anlassen, die Möglichkeit, bei Leerlaufdrehzahl auf ‚S' schalten zu dürfen, nach Abheben Schalten auf ‚F'. Stellung ‚F' müsste dann für alle Flugzustände verbleiben.

Im Fluge selbst machten die Triebwerke einen sehr guten Eindruck durch ruhigen und konstanten Lauf. Sie waren einwandfrei aufeinander abgestimmt. Synchronisieren nach Gehör ist bei BMW-Triebwerken wesentlich besser möglich als bei Junkers-Triebwerken. Kurz aufeinander folgende wechselnde Beschleunigungen hatten keinen Einfluss auf die Triebwerksdaten, wohl aber machte sich eine mir bis jetzt uner- klärliche ‚Geräuschänderung' des Triebwerkslaufes bemerkbar. Eigenschaften: Über Eigenschaften, speziell Hochachsenstabilität kann noch kein Urteil abgegeben werden, da Wetterverhältnisse beim Flug sehr ungünstig waren. Lastigkeitsänderungen beim Ausfahren des Fahrwerks (bei 350 km/h) machten sich um die Querachse weniger bemerkbar als bei Junkers-Triebwerken. Das Flugzeug als solches macht mit BMW-Triebwerken einen leichteren und kurvenwilligeren Eindruck als Me 262 mit Junkers-Triebwerken.

Das Abstellen der Triebwerke ist besser als bei Junkers-Triebwerken. Nacheinspritzen, um Benzineinspritzkraftstoff in die Ringleitung für neues Anlassen zu bekommen, ist nicht notwendig. Die Gashebel werden nach Beschleunigen auf etwa 5000 U/min nach dem Pumpen abgeschaltet und Brandhähne geschlossen, einfach auf Stoppstellung gezogen. Ein Nachbrennen der Triebwerke, wie es öfters bei Junkers-Triebwerken der Fall ist, trat bisher nicht auf."

Am 31. Oktober 1944 berichtete Peter Kappus, der die BMW Versuchsabteilung in Oranienburg leitete, dass drei Me 262 für Versuche in der Rechliner Abteilung E3 für Triebwerksuntersuchungen auf BMW 003 Motoren umgerüstet werden sollten. Die erste da-

Die beiden Messerschmitt-Einflieger Karl Baur (Mitte) und Gerd Lindner (links), die Ende 1944 die mit BMW 003 ausgerüstete Me 262, W.Nr. 170078, flogen. Rechts sitzt Oberleutnant Ernst Tesch, der der Me 262-Erprobung zugeteilt war und im Juni 1944 Versuche mit der Me 262 V10 als Bombenträger ausführte.

Ein frühes BMW 003 A-0-TL-Triebwerk (W.Nr. 029), das unter dem Versuchsträger Ju 88 (VK+DD) Anfang Mai 1944 im Flug erprobt wurde. Die Verkleidung dieses Triebwerks unterschied sich erheblich von der für den Serienbau gewählten.

Ein TL-Triebwerk BMW 003, das 1945 von britischen Truppen in einem Lager in Schleswig-Holstein gefunden wurde. Es stammt von einem Volksjäger He 162. Im Hintergrund ist eine Fw 190 D-9 sichtbar.

von sollte am 5. Dezember 1944 flugbereit sein, die zweite am 1. Januar und die dritte am 25. Januar 1945. Diese drei Maschinen erhielten die Rechliner Kennzeichen E3+32, E3+33 und E3+36. Sie wurden für allgemeine Untersuchungen, Experimente mit den Reglern, zur Festigkeit der Turbinenräder, Höheneigenschaften, Austrittsdüsensteuerung, automatischen Kraftstoffeinspritzung und Versuche mit verschiedenen Kraftstoffen eingesetzt. Gleichzeitig gab es in Rechlin zwei Versuchsträger Ju 88, der eine, RG+RW, ausgerüstet mit zwei BMW 003, der andere, VL+ZF, mit dem Jumo 004. Dort wurden auch mindestens vier mit Jumo 004 ausgerüstete Me 262 erprobt, die E3+01, E3+02, E3+10 und E3+03. Die Letztere ging am 5. Oktober zu Bruch, wobei Fl. Stabsing. Ruther den Tod fand.

Ende Oktober 1944 war geplant, für alle Varianten der Me 262 als alternativen Antrieb BMW 003 vorzusehen. Anfänglich sollten diese durch die Ziffer „3“ von den mit „4“ gekennzeichneten Varianten mit Jumo 004-Motoren unterschieden werden. So hätte dann die Me 262 A-1 4/U1 Jumo- und die A-1 3/U1 BMW-Triebwerke gehabt. Anfang 1945 wurde dieses System geändert und ein kleiner Buchstabe „b“ zur Identifikation der Flugzeuge mit BMW-Motoren verwendet. So wäre die Me 262 A-5a von Jumo 004 B-1 oder B-3-Motoren, die A-5b von BMW 003 A-1 angetrieben gewesen. Insgesamt wurden zwischen 600 und 700 BMW 003 gebaut, doch scheint es so, als hätten nicht mehr als fünf Me 262 jemals dieses Triebwerk bekommen. Die Fertigung wurde hauptsächlich für die He 162 gebraucht. Es ist möglich, dass der Kleinbuchstabe „c“ für mit He S 11-Triebwerken ausgerüstete Varianten vorgesehen war, doch ist dies bisher nicht nachgewiesen.

Me 262 A-1b W.Nr. 170078 mit zwei BMW 003 A-1-Triebwerken

Dies war der erste BMW-getriebene Prototyp, der seinen Jungfernflug am 21. Oktober 1944 absolvierte. Er hatte die letzten drei Ziffern der Werknummer in weiß auf beide Rumpfbugseiten gemalt. Der Ring um die Triebwerkseinläufe und die hinteren Teile der Verkleidung waren schwarz gestrichen. Nur vier dieser Flugzeuge und die C-2b mit TLR wurden gebaut. Dieses Flugzeug lag als Wrack ohne die Triebwerke und das Leitwerk bei Kriegsende in Lechfeld.

Nachkriegsfoto des früheren Versuchs- und erfolgreichen Sportfliegers Dipl.-Ing. Peter Kappus, der als Leiter der BMW-Versuchseinrichtung in Oranienburg eine wichtige Rolle bei der Entwicklung und schließlichen Annahme des BMW 003-TL-Triebwerks spielte.

Die einzigen bekannten Fotos einer der mit BMW 003 ausgerüsteten Me 262 A-1b-Versuchsmuster (eventuell W.Nr. 170078). Dieses Flugzeug machte seinen Erstflug am 21. Oktober 1944 und wurde am Ende des Krieges als Wrack in Lechfeld gefunden. Die Triebwerke waren nicht so lang wie die Jumo 004 und ihre Verkleidungen wichen in der Form beträchtlich voneinander ab.

1 *Wie im Me 262 Konzepte und Entwicklungen, Kapitel 7, gezeigt, erwies sich der ETC 503-Träger als nicht sehr befriedigend bei Verwendung an der Me 262.*

2 *Leider bleibt die Identität dieser Person bisher ein Geheimnis.*

3 *Eine Beschreibung dieses Zielgerätes befindet sich in Me 262 Konzepte und Entwicklungen, Kapitel 7.*

4 *Flugzeug-Baureihen-Blatt*

5 *Eine Beschreibung der damals in Betracht gezogenen Flugzeug-Varianten*

6 *Eine Beschreibung dieser Waffe findet sich in Kapitel 3.*

7 *Eine Beschreibung dieser Waffe findet sich in Kapitel 3.*

8 *Eine Beschreibung dieser Waffe findet sich in Kapitel 3.*

Kapitel Drei

„Der entscheidende Faktor“

Am 1. August 1944 wurden die Pflichten des zur Verbesserung und Führung der deutschen Jagdflugzeug-Industrie eingerichteten Jägerstabs vom Rüstungsstab unter der Gesamtkontrolle von Hitlers Rüstungsminister Albert Speer übernommen. Diesem unterstand nicht nur die Flugzeugproduktion, sondern auch die Fertigung für Heer und Marine. Am Tage seiner Auflösung erinnerte der Leiter des Jägerstabs, Hauptdienstleiter Karl-Otto Saur an die Erfolge seines Stabes:

„Nun zum entscheidenden Faktor – dem Flugzeug. Eine ganze Woche lang haben wir die größten Anstrengungen in bezug auf Flugzeuge, die vom Jägerstab unterstützt werden, gemacht und dies betrifft besonders diejenigen, die an dieser Aufgabe ohne Pause und mit fanatischer Hingabe arbeiteten. Bis gestern morgen glaubten wir noch, es wäre unmöglich, dass die Ausbringung von Jägern 3000 Flugzeuge im Monat erreichen könnte und wir sahen absolut keine Möglichkeit einer Totalausbringung von 4000 Flugzeugen. Wir hofften, noch die 3000 zu erreichen, aber es war wirklich kein Gedanke an 4000. Gestern jedoch erreichte unsere endgültige Ausbringung 3145 Flugzeuge im Bereich des Jägerstabs, insgesamt 3678 Einsatzflugzeuge und eine Gesamtsumme von 4675 Militärflugzeugen aller Typen. Dieser enorme Anstieg bedeutet 500 über der Ausbringung vom Juni und 600 über der vom Mai. So ist die Produktion um 100 Prozent in zwei Monaten gestiegen, der Bau von Jagdflugzeugen allein stieg von 2300 auf 3100, das heißt um 800 Flugzeuge in zwei Monaten. Es ist befriedigend, dass die Lieferungen der einmotorigen Tagjäger voll erfüllt wurden. Hier gibt es keine Defizite, aber es gibt einen bedeutenden Rückstand in bezug auf Nachtjäger, zweimotorige Jäger und Nahaufklärer. Ich fordere, dies umgehend zu beheben."

Das Protokoll Nr. 43, Aufzeichnungen eines Treffens zum Fortschritt der Me 262 vom 10. August 1944, stellt die Fertigung des Flugzeugs bis zu diesem Zeitpunkt dar. Nur zehn V-Serien-Prototypen und 112 Serienflugzeuge waren gefertigt. Von den letzteren waren 32 zerstört oder wie folgt, schwer beschädigt:

Neun am 24. April in Leipheim bei einem Bombenangriff der Achten US-Air Force am Boden zerstört.

Ein Flugzeug stürzte am 14. Juli bei einer Bombenabwurfübung in den Ammersee. (Stabsfw. Mosbacher vom Kommando Schenk wurde getötet.)

Eins ging am 18. Juli im Luftkampf verloren. (Dies war Thierfelders Flugzeug, das im Kapitel Acht beschrieben wurde.)

Zehn zerstört und zwei am Boden beschädigt am 19. Juli bei Angriffen der Achten US Air Force, sieben in Leipheim und fünf in Lechfeld.

Ein Flugzeug ging am 29. Juli bei einem Versuchsflug verloren.

Zusätzlich wurden drei Flugzeuge durch Brand auf Überführungsflügen zerstört und weitere fünf erlitten Triebwerksschäden, was zu ihrem Verlust führte. Zwei Flugzeugführer fielen dabei, zwei weitere retteten sich mit dem Fallschirm. Von den verbleibenden achtzig Flugzeugen waren 33 an das KG 51 geliefert, 15 an das Erprobungskommando 262, sieben an Messerschmitt (vier weitere als Umbauten), eines an die Junkers Motorenwerke, zehn an Blohm und Voss zum Umbau in doppelsitzige Schulmaschinen und 14 an die E-Stelle Rechlin.

Die Luftfahrt-Erprobungsstelle in Rechlin am Müritzsee nördlich von Berlin, die von Maj. Otto Behrens kommandiert wurde, sollte eine bedeutende Rolle bei der Erprobung und Entwicklung der Me 262 spielen. Die Einrichtung wurde erstmals nach Hitlers Anordnung vom Mai 1944, das Flugzeug in einen Bomber zu verwandeln, umfassend mit der Me 262 befasst. Sechs Abteilungen der E-Stelle waren an der Entwicklung der Me 262 beteiligt. Diese und ihre Tätigkeit waren:

Abteilung E2 – Flugzeuge
(Oberstabsing. Böttcher)
Leistungsermittlung in verschiedenen Höhen (Geschwindigkeit und Steigvermögen), erlaubte Schwerpunktverschiebungen, Startstrecken mit Bomben und Startraketen (zwei R I-502), Reichweiten mit zwei 250-kg- oder einer 500-kg-Bombe (im Vergleich ohne Bombenzuladung).

Amerikanische Bomben regnen am 19. Juli 1944 auf Lechfeld. Annähernd 100 B-17 der 1. Bomberdivision der Achten US Air Force greifen das bedeutende Entwicklungs- und Versuchszentrum an und zerstörten zehn Me 262, weitere zwei erlitten Schäden.

Auf wundersame Weise anscheinend unversehrt blieb die Me 262 V 3 zwischen den rauchenden Trümmern der Messerschmitt-Halle in Lechfeld am 19. Juli 1944 stehen, wie am äußersten linken Rand dieses Fotos erkennbar. Der Prototyp wurde bei einem anderen alliierten Luftangriff am 12. September 1944 schwer beschädigt.

Feuerwehrleute löschen die letzten glimmenden Reste des Brandes in der Messerschmitt-Halle in Lechfeld nach dem amerikanischen Luftangriff vom 19. Juli 1944.

Ein USAAF-Aufklärungsfoto, das nach dem Angriff auf Lechfeld am 19. Juli aufgenommen wurde. Das Gelände um die Messerschmitt-Halle 5 hatte die Hauptlast des Angriffs getragen und zahlreiche, der auf dem Rollfeld sichtbaren He 177 wurden beschädigt.

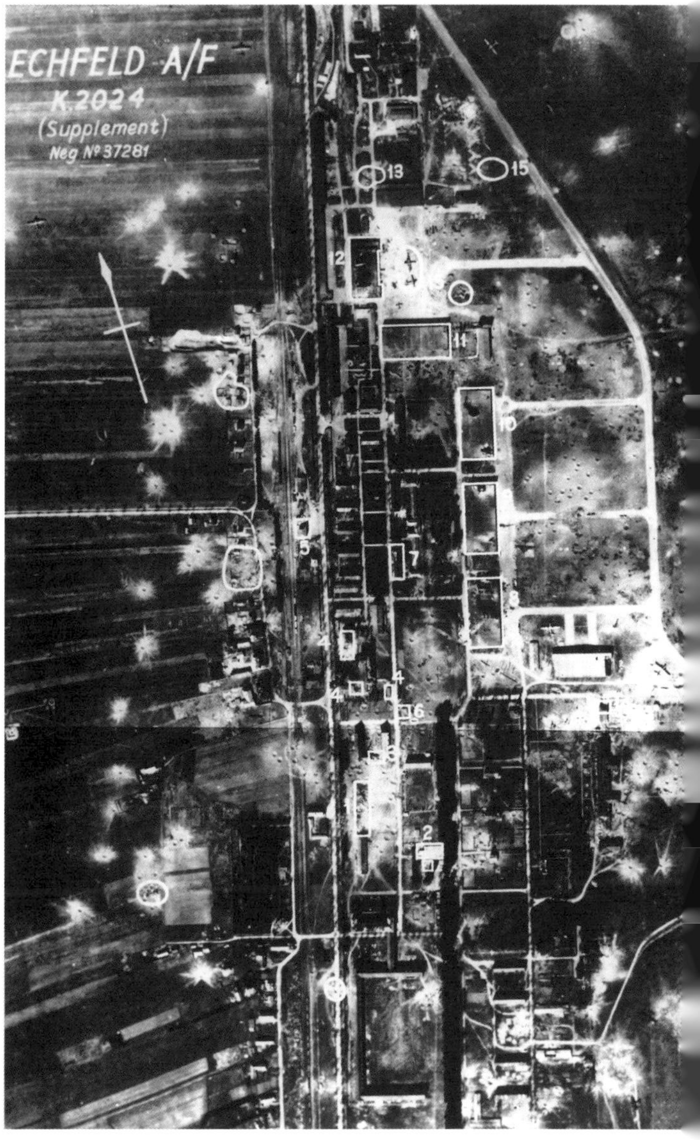

Nach der Beseitigung der Trümmer des Angriffs konnte man erleichtert feststellen, dass die Me 262 V3 fast ohne Beschädigung davongekommen war, doch führte man die notwendigen Reparaturen nicht aus und das Flugzeug flog nie wieder.

Eine Luftaufnahme von der Erprobungsstelle Rechlin, nördlich von Berlin.

Die Hauptflugleitung mit dem Kontrollturm in Rechlin. Das Tarnnetz auf dem Dach des Gebäudes sollte den Eindruck von Baumspitzen erwecken.

Die Flugzeughallen in Rechlin waren, wie auf vielen anderen deutschen Flugplätzen, getarnt, so dass sie aus der Luft den Eindruck nicht-militärischer Bauten machten.

Me 262 A-1a W.Nr. 170038 mit zwei Jumo 004 B-Triebwerken, Erprobungsstelle Rechlin.

Dieses Flugzeug wurde an die Triebwerksversuchsabteilung E3 der E-Stelle Rechlin geliefert und diente der Erprobung des Jumo 004. Es hatte das Kennzeichen „E3+03“ und stürzte am 5. September 1944 ab, wobei der Flugzeugführer, Fl.Stabsing. Johann Ruther, den Tod fand.

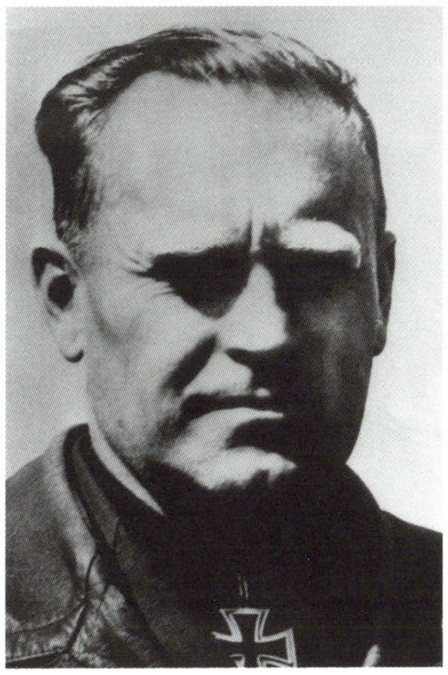

Oberstleutnant Edgar Petersen, früher Kommodore des KG 40, wurde zum Kommandeur der Erprobungsstellen der Luftwaffe ernannt. Damit stand auch Rechlin unter seinem Befehl und Behrens hatte ihm Bericht zu erstatten.

Eine Gruppe Schaulustiger beobachtet die Me 262 A-1a, W.Nr. 130170, E2+02. Diese weitere Maschine der Abteilung E2 diente Versuchen zur Leistungserhöhung. Sie wurden von Heinrich Beauvais, einem der Rechliner Jäger-Spezialisten, im Juli-August 1944 durchgeführt.

Dieses Foto zeigt das Schleppen der E2+02 am Bugrad, was bald streng verboten werden sollte.

Die Me 262 „Weiße 10“ der III./EJG 2 ist hier Ende 1944 auf der Erprobungsstelle Rechlin zusammen mit einem der besten deutschen kolbenmotorgetriebenen Jäger, der Dornier Do 335, zu sehen. Dieses Flugzeug war mit einer Höchstgeschwindigkeit um 765 km/h eines der schnellsten Propellerflugzeuge, die je gebaut wurden, konnte aber nicht die Leistungen der Me 262 erreichen.

Me 262 A-1a W.Nr. 130170, Erprobungsstelle Rechlin.

Dieses Flugzeug wurde, ausgerüstet mit zwei Jumo 004 B, an die E-Stelle Rechlin geliefert. Es diente der allgemeinen Flugeigenschaftserprobung und erhielt das Kennzeichen „E2+02“. Seine Oberseiten waren dunkelgrün (74) und die unteren mittelgrau (75) und blassgrau (76) gestrichen. Ungewöhnlich an diesem Flugzeug ist die rote Nasenspitze.

Drei Ansichten der Me 262, W.Nr. 170095, KD+EA. Dieses Flugzeug wurde auf der Erprobungsstelle Rechlin für Fahrwerks- und Hydraulikversuche, die Erprobung von Zusatzbehältern, Kunstflug und Möglichkeiten von Nachjagdeinsätzen eingesetzt. Bemerkenswert ist die benutzte seltene Schleppgabel am Bugrad. Diese Schleppmethode wurde später streng untersagt.

Im Hintergrund ist die erste Me 262 V8, W.Nr. 130003, beachtenswert, die als erste Maschine mit vier MK 108-Kanonen ausgerüstet war und hier zu Beschussversuchen diente.

Me 262 A-1a W.Nr. 170095, Erprobungsstelle Rechlin.
Eine weitere an die E-Stelle Rechlin gelieferte Maschine. Sie diente zahlreichen Fahrwerks- und Hydraulikversuchen und war mit zwei 18-Liter-Pumpen mit Überdruckventilen ausgestattet. Die meisten Me 262 hatten nur eine motorgetriebene Pumpe und wenn diese ausfiel, verlor das Flugzeug den gesamten Hydraulikdruck. Das Flugzeug behielt sein Stammkennzeichen „KD+EA" und flog in einem späteren Stadium des Krieges einige Nachtjagd-Versuchseinsätze.

Generalmajor Martin Harlinghausen (2. v.r.), einer der höheren Offiziere, die regelmäßig das Rechliner Versuchszentrum besuchten, ist hier bei einer dieser Inspektionen zu sehen. Harlinghausen war ein Spezialist für den Luftkrieg über See. Als Fliegerführer Atlantik leitete er die Luftangriffe gegen die alliierte Schifffahrt im Atlantik, der Biskaya und Teilen des Mittelmeers. Er hatte auch Luftwaffeneinheiten in Nordafrika geführt und zeigte ein reges Interesse an Waffen zur Schiffsbekämpfung, was seine Besuche in Rechlin erklären mag.

Dieser Auszug aus dem Dokument B.Nr.22140/45, datiert vom 15. Januar 1945, listet diejenigen Me 262 auf, die damals auf der Erprobungsstelle Rechlin für Versuche benutzt wurden.

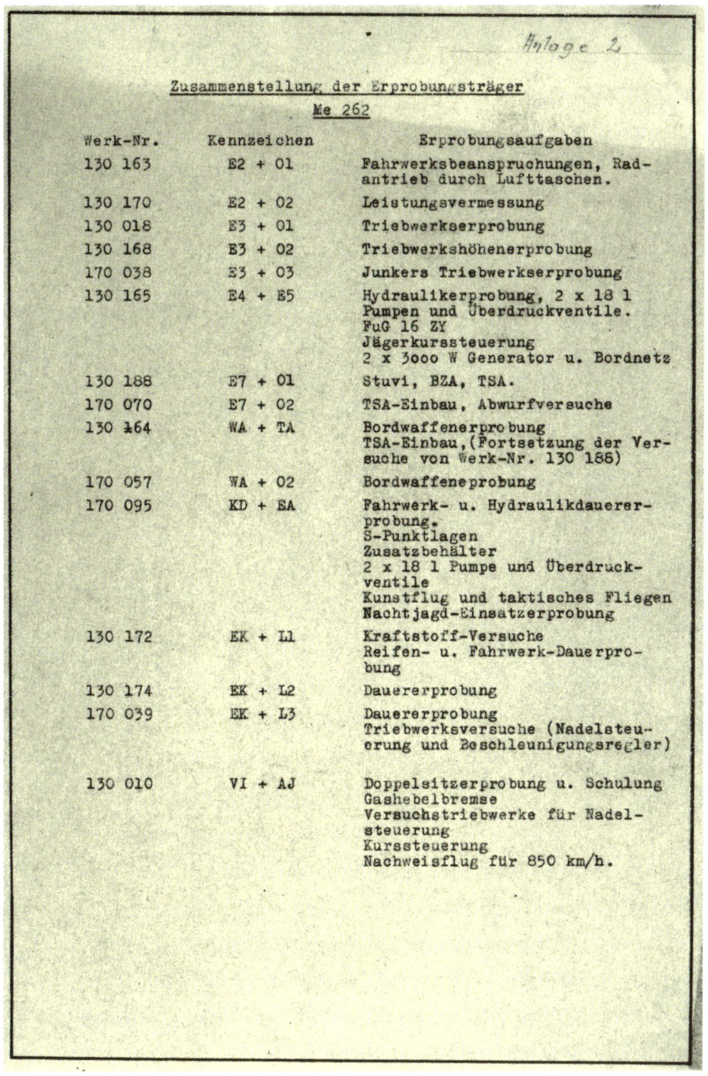

Anlage 2

Zusammenstellung der Erprobungsträger
Me 262

Werk-Nr.	Kennzeichen	Erprobungsaufgaben
130 163	E2 + 01	Fahrwerksbeanspruchungen, Radantrieb durch Lufttaschen.
130 170	E2 + 02	Leistungsvermessung
130 018	E3 + 01	Triebwerkserprobung
130 168	E3 + 02	Triebwerkshöhenerprobung
170 038	E3 + 03	Junkers Triebwerkserprobung
130 165	E4 + E5	Hydraulikerprobung, 2 x 18 l Pumpen und Überdruckventile. FuG 16 ZY Jägerkurssteuerung 2 x 3000 W Generator u. Bordnetz
130 188	E7 + 01	Stuvi, BZA, TSA.
170 070	E7 + 02	TSA-Einbau, Abwurfversuche
130 164	WA + TA	Bordwaffenerprobung TSA-Einbau,(Fortsetzung der Versuche von Werk-Nr. 130 188)
170 057	WA + 02	Bordwaffeneprobung
170 095	KD + EA	Fahrwerk- u. Hydraulikdauererprobung. S-Punktlagen Zusatzbehälter 2 x 18 l Pumpe und Überdruckventile Kunstflug und taktisches Fliegen Nachtjagd-Einsatzerprobung
130 172	EK + L1	Kraftstoff-Versuche Reifen- u. Fahrwerk-Dauerprobung
130 174	EK + L2	Dauererprobung
170 039	EK + L3	Dauererprobung Triebwerksversuche (Nadelsteuerung und Beschleunigungsregler)
130 010	VI + AJ	Doppelsitzerprobung u. Schulung Gashebelbremse Versuchstriebwerke für Nadelsteuerung Kurssteuerung Nachweisflug für 850 km/h.

Leistungsverringerung mit *Wikingerschiff* - Bombenträger

Triebwerksdrehzahl	1 x SC 250 1 *Wikingerschiff*	2 x SC 250 2 *Wikingerschiff*	1 x SC 500 1 *Wikingerschiff*
8700	40 km/h	75 km/h	55 km/h
8400	35 km/h	65 km/h	45 km/h

Abteilung E3 – Triebwerke
(Oberstabsing. Cuno)

Schnelle Leistungshebelbetätigung in Höhe mit dem neuen zweistufigen Düsenkonus, Triebwerksschubmessungen, Triebwerksbeschleunigungsverhalten und Dauerversuche. Der Großteil dieser Arbeit erfolgte in Zusammenarbeit mit der Firma Junkers.

Abteilung E4 – Funk- und Nachrichtentechnik
(Oberstabsing. von Hauteville)

Allgemeine Flugerprobung der Funkausrüstung, insbesondere deren Zuverlässigkeit und der Zielsuch-Ausrüstung.

Abteilung E5 – Ausrüstung, Instrumente usw.
(Oberstabsing. Delange)

Prüfung des Hydraulik-Systems, der Steuereinrichtungen an Bord, Instrumentierung, Entwicklung von Gerätehalterungen, Versuche mit Kurssteuerung (für Jäger- und Bombereinsatz).

Abteilung E7 – Abwurfwaffen, Zünder und Zielgeräte
(Stabsing. Schürfeld)

Bombenabwurfverfahren mit Revi und TSA als Zieleinrichtungen, Gleitwinkelberechnungen und -verfahren, BZA-Ausrüstung und Messungen mit Hilfe des PV 1 und Zusatzrechnern, Schusskameras, Belade- und Behandlungsprobleme mit zwei 250-kg-Bomben, einer 500-kg-Bombe und den BT 200C und BT 400 Bombentorpedos, allgemeine Versuche mit Bomben und Abwurfbehältern.

Abteilung E8 – Bodengeräte
(Stabsing. Wigmann)

Versuche mit verschiedenen Schleppfahrzeugen (Fiat-Schlepper, Kettenkrad und Scheuch-Schlepper), Vereinheitlichung des Schleppens am Bugrad,Versuche mit TL-Triebwerks-Transportern.

Ein Großteil der anfänglichen Arbeit in Rechlin befasste sich mit der Berechnung des Leistungsverlustes, den die verschiedenen Bombenzuladungen bei der Me 262 bewirken würden. Mit den Wikingerschiff-Bombenträgern 1, von denen jeder die Geschwindigkeit des Flugzeugs um etwa 5 km/h verringerte, ergaben sich Leistungsverluste in 4000 m Höhe, die in der obigen Tabelle zusammengefasst sind. Leistungsverringerungen mit Wikingerschiff-Bombenträgern.

Die Steigzeit auf 8000 m ohne Bomben betrug 14,3 Minuten, mit zwei SC 250-Bomben stieg sie auf 20,5 Minuten. In Rechlin fanden auch Versuche mit verschiedenen anderen Bombentypen statt, einschließlich des Zusatzträgers ER 4 für vier SC 50-Bomben.

Andere Versuche in Rechlin beschäftigten sich mit den später in diesem Kapitel behandelten Schaufeln, welche die Räder in Rotation versetzten. Man hoffte so, die starke Beanspruchung der Reifen beim Aufsetzen zu verringern, wenn diese mit noch vorhandener hoher Beladung landeten. Wegen seiner strategischen Lage war Deutschland darauf angewiesen, viel synthetischen Gummi zu verwenden, dessen Qualität

Die Räder einer Si 204, ausgerüstet mit Luftschaufeln zur Vorrotation, die entwickelt wurden, um das Platzen der Reifen zu vermeiden. Versuche mit derartigen Geräten, die später auch an einer Me 262 verwendet wurden, fanden auf der Erprobungsstelle in Rechlin statt.

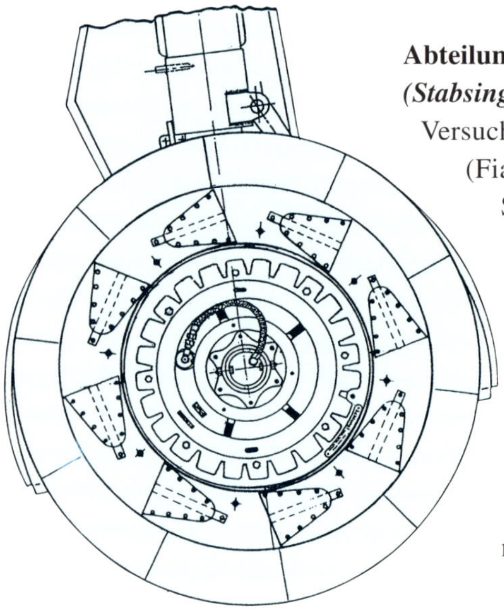

Detailzeichnung der Rotationsschaufeln, wie sie an den Hauptfahrwerksrädern einer Me 262 angebracht waren.

oft dazu führte, dass die Reifen beim Landen platzen. In Rechlin wurden Versuche mit den Rotationsschaufeln an einer Si 204 und einer Ju 88 durchgeführt und diese später auch an einer Me 262 montiert. Ende Juni 1944 waren nicht weniger als sechs der ursprünglichen zehn Prototypen der Me 262 zerstört oder schwer beschädigt, die V1, V2, V4, V5, V6 und V7. Um diese zu ersetzen, entschied man bei Messerschmitt, Maschinen aus der Serienfertigung zu nehmen und diesen die freigewordenen Versuchsnummern zu geben. Die erste solcher Maschinen war die Me 262 S10, W.Nr. 130015, die ihren ersten Flug am 30. Juni ausführte und zur zweiten Me 262 V1 wurde.

Ende 1944 hatte die neue V1 insgesamt 117 Flüge mit mehr als 40 Flugstunden ausgeführt. Sie wurde zu Versuchen mit einer Vielzahl unterschiedlicher Ausrüstungen benutzt, darunter Bremsen, hölzernen Leitwerksflächen, Klappen, Flächenschlitzen und ein einstellbarer Steuerknüppel. Die Maschine flog auch eine große Zahl von Leistungsversuchen, doch die interessantesten Untersuchungen waren die mit einem verlängerten Triebwerkslufteinlauf, entwickelt für das Projekt Messerschmitt P 1101, und einer neuen Kabinenfrontscheibe mit 25 Grad Neigung. Diese ergab eine bessere Regensicht und Aerodynamik gegenüber der normalen Kabinenform. Es wurde vorgeschlagen, einige Versuchsflugzeuge als Allwetter-Jäger mit diesem Haubentyp zu versehen.

Die zweite Me 262 V2, W.Nr. 170056, machte sechs Flüge, bevor sie am 6. August 1944 in das Versuchsprogramm aufgenommen wurde. Ende März 1945 hatte sie 176 Flüge mit insgesamt 49 Stunden und 45 Minuten Flugzeit ausgeführt. Mit ihr führte man Versuche mit Bremsen, Hecker-Bremsbelägen, Flettner-Rudern, Querrudern, Betankungs- und Bombenabwurfausrüstungen, Starthilfen, Scheibenwaschanlagen und verschiedenen Funkgeräten aus. In Verbindung mit Letzteren erhielt das Flugzeug verschiedene Nachtjägerantennen. Spezielle Radschaufeln wurden an den Haupträdern befestigt, die diese in Drehung versetzten, um die Abnutzung der Reifen zu verringern. Wie weiter oben gesagt, waren diese an Ju 88 und Si 204 in Rechlin erprobt worden und Windkanalversuche fanden auch bei Junkers in Verbindung mit dem Ju 287-Programm statt. Soweit bekannt, ist das System nicht für Einsatzzwecke übernommen worden. Die zweite Me 262 V4, W.Nr. 170083, erhielt die Kanone MK 214 und ist bereits in Kapitel 9 beschrieben worden. Die V5 war die W.Nr. 130167 und trug das Stammkennzeichen SQ+WF. Dieses Flugzeug flog erstmals am 31. Mai 1944 und hatte Ende März 1945 insgesamt 303 Flüge mit einer Gesamtdauer von 50 Stunden und 25 Minuten zu Buche. Unter anderem wurde die neue V5 für Versuche mit Bremsen, einer versetzten Bugradgabel, Radbeschleunigungsschaufeln, Fahrwerksausfahren bei hoher Geschwindigkeit, zur Flugstabilitätsuntersuchung mit 500-kg-Bombe, Bombenträgern ETC 503 und Wikingerschiff, dem Funkgerät FuG 125, Frontscheibenwaschanlage und -heizung und Triebwerkskontrollen benutzt. Das wahrscheinlich interessanteste mit diesem Flugzeug erprobte Gerät war das Kreiselvisier EZ 42, das später beim JV 44 eingesetzt wurde.

Zweite Me 262 V6 war die Alternativbezeichnung des Me 262 C-1a-Prototyps, während die W.Nr. 170303 zur zweiten V7 wurde. Dieses Flugzeug hatte am 22. September 1944 seinen Erstflug und bis Ende Februar 1945 bei 67 Versuchsflügen insgesamt 18 Stunden und 38 Minuten geflogen. Es diente Versuchen mit Bremsen, der Hydraulik, einem einstellbaren Steuerknüppel, Höhenrudern, Ausrüstung zur Ver-

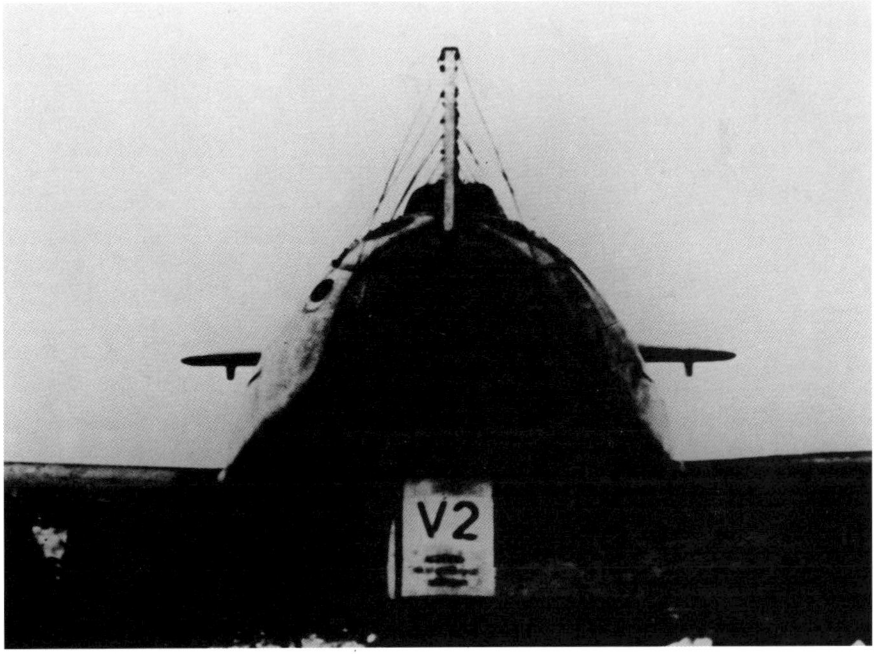

Die zweite Me 262 V2, W.Nr. 170056, die erstmals im Sommer 1944 flog, diente Versuchen mit Bremsen, Startraketen und zur Flugstabilität, während derer das Flugzeug mit verringerten Seitenleitwerksflächen geflogen wurde. Hier ist es im November 1944, ausgerüstet mit einer großen Vertikalflosse auf der Bugnase zur Verbesserung der Stabilität im Schießflug, zu sehen.

(Forts. S.106)

Erprobungsbericht Nr. 53 30.11.-31.12.1944.

Das folgende Dokument ist ein Faksimile des Original-Messerschmitt-Flugberichts Nr. 53 vom 2. Januar 1945. Der Bericht stellt den Stand des Erprobungs- und Forschungsprogramms dar, das in der Periode vom 30. November bis 31. Dezember 1944 durchgeführt wurde. Verschiede Versuchsmuster und die damit ausgeführten Flüge und deren Dauer sind aufgelistet. Hier wird auch erstmals die Neuvergabe der V-Nummern und der Status des jeweiligen Prototyps im Versuchsprogramm gezeigt. Damit spricht der Bericht als Original für sich selbst.

Messerschmitt A. G. Augsburg	Erprobungsbericht Nr. 53 vom 3o.11. - 31.12.1944.	Bl. -1-

Geh. Kommandosache

I. Allgemeines:

Von den 15 zeitweise vorhandenen Erprobungsträgern waren nicht im Flugbetrieb :

V-9 Einbau der Änderungen für Hochgeschwindigkeit Stufe I, zzt. abgestellt.

083 Triebwerke ausgebaut, Messeinbauten für Fahrwerksuntersuchungen.

555 Einbau der 2. Lotfekanzel, eingetroffen am 1o.12.1944

Ausserdem

17o o55 Doppelsitzer, leihweise am 11.12. von der Truppe für Lamellenbremsenversuche. Bruchlandung am 22.12. mit stehendem Triebwerk. (Beschädigung 70 %)

056 12.12. Bruchlandung bei Einmotorenlandung mit verkleinertem Seitenleitwerk, seither abgestellt, ohne Triebwerke

186 1. Flug (Schnellablasserprobung) dann Jumo-Triebwerke ausgebaut, R-Triebwerk unklar.

499 am 1o.12. an Truppe leihweise gegen o55 abgegeben.

773 17.12. nach Rechlin als Mustermaschine überführt.

Im ganzen wurden 159 Flüge mit insgesamt 27 h Flugdauer in der Berichtszeit durchgeführt.

Alarm, bzw. Voralarm 36 h.

Die Wetterlage liess zu 37,5 % keine Versuchsflüge zu.

Aus Mangel an TL-Triebwerken wurden an einigen Versuchsträgern (welche stillgelegt wurden) die Triebwerke ausgebaut.

Lechfeld, den 2.1.1945.
Stu.

Abteilungsleiter : Sachbearbeiter

Erprobungsleiter :

Messerschmitt A. G. Augsburg	Erprobungsbericht Nr.53 3o.11. - 31. 12. 1944.	Bl. -2-

II. Aufstellung der durchgeführten Flüge

Werk-Nr.	Flug zahl	Flug dauer	Gesamt-flugzahl	Gesamt-flugdauer	Bemerkungen :
13o o15	3	48'	88	29 h 39'	Druckverteilung an den Vorflügeln
17o o56	8	3h 45'	11o	34 h 26'	Hochachsenstabilität
17o o78	8	2h 16'	14	3 h 44'	Triebwerks- und Leistungsmessungen mit BMW-Triebwerken.
17o o83	keine Flüge ! (siehe Erprobungsbericht Nr. 52)				
13o 167	75	5h 47'	229	39h 16'	Lamellen- und Backenbremsenerprobung Innenausgeglichenes Seitenruder
13o 186	1	1o'	3	29'	Heimatschützer I, Schnellablass
17o 3o3	14	3h 48'	37	13h 43	Abfangen, 2 x 1ooo kg-Startraketen, 1ooo kg Bomben, Hydraulik
11o 484	11	5h o4'	22	8h 14'	Lotfe-Erprobung, Hochachsenstabilität, Kurssteuerung.
V-9	keine Flüge (siehe Erprobungsbericht Nr. 52)				
V-1o	2o	2h 5o'	94	29h 4o'	2x18 Ltr.-Pumpe
11o 773	4	46'	1o	2h 15'	Einfliegen (Mustermaschine KDE)
11o 499	3	43'	7	1h 49'	Vereinfachte Waffenschaltung, der Truppe zur weiteren Erprobung leihweise überlassen.
17o o55	1o	1h o2'	-	-	Von der Truppe geliehen, Bruch wegen Triebwerksausfall (7o %)

Messerschmitt A. G. Augsburg	Erprobungsbericht Nr. 53 vom 3o.11. - 31.12.1944	Bl.-3-

III. Eigenschaften (Bearb. T i l c h)

Innenausgeglichenes Seitenruder

Mit der jetzigen Nasenform wurde die Drehachse durch Abschneiden der Ruderhinterkante bis auf ~ 31 % verschoben. Bei grösseren Staudrücken sind die Kräfte immer noch zu hoch, bei Ruderausschlägen > 12,5° tritt jedoch Kraftabnahme ein. Weitere Versuche werden mit einer spitzeren Nasenform durchgeführt. Siehe VB 262 1o B 44.

1ooo Kg - Bombenwurf.

Die Versuche sind noch nicht abgeschlossen. Bis jetzt werden max. n = 4,5 g erreicht, bei einer Ausgangs-S-Lage von 15 %.

Mustermaschine K D E

Die Werk-Nr. 11o 77 3 wurde nach Behebung von einigen Beanstandungen (eigenschaftsmässig, unsymmetrischer Kraftverlauf im Querruder, Hängen bei ausgefahrenen Landeklappen) nach Rechlin überführt.

Hochgeschwindigkeit Stufe I (V 9)

Wegen Fehlens der Kabine (O'gau) ist die Maschine abgestellt.

Vorflügeldurchbiegung

Die Durchbiegung des Vorflügels im Schnellflug wurde bis v_a = 9oo km/h, q = 391o kg/m² durchgeführt.

Richtungsstabilität (Bearb. Hörstke)

a) Verkleinerung des normalen Seitenleitwerkes

Mit der 4. Verkleinerung des Seitenleitwerkes (F = 2,36 m² statt normal 2,96 m²) wurden weitere Versuche durchgeführt. Beim Flug am 3.12. mit Pilot Baur wurden in Bezug auf Dämpfung ein hervorragendes Ergebnis erzielt

($\frac{\pm\gamma}{\pm\psi}$ = o,6 ÷ o,8)

Dabei sehr grosse Rollbewegung.

Dieses gute Ergebnis liess sich bei Wiederholung nicht wieder darstellen, ausser durch Entgegensteuern der Rollbewegung durch Querruderbetätigung.

Messerschmitt A. G. Augsburg	Erprobungsbericht Nr. 53 vom 3o.11. - 31.12.1944.	Bl.-4-

Versuche wegen Bruchlandung des Versuchsflugzeuges am 12.12. nicht weitergeführt.

b) Innenausgeglichenes Seitenleitwerk

Bisher noch Versuche, um den Kräfteverlauf in Ordnung zu bringen.

c) Lotfe-Bomber

Kleine Schwingungszeiten
Mit 2 x 25o kg Bomben sehr schlechte Dämpfung über 25 % 1_{aer} S-Lage, bei S-Lage ~ 22 % mit Bomben Restschwingungen bei allen Staudrücken, bei q = 1oookg/m² kaum noch Dämpfung.
Ohne Bomben im höheren Fahrtbereich (v_w=85o km/h andauernde Restschwingungen bei allen S-Lagen-

Starke Schieberollmomente.

IV. Triebwerk: (Bearbeiter Kaiser)

BMW-Triebwerk

Inzwischen 5 weitere Flüge, 2 weitere Triebwerke gewechselt.
(Punkt 1 - 4 siehe Erprobungsbericht Nr. 52)
5.) Turbinenschaufelbruch (vielleicht durch Überhitzen beim Rollen)
6.) Späne im Ölfilter
Die Leistungsmessung im Ist-Zustand ist fertig. Siehe VB 262 34 L 44

Heimatschützer I

Ein Wasserversuch im Flug mit dem neuen Schnellablass zeigt, dass immer noch Wasser in den Rumpf gesaugt wird. Der Austritt des Schnellablasses wird zzt. unter das Seitenruder verlegt. Beim Standlauf ist wieder eine Schweissnaht am Ofen des Walthergerätes gerissen.
Ursache: Herstellungsfehler.
Zzt. wird ein neuer Ofen besorgt.

Heimatschützer II

Eingetroffen am 2o.12. bei FAV-L. Die Maschine wird zzt. aufgerüstet

Standschub
Für ein Neuprojekt wurde der Einfluss eines 3 m langen Einlaufs auf den Standschub untersucht. VB 262 28 L 44 lag schon dem Erprobungsber. Nr. 52 bei
Öltemperatur.
Zur Beurteilung der Temperaturabhängigkeit des Drehzahlreglers wurde die Öltemperatur im Fluge ge-

He 100 000 34. Wöhrle & Co., Rastatt 585

Messerschmitt A. G. Augsburg	Erprobungsbericht Nr. 53 vom 3o.11. - 31.12.1944.	Bl. -5-

messen. Siehe VB. 262 33 L 44.

V. Leistungen. (Bearb. Reichel)

Schutzrohre
Am Flugzeug, Werk-Nr. 3o3 wurde der Geschwindigkeitseinfluss von 4 verlängerten MK 1o8 Schutzrohren vermessen. VB 262 31 L 44.

Beschleunigung bei Start und Landung
Mit Werk-Nr. 3o3 wurden Messungen des Geschwindigkeitsverlaufes über Flugweg bei Start und Landung bis zum Schnellflug durchgeführt. Vers.Ber. 262 32 L 44.

Leistungen Werk-Nr. 773 (Bearb. Kaiser)

Vor der Abgabe an KDE wurde die Leistung obiger Maschine kurz überprüft.
Vers.Ber. 262 3o L 44.

VI. Zelle (Bearb. Krauss Gregor)

Vereinfachte Wanne im Triebwerk ohne Längsprofile.

Durch Bauchlandung des Erprobungsträgers wurde die vereinfachte Wanne so stark beschädigt, dass sich die Wiederinstandsetzung nicht lohnt. Die Betriebszeit der Dauer-Erprobung beträgt 32½ Flugstunden ohne Beanstandung. Die Erprobung gilt somit als abgeschlossen.

Holzseitenleitwerk

Das zweite Holzseitenleitwerk wurde an der Werk-Nr. 17o 3o3 eingebaut. Die Betriebszeit beträgt für beide Holzseitenleitwerke 3 Std.
Durch Aufquellen infolge langen Stehens im Regen kam die Seitenrudernase zum Blockieren, sodass die Spalteinlage in der Seitenflosse nachgearbeitet werden musste.

Vereinfachung der Leitwerksverkleidung

Zur Vereinfachung der Leitwerksverkleidung zwecks Montageerleichterung auf Vorschlag der Fa. Blohm & Voss wurden an mehreren Flugzeugen die Führungszapfen vorne ausgebohrt, sodass die Verkleidung nunmehr durch das vorne aufgesetzte und das hintere Führungsblech geführt und durch die Schraube in der Nähe des Drehpunktes gehalten wird. Bei ca. 2½ Flugstunden trat noch keine Beanstandung auf. Ergebnisse der Breitenerprobung müssen noch abgewartet werden.

Verölen der FT-Anlage

Durch austretenden Kraftstoff verölt die FT-Anlage, wodurch sie nicht mehr funktionsklar bleibt. An eigenen Versuchsträgern und an Truppenflugzeugen wurde eine Breitenuntersuchung am Stand und an einem Erprobungsträger

He 100 000 34. Wöhrle & Co., Rastatt 585

Messerschmitt A. G. Augsburg	Erprobungsbericht Nr. 53 vom 3o.11. - 31.12.1944.	Bl. -6-

Versuche im Fluge vorgenommen. Das Ergebnis wurde im Versuchsbericht 262 oo5 Z 44 bekanntgegeben.

Entwässerungsleiste für Kabine A 1354.262 Z

Ein Standversuch mit den eingebauten Entwässerungsleisten zeigte, dass die Ausführung nach Zeichnung noch nicht entspricht und eine Änderung der Dichtdecken mit weiteren Versuchen erforderlich macht.

Beurteilung der Brandhahnkulisse mit Druckpunkt für H_v und H_h ohne Rasten für die Schalthebel

Dem Wegfall der Rastbleche für die Schalthebel der Ventilhalterungen kann nicht zugestimmt werden.
Beurteilung durch die Flugzeugführer siehe Flugbericht Nr. 131/134 vom 27.12.1944.

Holzflügelrandkappen 2625o7/5o8-1o1 Behrteil 219a/b

Ein neuer Satz o.a. Randkappen wurde am 3o.12. von AVS angeliefert, sodass mit dem Anbau und der Erprobung begonnen werden kann.

Deichselschlepp

Der Rumpfanschluss wurde in verstärkter Ausführung angeliefert und ist im Einbau fertig.

Technische Beanstandungen

Holzleitwerk

Durch langes Stehen im Regen ist das Leitwerk angequollen, sodass das Seitenruder am Füllstück im Ruderspalt nicht mehr frei ging und nachgearbeitet werden musste.

Einheitsverstellscheit

An einem Einheitsverstellscheit brachen die Graugusslagerbuchsen am Pedalhalter. Nach Mitteilung KL sind Graugussbuchsen nur an wenigen Verstellscheiten eingebaut. Normal werden KWJ-Buchsen verwendet. Die Buchsen müssen jedoch zum Bund mit Übergangsradius versehen werden, da Kerbwirkung eintritt.

Obere Federbeinabdeckung am Hauptfahrwerk

Bei Rollen im nassen Schnee wird derselbe hochgeschleudert und setzt sich zwischen die Gleitbahn und den Rollenbock fest. Beim Einfahren des Fahrwerks presst sich der Schnee zusammen und beschädigt die Beinabdeckung und verursacht den Bruch des Schellenbandes vom Rollenbock. Ferner packt sich die Radnische voll Schnee, wodurch das Einziehen des Fahrwerkes verhindert wird.

He 100 000 34. Wöhrle & Co., Rastatt 585

Messerschmitt A. G. Augsburg	Erprobungsbericht Nr. 53 vom 3o.11. - 31.12.1944.	Bl. -7-

Tragwerk, lose Nietung

An Werk-Nr. 17o 3o3 lösten sich im Bereich des hinteren Hilfsholmes von R. 0 bis R. 1 und entlang der Rippe 1 eine grosse Anzahl Nieten. Dies dürfte auf grosse Beanspruchung durch Bremsenerprobung zurückzuführen sein.

Truppenbetreuung

Rumpfspitze

An Werk-Nr. 11o 526 brach der Rumpfspitzenanschlussbeschlag am rechten unteren Anschluss an der Schweissstelle der Tüte mit dem Flanschstück. Der angebohrte Beschlag wurde dem Stabü in Augsburg zu Bearbeitung übergeben.

Antrieb für Restabdeckung

Mit Änderungsmeldung 5/5oo Zeichng. 262.5oo-oo1 wurde der Lagerbolzen für den Umlenkhebel des Antriebes für die Restabdeckung dahingehend geändert, dass dieser Bolzen zwecks leichterer Auswechselbarkeit des Arbeitszylinders nur mit einem Splint in seiner Lage gehalten wird. Durch den T.A. wird die Änderungen bereits bei Truppenmaschinen durchgeführt. Der geänderte Lagerbolzen ist lt. Beanstandungsmeldung des III.E.J.G. 2 vom 28.12.44 an Werk-Nr. 11o 3o6 aus der Lagerung herausgerissen und die Lagerrippe ausgeknickt und gerissen.

Die Truppe ändert diesen Lagerbolzen nun dahingehend, dass auf der Holmseite eine Annietmutter eingesetzt und eine durchgehende Lagerschraube kopfseitig mit Draht gesichert wird.
Es ist unverständlich, weshalb solche grundsätzlichen Änderungen nicht vor dem serienmässigen Einlauf der Flugabteilung zur Erprobung übergeben werden. Aus diesem Grunde wurden 3o Flugzeuge unklar und mussten gesperrt werden.

Änderungen

V-1, Werk-Nr. 13o o15

Triebwerkseinlaufhaube im rechten Triebwerk austauschen gegen Mess-Einlaufhaube.
Schutzkorb am linken Triebwerkseinlauf anbringen.

V-2, Werk-Nr. 17o o56

Einbau der verstellbaren Querruderlager $262\frac{5oo}{5o1}$-o93/o94/o95. Einbau der Regenabweisprofile an den Rumpfgurten.

He 100 000 34. Wöhrle & Co., Rastatt 585

Messerschmitt A. G. Augsburg	Erprobungsbericht Nr. 53 vom 3o.11. - 31.12.1944.	Bl. -8-

Einbau der von O'gau gelieferten Musterausführung des Serien-Seitenruders.

Ausbau des verkleinerten Seitenleitwerkes - Einbau des normalen Seitenleitwerkes.

V-4, Werk-Nr. 17o o83

Einbau der Hauptfahrwerksfederbeine mit Doppellenker; Bugrad mit gekröpfter Gabel.
Messeinbauten für Fahrwerksdruck - und Wegmessung

V-5, Werk-Nr. 13o 167

Einbau der Abdeckschieber am Gleitführungsausschnitt der oberen Federbeinabdeckung n.Skizze von BmL .
Einbau der 2-ten 18-Ltr-Pumpe für Hydraulikanlage .
Einbau der neuen Bremsbeläge am Hauptfahrwerk.
Einbau der gekröpften Bugradgabel.

V-6, Werk-Nr. 13o 186 (Heimatschützer)

Verstärkung des Trennspantes am Rumpfende f. Hecktriebwerk.
Verlegung des Schnellablasses von vorne nach hinten.
Neue Gashebel im Führerraum.
Schutzblech für Seitenruder gegen Verschmoren durch das Hecktriebwerk anbringen.
Rumpfobergurt und Stirnrahmen aufgefüttert, damit der Dichtschlauch nicht überzogen wird und platzt. Abstand zu gross.

V-7, Werk-Nr. 17o 3o3

Einbau des Holzseitenleitwerkes (2. im Erprobungsbetrieb).
Einbau der gekröpften Bugradgabel.
Ausbau des Seitenruders in Holzkonstruktion, Einbau eines S-Ruders mit Spreizkante.
Einbau 2 x 18 Ltr. Pumpe für Hydraulikerprobung.
An der Leitwerksverkleidung vorderer Führungszapfen entfernt.

V-8, Werk-Nr. 11o 484 (Lotfe-Kanzel)

An der Leitwerksverkleidung vorderer Führungszapfen entfernt.
Änderung zur Fertigablieferung an E-Stelle; wie Anfertigung der Kinnstütze, Verbesserung der Polsterung, Verbesserung der Gurthalterung, Änderung des Kabinennotabwurfes, Anbringen einer Hutze vor den Lotfe-Klappen, Neue Lagerung des Ei-V-Gerätes.

V-9, Werk-Nr. 13o oo4

Einbau der Kabinenklappe in O'gau.

Me 100000 34. — Wöhrle & Co., Rastatt 585

Messerschmitt A. G. Augsburg	Erprobungsbericht Nr. 53 vom 3o.11. - 31.12.1944.	Bl. -9-

V-1o, Werk-Nr. 13o oo5

Verstärkung des Anschlusskastens f. Deichselschlepp.
Einbau der Endstücke am TL-Triebwerksauslauf f.Versuchszwecke.
Einbau 2 x 18 Ltr. Pumpe für Hydraulikerprobung.

V-11, Werk-Nr. 11o555, (Lotfe-Kanzel II)

Einbau der Lotfe-Kanzel.
Änderungen in der Kanzel, wie Kinnstütze, Polsterung Gurthalterung, Änderung des Notabwurfes, Abweishutze vor Lotfe-Klappen.
Anbauten für Zwiebelerprobung.

V-12, Werk-Nr. 17o o74 (Heimatschützer II)

Einbau der Triebwerksentlüftung.
Änderung der Leitungen zu den Sonderkraftstoffbehältern mit Abzapfung aus der 7. Stufe statt wie bisher aus der 4. Stufe.

VII. Elt. Erprobung (Bearbeiter: Bosch, Richter)

a) Doppelbeheizte Panzerscheiben ohne Temperaturregler.
Die Scheibe ohne Regler in 8-262, Werk-Nr. 167 wurde bei weiteren 77 Flügen mit einer Flugzeit von 5 Std. 48 Min. im Berichtszeitraum in Betrieb gesetzt und hat sich gut bewährt.

b) Panzerscheibe mit Regler
Die in Werk-Nr. 3o3 eingebaute Heizscheibe hat sich bei 13. Flügen mit einer Flugzeit von 3 Std. 22 Min. im Berichtszeitraum wiederum gut bewährt.

c) Generatorbelüftung
Neues Belüftungsrohr bzw. Entlüftungsrohr für die Generatoren wurden eingebaut. Die Messgruppe konnte wegen Arbeitsanhäufung den Messeinbau noch nicht durchführen.

d) Strom- und Spannungsmessungen am elt. Bordnetz
Die Vermessung des elt. Bordnetzes wird zzt. durchgeführt.

e) Isolationswert des elt. Bordnetzes
Über schlechten Isolationswert des elt. Bordnetzes sind im Berichtszeitraum keine Klagen eingelaufen.

Me 100000 34. — Wöhrle & Co., Rastatt 585

Messerschmitt A. G. Augsburg	Erprobungsbericht Nr.53 3o.11. - 31. 12. 1944.	Bl. -2-

II. Aufstellung der durchgeführten Flüge

Werk-Nr.	Flug zahl	Flug dauer	Gesamt-flugzahl	Gesamt-flugdauer	Bemerkungen !
13o o15	3	48'	88	29 h 39'	Druckverteilung an den Vorflügeln
17o o56	8	3h 45'	11o	34 h 26'	Hochachsenstabilität
17o o78	8	2h 16'	14	3 h 44'	Triebwerks- und Leistungsmessungen mit BMW-Triebwerken.
17o o83	keine Flüge ! (siehe Erprobungsbericht Nr. 52)				
13o 167	75	5h 47'	229	39h 16'	Lamellen- und Backenbremsenerprobe. Innenausgeglichenes Seitenruder
13o 186	1	1o'	3	29'	Heimatschützer I, Schnellablass
17o 3o3	14	3h 48'	37	13h 43	Abfangen, 2 x 1ooo kg-Startraketen, 1ooo kg Bomben, Hydraulik
11o 484	11	5h o4'	22	8h 14'	Lotfe-Erprobung, Hochachsenstabilität, Kurssteuerung.
V-9	keine Flüge (siehe Erprobungsbericht Nr. 52)				
V-1o	2o	2h 5o'	94	29h 4o'	2x18 Ltr.-Pumpe
11o 773	4	46'	1o	2h 15'	Einfliegen (Mustermaschine KDE)
11o 499	3	43'	7	1h 49'	Vereinfachte Waffenschaltung, der Truppe zur weiteren Erprobung leihweise überlassen.
17o o55	1o	1h o2'	-	-	Von der Truppe geliehen, Bruch wegen Triebwerksausfall (7o %)

Me 100000 34. — Wöhrle & Co., Rastatt 585

Messerschmitt A. G. Augsburg	Erprobungsbericht Nr. 53 vom 3o.11. - 31.12.1944.	Bl.-11 -

2. Pressluftnotausfahren
An einer Maschine wurde bei Geschwindigkeiten von 28o - 57o km/h das Fahrwerk und Bugrad mit Pressluft ausgefahren. Die Ausfahrzeit lag bei diesen Geschwindigkeiten bei rd. 1o sec. Nach Pressluftnotausfahren und Landung der Maschine wurde Pressluft nachgefüllt und wieder gestartet. Das Einfahren ging einwandfrei vor sich. Bei dieser Maschine brauchte kein Hydrauliköl nachgefüllt werden. Der Druck in der Pressluftflasche sank von 13o auf 7o atü. Es wäre also in diesem Fall noch möglich gewesen ein 2. Mal mit Pressluft auszufahren.

3. Anlage mit 1 x 18 Ltr. Pumpe
Es wurden noch in 2 Maschinen Winkelhebel eingebaut um die Empfindlichkeit der Einstellung der Steuerventile herabzusetzen bzw. um die Wanderung des Fahrwerks auszugleichen.
Die Hebel bewährten sich und es wäre ein Einlauf in die Serie zu empfehlen.

Kabinenheizung

1. Heimatschützer I
Die Maschine ist mit Messanlagen für Druckkabine versehen, kam aber bis jetzt noch zu keinem Höhenflug, da einmal die Kabine noch gedichtet wird und andererseits Triebwerk und Triebwerksanlagen noch nicht in Ordnung sind.
Es ist daher bis heute noch nicht möglich zu entscheiden, ob ein Verdichter für Flüge über 12 km Höhe notwendig wird.

2. Heimatschützer II
Für die Kabinen-Luftversorgung ist neuerdings das linke Triebwerk vorgesehen, während das rechte für die Triebwerkskraftstoffversorgung benötigt wird.
Da die Luftförderleistung der BMW-Triebwerke wesentlich geringer, als die der Jumo-Triebwerke ist, muss noch geklärt werden, ob ein Triebwerk für den Luft- und Heizungsbedarf ausreicht.
Es werden Besprechungen mit BMW geführt, um evtl. eine Erhöhung des Luftdurchsatzes zu erreichen.

IX. Bewaffnung

1. 4 MK 1o8

a) Gurteinziehband
Dieses, welches bisher von der 8-1o9 übernommen wurde,

Me 100000 34. — Wöhrle & Co., Rastatt 585

Messerschmitt A. G. Augsburg	Erprobungsbericht Nr. 53 vom 30.11. - 31.12.1944.	Bl. -12-

wurde auf Anforderung O'gau-Probü von uns für die 8-262 vereinfacht. Geänderte Unterlagen wurden am 21.12 nach O'gau gebracht. (s.Mitteilg. 22.12.)

b)Gurtzerleger

Bei der Truppe, sowie bei einigen in Lechfeld von uns eingeschossenen Flugzeugen traten wiederholt Brüche der Blattfedern für die beiden rechten Waffen auf. Es kann sich nur um Material-bzw. Härtefehler handeln, da Federn aus der 1. Lieferung der gleichen Lieferfirma (Augsburg,Federnfabrik) bei uns und in Rechl in ohne Beanstandung erprobt wurden. BmL 262 wurde durch Mitteilg. vom 21.12. unterrichtet und um Nachforschung bei der Lieferfirma gebeten.

c) E P D 101

Eine neue Baureihe der E P D 101, die zzt. angeliefert wird, unterscheidet sich von der bisherigen Ausführung durch seitliches Versetzen des Eingangsstutzens um 18 mm. Ein Austausch bei den insgesamt 8 Geräten pro Maschine ist nur in 2 Fällen ohne Änderung der Pressluftanlage bzw. der Lagerung der EPD's möglich. In 2 weiteren Fällen (Abfeuerventile der oberen Waffen) ist Versetzen der EPD's mittels ~~neue~~ neuer Bohrungen ohne grösseren Aufwand möglich. Für die restlichen Fälle ist Änderung notwendig.

d) Leergurtableitschächte der beiden oberen Waffen

Nachdem die von uns in langwieriger Kleinarbeit ermittelte Form der Leergurtableitung der beiden oberen Waffen ohne Ausbeulung der oberen Waffenverkleidungen funktionsklar ging, stellte sich heraus, dass die serienmässigen Schächte eine Beule links und rechts in der Rumpfspitzenabdeckung notwendig machen. Als Ursache wird uns von der Kontrolle ein Zeichnungsfehler mitgeteilt, aufgrund dessen die Schächte rein zeichnerisch 9mm in den Straak eindringen.
Bei der Nacherprobung der 1. Serienschächte in der V-9 musste zwar auf der linken Seite eine leichte Ausbeulung durchgeführt werden, dies wurde jedoch auf die Einbauungenauigkeiten zurückgeführt, weil auf der rechten Seite umsomehr Luft war.
Wir sind nun heute soweit, wie wir schon vor 1/2 Jahr hätten sein können, wenn wir uns nicht mit allen Mitteln gegen die von Herrn Amtmann Krause vom E-Kdo 262 verlangte Waffenbeule gesträubt hätten !

Ms 100 000 34. Wöhrle & Co., Rastatt 585

Messerschmitt A. G. Augsburg	Erprobungsbericht Nr. 53 vom 30.11. - 31.12.1944.	Bl. -13-

2. Vereinfachte Waffenschaltung 4 MK 108 (VB 262 16 A 44)

Am 5.12. erfolgte die Abnahme durch die E-Stelle Tarnewitz in Lechfeld ohne grundsätzliche Beanstandungen.
Die Einführung der vereinfachten Waffenschaltung war infrage gestellt, nachdem nun endlich die Schaltschiene wider Erwarten schon im Februar 45 in Fertigung gehen sollte.
Endgültige Freigabe für den Einlauf in die Serienfertigung erfolgte am 16.12. mit FS Nr. 83 nachdem, wie wir von Herrn Stach Probü erfuhren, die Schaltschiene wieder einmal nicht funktioniert.

3.BSK 16 Einbau

Die Arbeiten am Versuchseinbau unterm Rumpf wurden eingestellt, da lt. tel. Unterrichtung durch Herrn Bruders der Einbau der Rumpfspitze den Anforderungen genügt.
Diese Feststellung entspricht auch unserer Stellungnahme vom 28.7.44.
Trotzdem wird voraussichtlich von Seiten General der Jagdflieger eine Änderung des Einbaues noch einmal verlangt werden.

4.1000-kg-Startkraketen

Stand und Flugversuche mit 1000 kg Raketen bei 8° Abwinklung des Schubstrahles nach unten bewiesen die einwandfreie Anwendbarkeit dieser Geräte. Für die Aufnahme der Schubkomponente gegen den Rumpf ist eine Abstützung erforderlich.

5.Aufhängebeschläge für Startraketen.

Bei den zzt. neu eingebauten für 1000 kg Schub verstärkten rumpfseitigen Aufhängebeschlägen und bei den Aufhängeschellen der Startraketen sind in der Serienausführung die zulässigen Toleranzen weit überschritten. Abhilfe ist dringend erforderlich. Nähere Einzelheiten wurden mit Herrn Penning, BmL 262 am 14.12.1944 besprochen.
Abwurfversuche mit Startraketen müssen solange zurückgestellt werden, bis uns einwandfreie Beschläge übergeben werden. Die Neuausführung des Raketenaufhängeschlosses mit der Möglichkeit die Verriegelung einwandfrei zu kontrollieren (s. Mustereinbau V-10) ist trotz höchster Dringlichkeit noch nicht in die Serie eingelaufen.

6.Lotfe-Bomber (s. Bericht Nr. 262 17 A 44)

Ausser den im Bericht aufgeführten 2 Bombenwürfen wurde am 27.12. ein 3. Abwurfversuch mit 2 X 250 kg Bomben mit gutem Erfolg durchgeführt (Pilot:Lindner, Bombenschütze Bayer).

Ms 100 000 34. Wöhrle & Co., Rastatt 585

Messerschmitt A. G. Augsburg	Erprobungsbericht Nr.53 vom 30.11. - 31.12.1944.	Bl. -14-

An der 2. Lotfespitze wurden versuchsweise Verbesserungen bezüglich Notwurf für Haubendach, Verstellbarkeit des Anschnallgurtes und Kopfstütze eingebracht, welche zzt. in die 1.Lotfespitze Werk-Nr. 484 übertragen werden. Eine weitere Verbesserung für das Liegen des Schützen in der Wanne wird durch eine besser gepolsterte Liegematte mit Ausschnitt für das Fallschirmschloss eingebracht. Anfertigung wird verabredungsgemäss durch Herrn Kempter, Probü O'gau zum Termin 30.12.veranlasst.
Der letzte Bombenflug am 27.12. ergab die Beschädigung des rechten hinteren Federpuffers der Lotfe-Aufhängung (Geräteteil) beim Rollen über gefrorene Bodenfurchen (Radspuren). Dies zeigt, dass der Einbauort unmittelbar vor der Bugradlagerung eine Vergrösserung der Federwege in den Federpuffern oder eine zusätzliche Federung der zellenseitigen Aufhängung notwendig macht, da die normale geräteseitige Federung bis zum Anschlag ausgenützt wird. Eine Ausnützung des Federweges bis zum Anschlag ist für das Gerät nicht zulässig.

X. Fahrwerk

Drei weitere gekröpfte Bugradgabeln von O'gau angeliefert und eingebaut sind in Erprobung.

Lamellenbremsenerprobung

Entsprechend Mitteilung vom 15.12. wurden 100 Landungen mit nur einer Nachstellung nach 40 Landungen durchgeführt. Eine stark abgenützte Scheibe wurde gegen eine neue ausgewechselt. Diese bisher günstig verlaufene Dauererprobung wird im Rahmen des sonstigen Flugprogrammes fortgesetzt.
Bremsschild und Radfelge wurden auch nach 9 hintereinander günstig stark gebremsten Landungen nur handwarm, sodass eine erhebliche Bremsleistungsreserve vorhanden ist.
Die Ansprechzeit bei fremdhydraulischer Betätigung, sowie bei Betätigung mit Fusspumpe ist noch zu gross. Nach mündlicher Mitteilung sollen Anfang Januar Bremsen mit 50 % mehr Lamellen geliefert werden (12 statt 8 Innenscheiben). Es wird angenommen, dass damit der durch Fusskraft aufgebrachte Druck ausreichend ist.

Grundsätzliche Fahrwerksuntersuchungen als Unterlagen für Lastannahmen mit geändertem Federbein müssen wegen Triebwerksmangel verschoben werden.

85 und 70 mm breite Bremsen

Der Entscheid der E-Stelle, die mit Heckerbelag ausgerüsteten Bremsen nur 70 mm breit zu machen, um das Bremsmoment von 280 mkg nicht zu überschreiten, ist abwegig.
Seitens Mtt.AG. und Ringführer Bremsen und Räder, Herrn Dr. Eisbein wird gefordert, dass 85 mm beibehalten wird, da die Bremswirkung sich bereits an der unteren Grenze der

Ms 100 000 34. Wöhrle & Co., Rastatt 585

Messerschmitt A. G. Augsburg	Erprobungsbericht Nr.53 vom 30.11. - 31.12.1944.	Bl. -15-

erforderlichen Leistung befindet. Selbst auf der 2 km langen Rollbahn unseres Platzes wird häufig ein Weiterrollen beobachtet, das oft zu erheblichem Bruch des Flugzeuges führt.
Mit 70 und 85 mm breitem Heckerbelag werden an zwei Versuchsträgern Landungen mit kleiner Ausrollstrecke durchgeführt.

Zulassung von Fahrwerk und Landeklappen

Entsprechend Mitteilung vom 8.12. wurde das Fahrwerk bis zu 550 km/h ausgefahren, ohne Bruch, bleibende Deformationen, oder Verfahrschwierigkeiten.
Landeklappen bei 400 km/h und bis zu 10° Schiebewinkel.
Die Geschwindigkeiten für diese Nachweisflüge wurden aus zwei Mitteilung des Stabü's Anfang Dezember entnommen.
Eine am 28.12.44 eingegangene Mitteilung der E-Stelle verlangt 450 km/h und 10° Schiebewinkel und zwar 20 Mal mit derselben Fahrwerksausführung.
Der Verfahrvorgang wird daraufhin wiederholt und 20 Mal bei der mehrfach erreichten Geschwindigkeit von 550 km/h durchgeführt.

Ms 100 000 34.

Diese Fotoserie zeigt die Me 262, W.Nr. 170056, nach dem Entfernen ihrer oberen beiden Kanonen im Rahmen von Versuchen zur Entwicklung der Bombervariante Me 262 A-2a. Auf der Bugradklappe ist neben den letzten drei Ziffern der Werknummer in schwarz der Hinweis „Nicht am Bugrad schleppen“ aufgemalt. Der Erstflug der Me 262 V-056 fand Mitte Juli 1944 statt und die Maschine wurde am 6. August in das Versuchsprogramm aufgenommen. Sie war eines der am umfangreichsten erprobten Versuchsmuster und überlebte das Kriegsende.

Zu einem späteren Zeitpunkt erhielt die W.Nr. 170056 ein Bord-Funkmessgerät FuG 218 Neptun für Nachtjagderprobungen. Das FuG 218 von Siemens arbeitete im Frequenzbereich von 158 bis 187 MHz, hatte einen Suchwinkelbereich von 1200 und eine Reichweite von 5 km bis hinunter auf 120 m. Ein auffallendes Merkmal dieses Geräts waren die vier Antennen in der Bugnase.

V056

Zwei Bilder der Me 262 V2, W.Nr. 170056, mit dem verkleinerten Seitenleitwerk.

Me 262 W.Nr. 170056

Dieses mit zwei Jumo 004 B-Triebwerken ausgerüstete Flugzeug wurde für eine Vielzahl von Versuchen eingesetzt. Ende März 1945 hatte es 176 Flüge mit einer Gesamtflugzeit von 49 Stunden und 45 Minuten absolviert. Die Seitenleitwerksfläche wurde in verschiedenen Stufen in Verbindung mit Versuchen zur Verbesserung der Steuerfähigkeit um die Vertikalachse reduziert. Während einer nachfolgenden Nachtjagderprobung wurde die Maschine als zweite Me 262 V2 bezeichnet und „V056“ in großen weißen Buchstaben auf beiden vorderen Rumpfseiten aufgemalt.

Die Me 262, W.Nr. 170056, ist hier noch vor der Umbenennung in zweite V2 bei Untersuchungen zur Richtungsinstabilität aufgenommen. Sie ist dazu versuchsweise mit einer großen Rudertrimmfläche und einer vertikalen Kante auf dem Rumpfrücken und der hinteren Kabinenhaube versehen. Das Rumpfhinterteil ist schwarz gestrichen, um mit darauf befestigten weißen Wollfäden die Umströmungsverhältnisse im Heckbereich beobachten zu können.

Messerschmitt Me 262 (zweite V2) W.Nr. 170056

In einem Versuch wurden bei der zweiten Me 262 V2, W.Nr. 170056, Seitenleitwerksflosse- und -ruder gekürzt, um zu versuchen, für den Flugzeugführer eine bessere Steuerbarkeit um die vertikale Achse zu erzeugen. Die Untersuchungen zu diesem Problem wurden im Januar 1945 von den Messerschmitt-Versuchsfliegern Baur, Lindner und Herlitzius ausgeführt. Das Verfahren erwies sich allerdings als nicht erfolgreich und wurde wahrscheinlich noch vor Kriegsende aufgegeben.

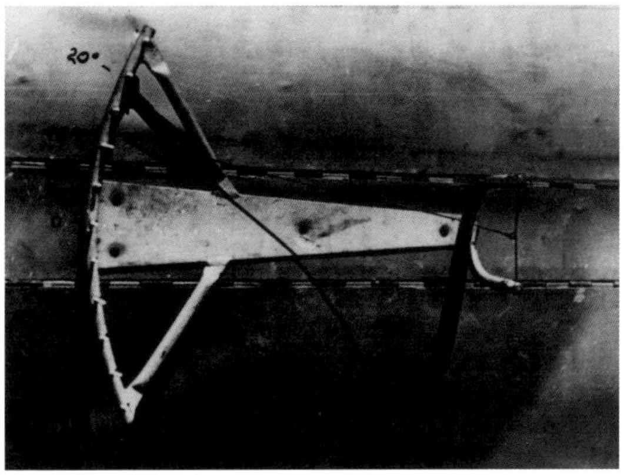

Zwei Abbildungen einer auf der W.Nr. 170056 befestigten Vorrichtung zur Bestimmung der vom Flugzeugführer bei Richtungsänderungen aufzuwendenden Ruderkräfte. Das auf dem Vorderrumpf befestigte Gerät ist auf dem rechten Bild in einer Nahaufnahme dargestellt.

besserung der Schlechtwettersicht, verbesserter Kabinenbelüftung und mit Starthilfsraketen. Die Maschine wurde auch für Hochgeschwindigkeits- und Höhenleistungsmessungen sowie Einmotorenflugversuche eingesetzt. Am 4. Januar startete sie mit zwei 500-kg-Bomben und zwei Starthilfsraketen von Borsig mit je 500 kp Schub. Der Pilot Heinz Herlitzius berichtete, dass sich das Flugzeug nach dem Abwerfen der Startraketen in 800 m um 50 bis 60 Grad aufbäumte. Die Maschine wurde am 28. Februar beschädigt, als sich eine 1000 kp-Starthilfsrakete losriss, und flog vor Kriegsende nicht mehr. Man fand sie, zusammen mit den ursprünglichen Maschinen V9 und V10, der C-1a, C-2b und mehreren A-1a/U3, bei Kriegsende in Lechfeld.

Nach dem schweren Schaden an der Me 262 V8 am 18. Oktober 1944 bekamen die beiden Me 262 A-2a/U2-Prototypen (W.Nr. 110484 und 110555) die alternativen Bezeichnungen V8 und V11, während die Bezeichnung V12 zur Identifikation des Versuchsmusters des C-2b Heimatschützer II gebraucht wurde. Alle drei Flugzeuge sind in Kapitel 9 beschrieben.

Am 30. August versuchte der neue Stabschef der Luftwaffe, General der Flieger Werner Kreipe, Hitler zu bewegen, seine Entscheidung betreffend des Einsatzes der Me 262 als Jagdbomber, zurückzunehmen. Dies gelang nicht, doch konnte er ein kleines Zugeständnis erhalten – dass jede zwanzigste Me 262 als Jäger ausgerüstet werden durfte. Als Randerscheinung dazu fing die alliierte Aufklärung am 2. September ein Rundschreiben ab, in dem festgehalten war, dass Hitler „... noch einmal jede Diskussion, jede Anregung oder Vorschlag den Einsatzweck und die operativen Möglichkeiten der Me 262 betreffend, die immer noch in ihrem Versuchsstadium ist und zur Zeit nur in kleinerer Zahl vorhanden ist, verboten hat." Drei Tage später zeichnete Kreipe in seinem Tagebuch ein Treffen in der Wolfsschanze auf, bei dem auch Göring anwesend war: „Der Führer ließ eine Schimpfkanonade gegen die Luftwaffe los. Wieder wurde die Frage des Einsatzes der Me 262 vorgebracht. Die gleichen Argumente, warum nur die Versionen als Hochgeschwindigkeitsbomber in Betracht komme. Etwas ruhiger entwickelte Hitler seine Idee, in Zukunft nur noch Me 262 zu bauen, alle konventionell angetriebenen Jäger zu streichen und die Flak wegfallen zu lassen."Am 14. September rief Albert Speer General Kreipe an, um ihm mitzuteilen, dass er vorhatte, Hitler wegen der Frage der Strahlflugzeuge zu schreiben. Speer erinnerte sich: „... er riet mir dringend, auch nur Andeutungen in dieser Richtung zu unterlassen. Schon bei der Erwähnung der Me 262 würde Hitler völlig aus der Fassung geraten, sagte er. Ich würde ihm nur Ärger machen, da Hitler annehmen würde, dass der Generalstabschef der Luftwaffe mich darauf gebracht hätte. Entgegen dieser Warnung hielt ich Hitler dann aber doch noch einmal vor, dass die Verwendung der für den Jagdeinsatz konstruierten Maschine als Bomber sinnlos und angesichts unserer gegenwärtigen militärischen Lage verfehlt sei. Diese Meinung werde nicht nur von den Fliegern, sondern auch von allen Offizieren des Heeres geteilt. Doch ging Hitler auf meine Vorhaltungen nicht ein, und ich zog mich nach so vielen vergeblichen Bemühungen wieder auf mein Ressortdenken zurück."

Die Me 262, W.Nr. 130167, „V167".

Messerschmitt Me 262 (zweite V5) W.Nr. 130167

Nach einem erneuten Triebwerkswechsel ist das Flugzeug hier während der Erprobung des Kreiselvisiers EZ 42 Adler aufgenommen worden.

Diese Fotos zeigen die V167 nach der Ausrüstung mit einer neuen Bugnase und einem Ersatztriebwerk rechts. Das verwendete Profil der Reifen ist ungewöhnlich.

Diese beiden Abbildungen zeigen die Me 262, W.Nr. 130167, „V167“, in ihrer ersten Tarnbemalung. Das Flugzeug, das seinen Erstflug am 31. Mai 1944 hatte, wurde nach dem Verlust der W.Nr. 000 0005 zur zweiten V5. Ende März 1945 hatte es insgesamt 303 Flüge mit einer Gesamtdauer von 50 Stunden und 25 Minuten vollendet. Unter anderem wurde dieser Prototyp zur Untersuchung verschiedener Fahrwerksänderungen, Scheibenwasch- und Heizanlagen benutzt und war mit der Schießkamera BSK 16, 500-kg-Bomben, dem EZ 42-Visier, Startraketen, Kraftstoffabwurfbehältern und dem Funkgerät FuG 125 ausgerüstet worden. Nach heutigem Wissen trug die Maschine immer die weiße Versuchsnummer „V167“ und nicht die spätere Bezeichnung „V5“. Dies war auch der einzige Prototyp, der ein Seitenruder ohne aerodynamische Ausgleichsfläche hatte.

Die zweite Me 262 V5, W.Nr.130167, SQ+WF, startet zu einem ihrer 303 Versuchsflüge. Sie war einer der besonders intensiv geflogenen Prototypen. Neben dem Versuchsprogramm wurde das Flugzeug auch einer japanischen Kommission vorgeführt.

Beim Seitenleitwerk der „V167" fehlte die kleine Ausgleichsfläche. Diese Bauweise wurde aber nicht als Standard für die Me 262 übernommen.

Karl Baur in der Kabine der Me 262, W.Nr. 130167. Das auffallend große Visier EZ 42 Adler hinter der Frontscheibe ist gut zu erkennen. Dieses Zielgerät berechnete automatisch den nötigen Vorhaltewinkel, um das Ziel in der Bewegung zu treffen. Obwohl sehr viel versprechend, blieb das Visier wegen fehlerhaftem Einbau oft wirkungslos und wurde blockiert, um wie ein normales Zielgerät mit festem Reflektor zu arbeiten.

Die zweite Me 262 V 5 W.Nr. 130167

Ursprünglich mit zwei Jumo 004B-Triebwerken ausgerüstet, flog diese Maschine erstmals am 31. März 1944 und wurde später nach dem Verlust der W.Nr. 000 0005 zur zweiten V5. Das Flugzeug diente einer Vielzahl von Versuchen, einschließlich der Verwendung eines geänderten Seitenruders ohne aerodynamische Ausgleichsfläche und der Erprobung des kreiselgesteuerten Visiers EZ 42. Obwohl dieses eine zukunftsträchtige Ergänzung der Me 262-Ausrüstung darstellte, wurde es nie ganz perfektioniert. Die V167 führte bis Ende März 1945 mindestens 303 Versuchsflüge mit insgesamt 50 Stunden und 25 Minuten Flugdauer aus. Die Maschine war in Dunkelgrün (81) und (82) und unten in blassem Blaugrau (76) getarnt.

Messerschmitt Me 262 (zweite V7) W.Nr. 170303

Diese und folgende Seite:
Eine Auswahl von Fotos der zweiten Me 262 V7, W.Nr. 170303, die am 22. September 1944 eingeflogen wurde. Unter dem Rumpf sind Wikingerschiff-Bombenträger und 1000-kp-Feststoff-Startraketen Rheinmetall-Borsig R-109-503 zu sehen, deren Erprobung mit diesem Versuchsmuster stattfand. Es liefen auch Versuche mit verschiedenen Arten von Bremsen und Generatoren und das Flugzeug nahm an Einmotorenflug-Geschwindigkeitsmessungen und Untersuchungen der allgemeinen Flugeigenschaften teil, weiter an Bombenabwurfversuchen und Experimenten zur Verbesserung der Sichtverhältnisse und Belüftung der Kabine. Die Bombe im Vordergrund ist eine Übungsbombe aus Beton. Auf dem mittleren Foto erkennt man die V167 im Hintergrund.

03
V7

Die zweite Me 262 V7 W.Nr. 170303

Ende Februar 1945, als dieses Flugzeug beschädigt wurde, hatte es 18 Stunden und 38 Minuten Flugzeit erreicht. Man reparierte die Maschine und versah sie mit dem Heck der mit BMW 003 ausgerüsteten W.Nr. 170078, allerdings ist nicht bekannt, ob sie je wieder flog. Sie ist hier mit zwei Jumo 004 B-Triebwerken abgebildet.

Die zweite Me 262 V7, W.Nr.170303, nach der Ausrüstung mit hölzernen Höhenrudern und zwei 500-kg-Bomben im Dezember 1944. Spezielle Mündungsfeuerdämpfer für die vier MK 108-Kanonen sind ebenfalls angebaut. Das Flugzeug war zu diesem Zeitpunkt mit zwei Jumo 004 B-1-Triebwerken ausgerüstet (W.Nr. 146 links und W.Nr. 735 rechts). In dieser Konfiguration wurde die Maschine vom früher zum Erprobungskommando 262 gehörenden Flugzeugführer Heinz Herlitzius (siehe eingesetztes Foto) am 22. Dezember in Lechfeld geflogen. Die V7 führte 67 Flüge aus, bevor Ende Februar 1945 eine der 1000-kp-Startraketen abriss und die Maschine schweren Schaden erlitt.

Inzwischen waren bei einem Angriff am 12. September, den 250 bis 300 Bomber der in Italien stationierten Fünfzehnten US-Air Force flogen, in Leipheim die Me 262 V3 und V10 und die zweite V1, V5 und V6 getroffen worden. Die V3, obwohl nicht so stark beschädigt, flog danach nie wieder. Bei einem Angriff auf das Messerschmitt-Werk in Wasserburg wurde aber eine Reihe von Vorrichtungen für den Bau der Me 262 zerstört. Ende September begann die Fertigung der Me 262 stark anzusteigen. Insgesamt 265 Maschinen waren komplettiert, von denen 32, wie vorher erwähnt, bereits zerstört worden waren. Von den 74 Me 262 A-1 und A-2 aus der September-Lieferung kamen 17 zu Jagdeinheiten und 57 zu den Kampffliegern. Von diesen gingen 46 an das KG 51, sechs an das KG 54, vier in den Bereich des Chefs der technischen Luftrüstung (TLR), Oberst Ulrich Diesing, und eine an den General der Aufklärer, Generalmajor Hans-Henning von Barsewisch.

Ein Großteil der fortgeschrittenen Entwicklungsarbeit, die an der Me 262 durchgeführt wurde, betraf die Verbesserung der bereits beeindruckenden Feuerkraft des Flugzeugs. Eine der bemerkenswertesten für das Flugzeug vorgeschlagenen Kanonen war die Mauser-Kanone MG 213 C und MK 213 C, die mit einem Revolvermagazin ausgerüstet war, was ihr eine unglaubliche Schussfolge verlieh.

	MG 213 C	MK 213 C
Kaliber	20 mm	30 mm
Masse	75 kg	75 kg
Länge	1930 mm	1630 mm
Schussfolge	1300 Schuss/min	1180 Schuss/min
Mündungsgeschwindigkeit	1065 m/s	540 m/s

Vier dieser Waffen mit dem größeren Kaliber sollten die MK 108 als die Hauptbewaffnung der Me 262 ablösen. Ein Versuchsmuster der Kanone, die V/6-4, wurde bei Kriegsende im Messerschmitt-Konstruktionsbüro in Oberammergau gefunden. Es war geplant, Ende 1945 nicht weniger als 4000 dieser Waffen monatlich herzustellen. Das Konzept der Revolverkanone wurde nach dem Krieg von mehreren Ländern übernommen und weiterentwickelt, wie bei der amerikanischen M-39 und den britischen ADEN-Kanonen. Neben der 50-mm-MK 214 und der 55-mm-Kanone MK 112, die in Kapitel 9 beschrieben wurden, war auch daran gedacht, die 55-mm-Waffe MK 412 von Krupp in die Me 262 einzubauen. Ein Versuchsmuster dieser Kanone, die als Konkurrenzentwurf zur MK 112 entstand, war Anfang April 1945 fertig, doch zu einem weiteren Bau kam es nicht mehr.

Eine weitere vielversprechende für die Me 262 vorgeschlagene Waffe war das SG (Sondergerät) 116 Zellendusche. Es bestand aus drei nach oben gerichteten Läufen der 30-mm-Kanone MK 103, die, hinter der Kabine des Flugzeugs eingebaut, von einer Fotozelle abgefeuert wurden. Die Idee bestand darin, dass das damit ausgerüstete Flugzeug unter eine Bomberformation fliegen sollte, wo dann die Kanonen automatisch ausgelöst wurden. Soweit bekannt wurde, ist das SG 116 nie in einer Me 262 erprobt

Ein Sondergerät SG 116 Zellendusche mit drei nach oben feuernden Läufen, eingebaut im Rumpf einer Fw 190, die zum Waffenerprobungskommando 25 in Parchim, Juli 1944, gehört. Es war vorgeschlagen, solche Waffen auch in die Me 262 einzubauen.

worden, doch bei der Erprobungsstelle Tarnewitz und bei der JGr 10 wurde diese Waffe mit der Fw 190 getestet.

Eine Anzahl von Luft-Luft-Raketen sollte ebenfalls von der Me 262 benutzt werden. Die erste dieser Waffen mit der man das Flugzeug ausrüstete, war die 21-cm-Werferrakete WGr 21. Sie war drallstabilisiert und wurde aus einem Rohr verschossen. Abgeleitet aus einer Heereswaffe, hatte sie eine Länge von 1260 mm, wog 110 kg, der Sprengkopf explodierte in einer voreingestellten Entfernung zwischen 600 und 1200 m. Die Rakete war schon in verschiedenen Kolbenmotorjägern im Kampf eingesetzt worden. Ihr panikauslösender Effekt hatte sich als sehr wirkungsvoll zum Zerschlagen enger Bomberverbände erwiesen, aber sie war nicht sehr treffgenau. Ihr Hauptmangel bestand im Mangel an Geschwindigkeit (maximal 320 m/s), was das Treffen extrem erschwerte, meist explodierte sie wirkungslos entweder vor oder hinter dem Ziel. Als provisorische Maßnahme wurden zwei dieser Waffen an den Bombenträgern der Me 262 montiert und beim Geschwaderstab des JG 7 im Einsatz erprobt.

Eine sehr viel erfolgversprechendere Waffe war die 55-mm-Rakete R4M Orkan mit Klappflossen. Sie war 812 mm lang, wog knapp 4 kg und war mit einer maximalen Geschwindigkeit von 525 m/s viel leichter zu zielen. In der Einsatzform montierte man zwölf R4M in einer hölzernen Abschussschienenhalterung unter

Eine Fw 190 beim Bodenversuchsabschuss einer 21-cm-Werfergranate auf der Erprobungsstelle Tarnewitz. Waffenwarte sichern und schließen die Zündleitungen für eine 21-cm-WGr in ihrem Abschussrohr unter dem Flügel einer Fw 190 an. Während der zweiten Jahreshälfte 1943 und bis 1944 wurde diese einfache und nicht sehr wirkungsvolle Waffe von konventionellen Jägern im Einsatz gegen schwere USAAF-Bomber in der Reichsverteidigung verwendet. Später brachte man beim Geschwaderstab des JG 7 ein Paar dieser Abschussrohre auch an einigen von deren Me 262 an.

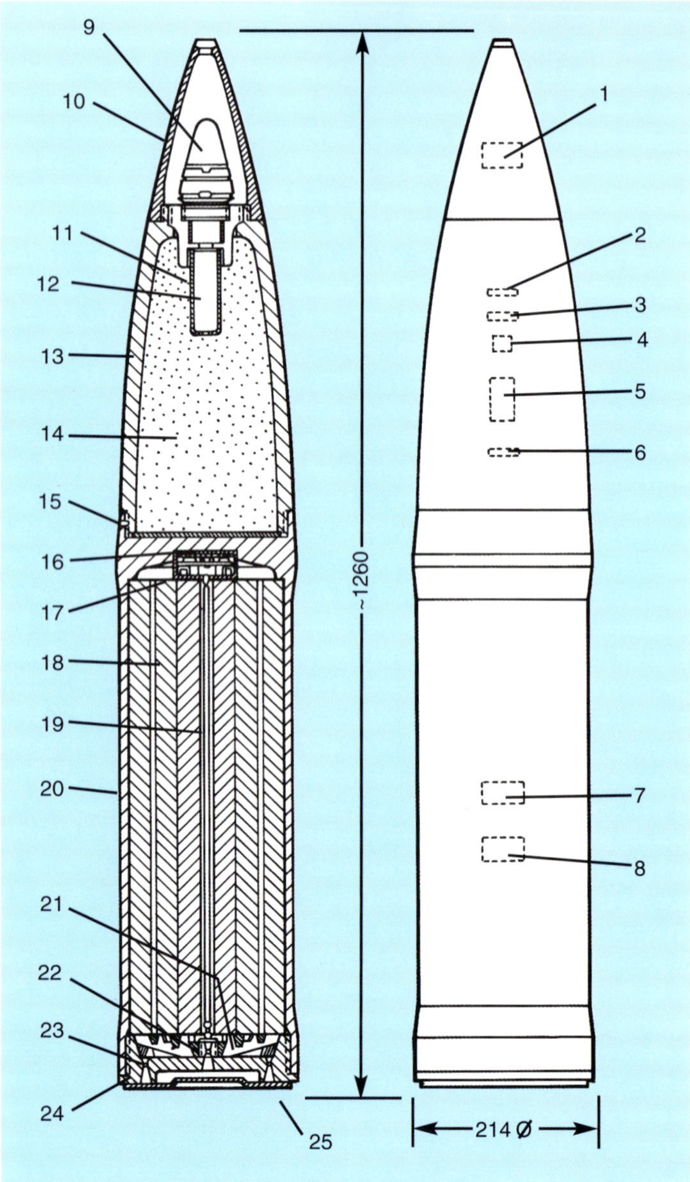

Erläuterungen zur 21-cm-Luft-Luft-Werfergranate WGr 21

1. Zündertypenschild
2. Identifikationsziffer der Ladung. Monat und Jahr der Herstellung aufgdruckt.
3. Ort, Tag, Monat und Jahr der Montage und Code-Nummer des verantwortlichen Herstellers (a)
4. Identifikationszahl für die Sprengstoffart
5. Gewichtsklasse in römischen Zahlen (a)(b) der montierten Granate
6. Ort, Tag, Monat, Jahr der Herstellung der Granate
7. Hersteller-Code, Seriennummer, Herstellungsjahr der Treibladung
8. Ort, Tag, Monat und Jahr der Montage der Treibladung
9. Zeitzünder S/30 und Raketen-Kombinationszünder S/60
10. Nasenkegel
11. Adapter
12. Zündverstärker 36 F
13. Sprengkopf
14. Sprengladung
15. Verschraubung
16. Zünder 65
17. Grundplatte
18. Treibladung (7 Löcher)
19. Zündschnur
20. Mantel
21. Pulverträge
22. Aluminium
23. Zündring
24. Tangentialdüsen
25. Verschlussplatte

Anmerkungen: Die Granate war in RLM 01 (Grau) gestrichen.
(a) in Schwarz überlagert (b) an zwei gegenüberliegenden Seiten

Die Luft-Luft-Rakete R4M Orkan mit 55 mm Kaliber. Diese Waffe wurde 1945 mit erheblicher Wirkung von den Me 262-Jagdeinheiten gegen schwere Bomber eingesetzt.

jedem Flügel der Me 262. Sie wurden in vier Salven von je 6 Raketen im Abstand von 0,07 Sekunden aus 600 m Entfernung vom Ziel abgefeuert. Die Raketen streuten nach dem Abschuss etwas, was einen Schusskegel mit einem Durchmesser ergab, der etwa einem viermotorigen Bomber entsprach. Der Sprengkopf von einem halben Kilo mit Aufschlagzünder war ausreichend, bei einem Treffer einen Bomber abzuschießen. Gegen Ende des Krieges liefen Arbeiten zur Entwicklung von Abschussschienen, die es der Me 262 erlaubt hätten, 48 dieser Raketen zu tragen, zusammen mit Mehrfach-Wabenwerfern und dem automatischen Raketenwerfer RA 55. Die Fertigung einer verbesserten Version der Rakete unter der Bezeichnung R4Hl – „Hl" stand für Hohlladungs-Sprengkopf – war ebenfalls vorgesehen. Diese hatte eine Reichweite von 300 bis 500 m und sollte gegen Panzer und andere gepanzerte Fahrzeuge eingesetzt werden.

Als weitere ungelenkte Rakete war die Rheinmetall-Borsig R 100 BS für die Me 262 projektiert. Diese sollte einen Bomberverband von außerhalb des Einsatzbereichs der Begleitjäger treffen können. Die R 100 BS war eine große Waffe mit einem Kaliber von 210 mm, einer Länge von 1840 mm und einem Gewicht von 110 kg. Sie hatte eine maximale Geschwindigkeit von 450 m/s und eine Reichweite von 2000 m. Zur Lösung des Problems der Treffergenauigkeit, die bei der WGr 21 nicht ausreichte, war bei Arado unter Leitung von Dipl.-Ing. Kurt Bornemann, dem Chefingenieur der Firma für Flugzeugbewaffnung, das automatische Zielsystem Oberon entwickelt worden. Es bestand aus einem Funkmessgerät FuG 218 Neptun mit nach vorn gerichtetem Strahl im angreifenden Flugzeug. Vor dem Angriff stellte der Flugzeugführer die Flugzeit der Rakete auf dem Zielrechner und dem Zeitzünder ein. Nachdem er dies getan hatte, musste er nur noch das Ziel in seinem Visier halten, das Radar maß dessen Abstand, der Rechner die Annäherungsgeschwindigkeit. Wenn der Jäger den errechneten Abschusspunkt erreichte, wurde die Rakete automatisch abgefeuert. Wenn sie dann noch etwa 80 m vom Ziel entfernt war, brachte der Zeitzünder den Sprengkopf zur Detonation. Dieser bestand aus 460 Brandsplittern, die kegelförmig aus dem Kopf der Rakete geschossen wurden. Diese waren so konstruiert, dass sie in die Kraftstoffbehälter des Ziels drangen und dort den

Zwei Fotos des Bombentorpedos BT 400, dessen Vorteile in der relativ kurzen Herstellungszeit und der Verfügbarkeit seiner Eisenmetallkomponenten bestand. Der Bombentorpedo war entwickelt worden, um die von Jagdbombern gegen Schiffe eingesetzten Bomben abzulösen. Die Bombe hatte eine Länge von 2946 mm bei einem maximalen Durchmesser von 378 mm. Ihre Gesamtmasse betrug 435 kg, wovon 200 kg auf die Sprengladung entfielen.

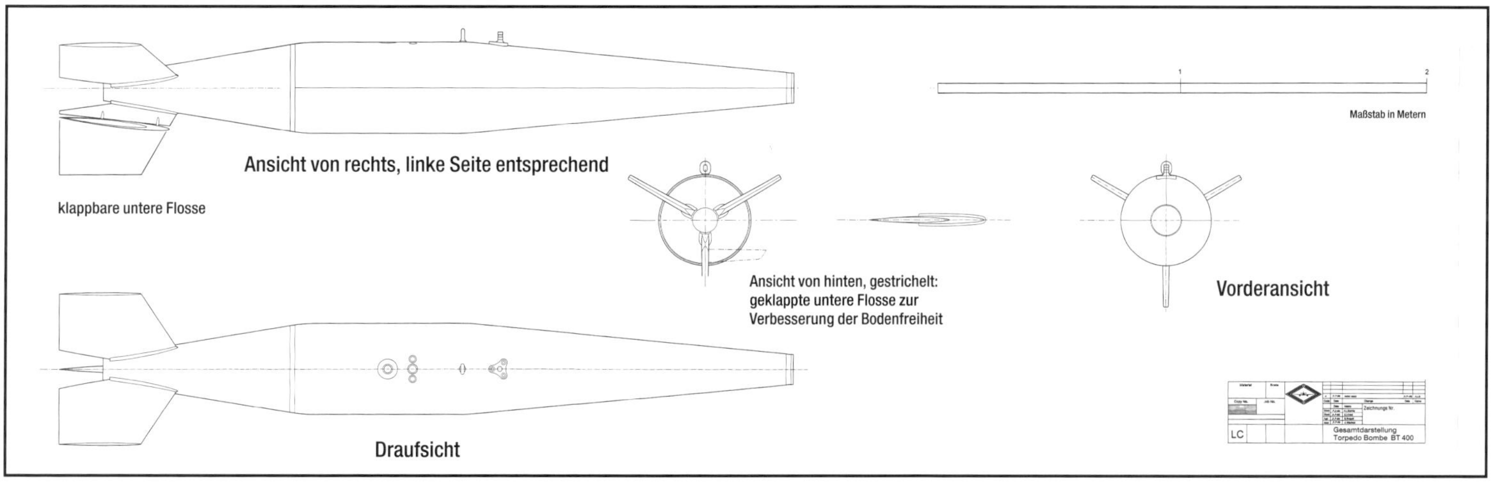

Treibstoff entzündeten. Es war geplant, dass die Me 262 an den Rumpfträgern aufgehängt zwei dieser wirkungsvollen Waffen tragen sollte. Doch kam sie vor dem Ende des Krieges nicht mehr zum Einsatz. Das sehr fortschrittliche Oberon-Konzept wäre allerdings anfällig für Störungen durch alliierte Gegenmaßnahmen gewesen.

Eine weitere, für die Me 262 vorgeschlagene Waffe, war der Bombentorpedo BT 400. Er war entworfen worden, um die Bomben für schnelle Jagdbomber beim Einsatz gegen Schiffe abzulösen, konnte aber auch gegen Landziele verwendet werden. Die Bombe bestand aus einer langen, vorn abgeschnittenen Nase mit einem zylindrischen Mittelteil und einem hinten schmaler werdenden Heckteil an dem drei Stabilisierungsflächen befestigt waren. Sie sollte auf einer flachen Flugbahn ins Wasser tauchen, dort ohne Abweichungen mit hoher Geschwindigkeit so weit wie möglich weiterlaufen. Verglichen mit dem Torpedo LT F5 hatte der BT 400 den Vorteil, hauptsächlich aus leichter erhältlichem Eisenmetallen zu bestehen und nur 60 Fertigungsstunden anstelle von 2000 zu benötigen. Die Bombe wog insgesamt 400 kg, wovon die Hälfte auf den hochexplosiven Kampfkopf entfiel. Es war vorgesehen, den BT 400 mit Hilfe des Bombenvisiers TSA 2D abzuwerfen.

Die Luft-Luft-Lenkrakete Henschel Hs 298. Davon wurden zwei Varianten gebaut: die Hs 298 V1 mit 30 Grad Flügelpfeilung und die größere Hs 298 V2 mit 38 Grad Pfeilwinkel.

Versuchsanbau der Hs 298 unter der Tragfläche einer Do 217 N. Es war geplant, drei dieser Raketen an der Me 262 zu verwenden.

Zusätzlich zu den bereits genannten Waffen, hatte man zwei gelenkte Luft-Luft-Raketen für den Einsatz mit der Me 262 vorgeschlagen, die Ruhrstahl X-4 und die Henschel Hs 298. Die X-4 war zwei Meter lang, hatte einen schlanken zigarrenförmigen Körper mit vier mittig angebauten rückwärts gepfeilten Stabilisierungsflächen und vier kleinen Heckflossen. Zwei der Flächen, die sich gegenüber lagen, trugen stromlinienförmige Behälter mit den Spulen für die Drahtsteuerung und in den vier Heckflossen waren Spoiler zur Steuerung. Die Rakete sollte von einem speziell entwickelten Flüssigtreibstoff-Raketenmotor BMW 109-548 mit 140 kp Schub angetrieben werden. Die einfache direkte Drahtsteuerung benutzte zwei 5,5 km lange Übertragungsleitungen, die sich von den Spulen in den Flächen abrollten. Das Trägerflugzeug war mit dem Sender FuG 510 Düsseldorf ausgerüstet, der über einen einfachen Steuerhebel vom Flugzeugführer bedient wurde. Die Rakete selbst trug den Empfänger FuG 238 Detmold.

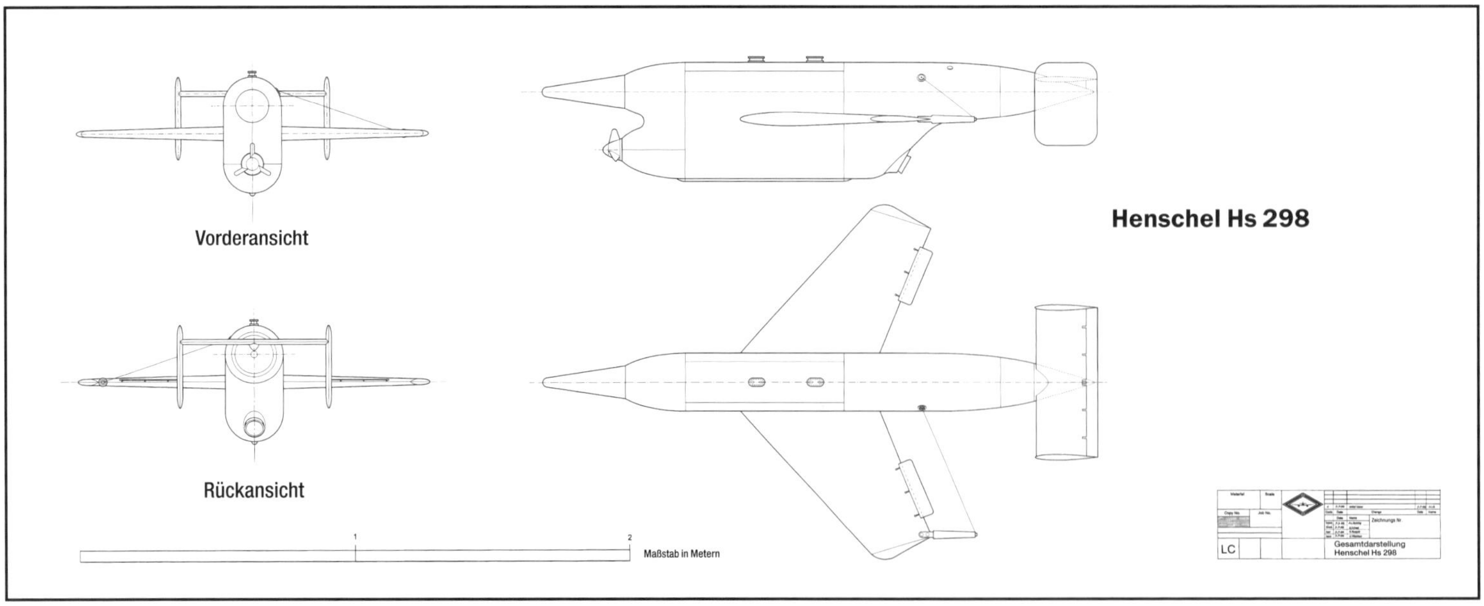

Die ersten Versuchsabschüsse der X-4 (8-244) von einer Ju 88 erfolgten im August 1944 in Karlshagen (Peenemünde). Die Me 262 sollte mit vier dieser Raketen unter den Flächen an Trägern ETC 70/C-1 ausgerüstet werden. Die Zerstörung nahezu aller Triebwerke BMW 548 bei einem alliierten Bombenangriff auf die Fabrik des Herstellers in Stargard verhinderte den Kampfeinsatz der Rakete. Dieser Rückschlag veranlasste den Antriebsspezialisten Professor Gladenbeck, ein Feststofftriebwerk für die Rakete zu entwickeln. Im Januar 1945 wurde ihm eine Me 262 für Versuche zur Verfügung gestellt. Gerd Lindner machte einige wenige Versuchsflüge in einer Me 262 (W.Nr. 111994) mit zwei X-4 unter den Flächen, Abschussversuche fanden jedoch nicht mehr statt.Die Hs 298 wurde von Dr. Max Kramer bei der DVL Ende 1942 entwickelt. Sie entsprach im Konzept der X-4, war jedoch weniger leistungsfähig. Es gab zwei Konfigurationen, die Hs 298 V-1 mit einem um 30 Grad rückwärts gepfeilten Flügel und die V-2 mit 38 Grad Pfeilung. Die Rakete wurde von einem Feststoffraketenmotor Schmidding 109-543 angetrieben und hatte eine Funkfernsteuerung. Das erste Versuchsmodell wurde im Mai 1944 gestartet, doch obwohl über 300 hergestellt worden waren, strich man das Modell zu Gunsten der X-4. Es war geplant gewesen, dass drei Hs 298 von der Me 262 getragen werden sollten, zwei unter den Flächen und eine unter dem Rumpf. Spezielle Träger dafür befanden sich bei der Firma MWH in Entwicklung.

Mitte Oktober 1944 gab es Vorschläge, einen 900-Liter- oder 500-l-Treibstoffbehälter, oder eine 1000-kg-Bombe hinter der Me 262 in einer starren, sogenannten „Deichselschlepp"-Anordnung zu ziehen. Dabei trugen die Bombe bzw. der Kraftstoffbehälter einen darüber montierten Hilfsflügel und rollten auf einem zweirädrigen Startwagen. Das Ganze war mit einem 6 m langen Rohr am Heck der Me 262 befestigt, wobei ein Kardangelenk sowohl vertikale als auch horizontale Bewegungen erlaubte. Nach dem Abheben wurden die Starträder durch Zündung eines Sprengbolzens abgeworfen und nach dem Erreichen des Zielgebiets ging das Flugzeug in einen Sturzflug, wo dann der Flugzeugführer mit dem normalen Revi-Zielgerät die Bombe mit einem weiteren Sprengbolzen absprengte. Wenn man anstelle der Bombe einen Treibstoffbehälter schleppte, lief die Kraftstoffleitung durch die hohle Zugstange zu den Behältern der Maschine.

Nach der Reparatur der Me 262 V10, die bei einem Luftangriff auf Leipheim am 12. September beschädigt worden war, flog sie am 22. Oktober die ersten Versuche mit einer 500-kg-Bombe im Schlepp. Später wurde auch eine 1000-kg-Waffe untersucht, was aber einige Probleme verursachte. Der Messerschmitt-Einflieger, der die Flugversuche mit der Deichselschleppanordnung flog, stellte fest, dass die größere Bombe zu gefährlichen wellenförmigen Schwingungen neigte. Einmal versagte der Bombenabwurf mit dem Sprengbolzen und Lindner war gezwungen mit der noch angehängten Bombe zu landen. Bei einem anderen Versuchsflug brach bei einem zu engen Turn die Schleppstange ab und beschädigte das Rumpfheck. Trotzdem meinte Lindner, dass mit einer verbesserten Fläche und einer zusätzlichen senkrechten Flosse, gute Ergebnisse mit der geschleppten Bombe erzielt worden wären.

Eine weitere außerordentlich erfolgversprechende Hilfe für den Jagdflieger in der Me 262 war das von Askania entwickelte Kreiselvisier EZ 42 Adler. Dieses Visier berechnete automatisch den erforderlichen Vorhaltewinkel, der zum Treffen des Zieles erforder-

Wegen des bedeutend geringeren Gewichts der X-4 gegenüber der Hs 298, war vorgesehen, vier dieser Raketen unter die Me 262 zu montieren. Ein Flugzeug, die W.Nr. 111994, wurde mit zwei dieser Waffen ausgerüstet und von Gerd Lindner vor dem Ende des Krieges geflogen. Es war jedoch zu spät, um zu einem Kampfeinsatz zu kommen.

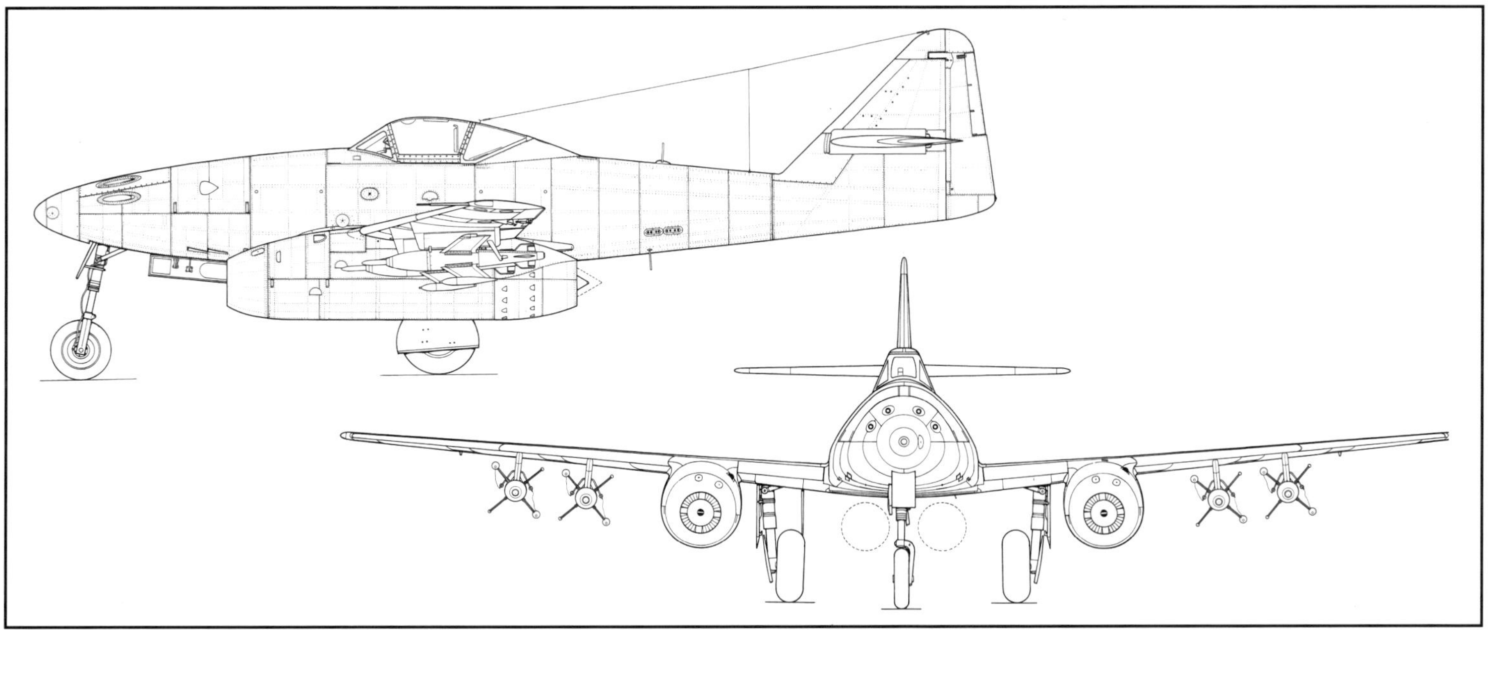

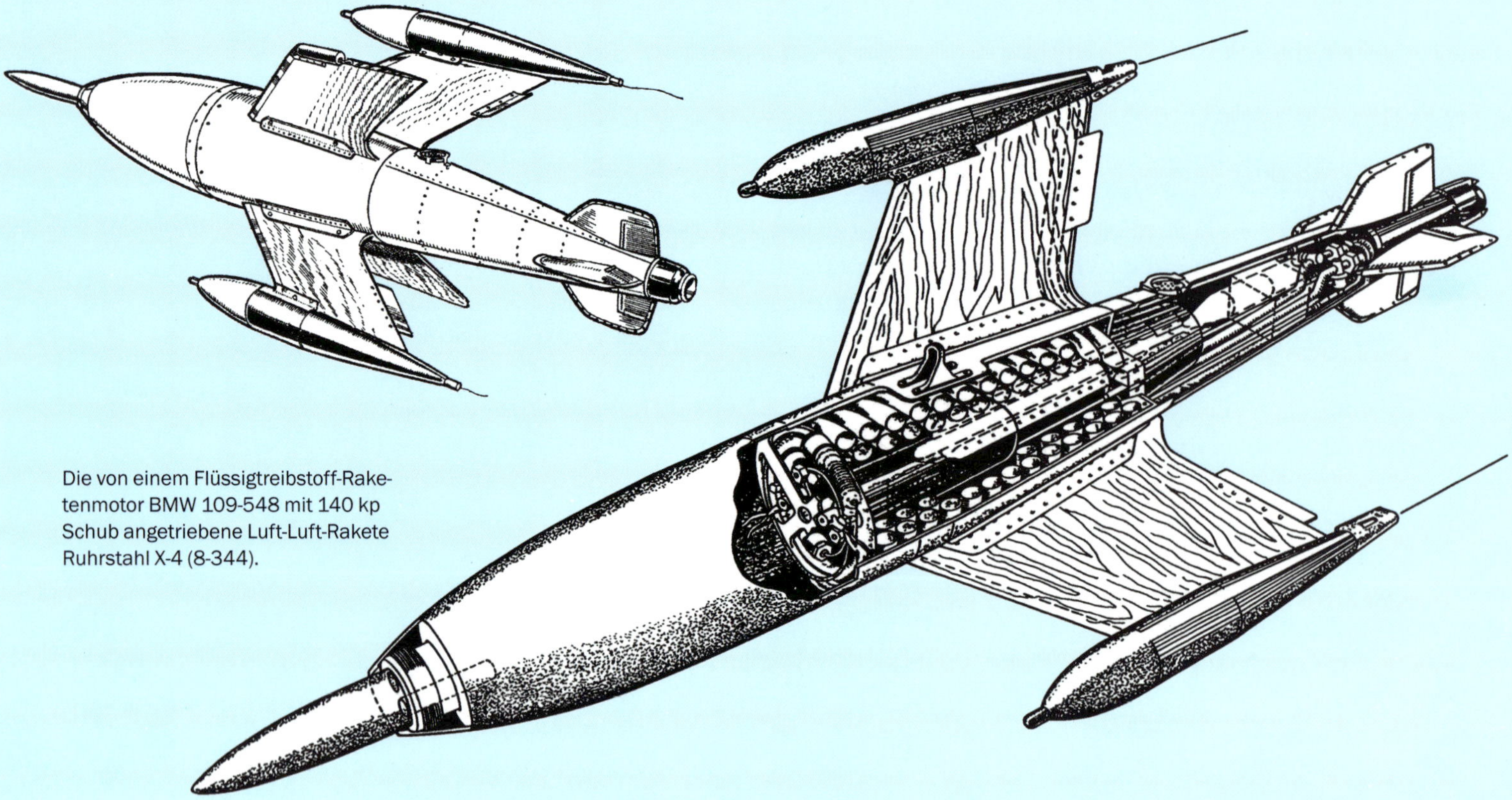

Die von einem Flüssigtreibstoff-Raketenmotor BMW 109-548 mit 140 kp Schub angetriebene Luft-Luft-Rakete Ruhrstahl X-4 (8-344).

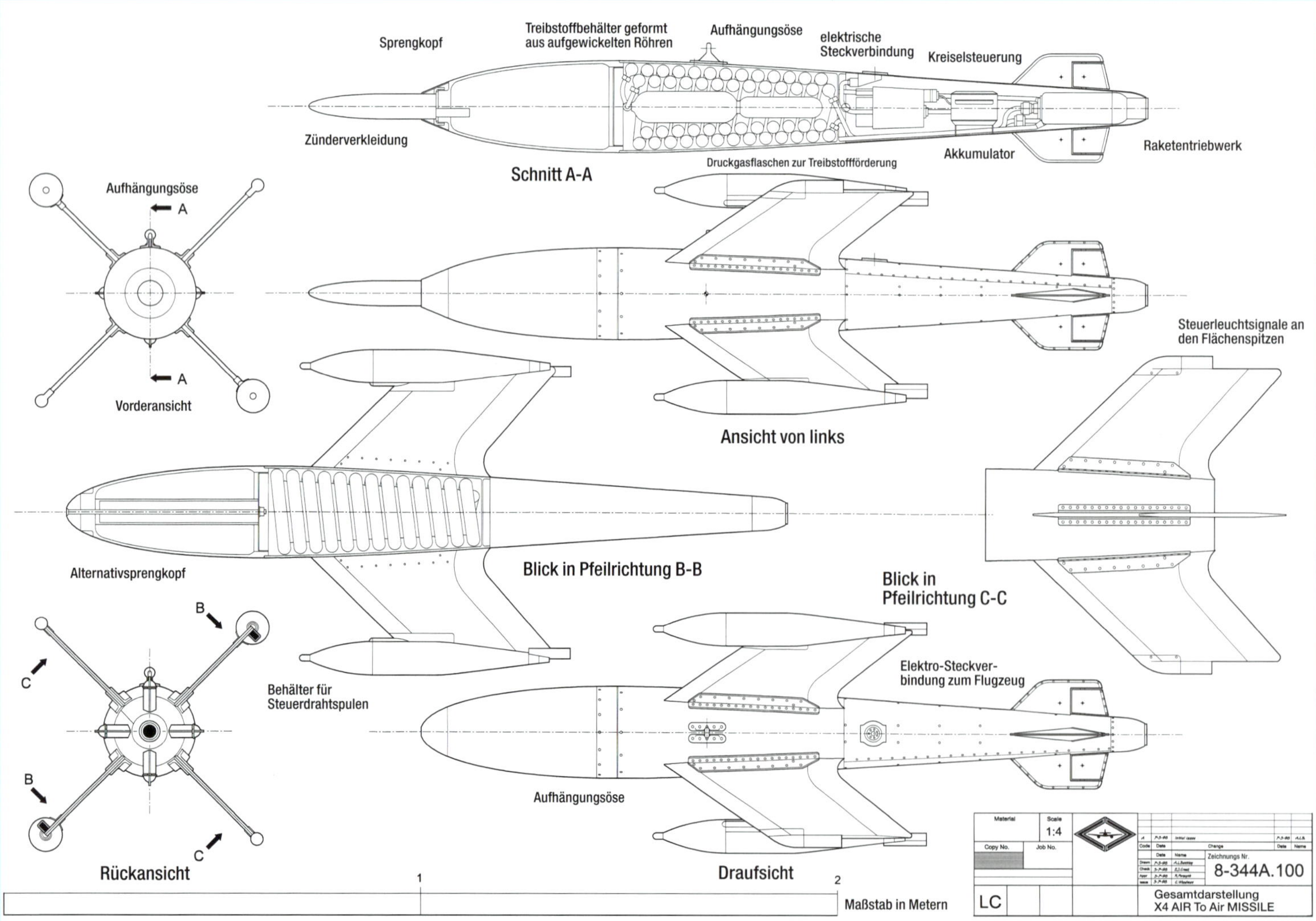

Eine Fw 190 A-8 der Erprobungsstelle Karlshagen, aufgenommen im November 1944. Das Flugzeug wurde mit zwei ETC 71-C1 Flächenträgern ausgerüstet, die je eine Ruhrstahl X-4 Luft-Luft-Rakete trugen. Gerd Lindner führte einige Versuchsflüge mit der Me 262 W.Nr. 111994 aus, die ebenfalls mit X-4 ausgerüstet war.

Einsatz:
Die X-4-Rakete am Unterflügel-Träger ETC 71-C1 einer Fw 190 der Erprobungsstelle Karlshagen im November 1944. In den ETC 71-C1 war ein Verzögerungsschalter eingebaut, der erst reagierte, nachdem die Rakete nach dem Abwurf eine kurze Distanz durchfallen hatte. Dieser Schalter diente auch der Stromversorgung zum Scharfmachen des Sprengkopfs und Zündung des Raketenmotors.

Links:
Abbildung der Steuereinheit der X-4, wie sie im Instrumentenbrett einer Fw 190 eingebaut war. Der Flugzeugführer hatte eine Armlehne auf der Steuerbordseite der Kabine zur bequemeren Bedienung des Geräts. Der Abschussknopf für die Rakete befand sich links oben am Steuerknüppel.

Messerschmitt Me 262 V 10 W.Nr. 130005

Die Schleppkupplung unter dem Seitenruder der Me 262 V10, welche die 4 m lange Schleppstange hielt.

Eine 1000-kg-Bombe, befestigt am Heck der Me 262 V10 mit einer Starrschleppvorrichtung. Dieses Foto zeigt die über der Bombe montierte Hilfstragfläche und das abwerfbare Radfahrgestell darunter. Die Aufnahme entstand unmittelbar vor dem Schaden beim dritten Flug.

Gerd Lindner startet in der Me 262 V10, W.Nr. 130005, zu einem weiteren Test mit der geschleppten 1000-kg-Bombe. Die Versuche wurden abgebrochen, als sich herausstellte, dass die Bombe zum Tauchstampfen neigte. Dieses wurde bei einem Flug so stark, dass Lindner gezwungen war, mit dem Fallschirm abzuspringen. Daraufhin wurde ein weiteres Flugzeug zum Versuchsprogramm herangezogen, doch konnten die Schwierigkeiten bei dieser Deichselschleppanordnung nie ganz behoben werden.

Neben den Starrschleppversuchen mit Bomben, wurde auch daran gedacht, die Me 262 zum Schleppen einer triebwerkslosen Version der V-1 unter der Bezeichnung Sondergerät SG 5041 einzusetzen. Dieses wurde von einer Forschungsgruppe der DFS in Neuburg an der Donau mit einer großen Verkleidung unter dem Rumpf, in der sich die Schleppausrüstung befand, und mit einem festen abgestrebten Fahrwerk gebaut. Die Schleppversuche, die nicht sehr befriedigend verliefen, erfolgten mit der Ar 234 V8, doch das SG 5041 sollte auch von der Me 262 geschleppt werden. Im Hintergrund des Fotos ist die Me 262 V10 sichtbar.

Die Me 262 V10, W.Nr. 130005, im Steigflug beim Schlepp einer 500-kg-Bombe im sogenannten Starr- oder Deichselschleppverfahren über Lechfeld im Oktober/ November 1944 mit Gerd Lindner am Steuer.

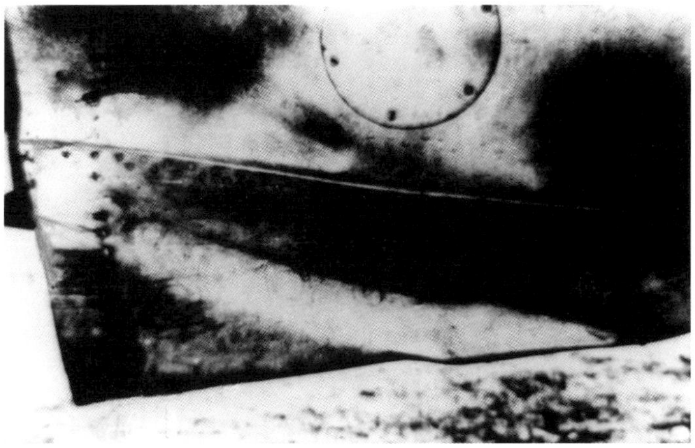

Nahansicht des Hinterrumpfs der Me 262 V10, welche die Verkleidung des Bombenschleppmechanismus zeigt, der beim dritten Flug, am 21. November 1943, beschädigt wurde.

Die Me 262 V10, W.Nr. 130005, wurde für verschiedene Experimente benutzt, einschließlich des Anbaus von zwei hölzernen Versuchs-Abwurfbehältern. Die Untersuchungen zeigten jedoch, dass diese Tanks stark leckten, so dass man sie schnell verwarf.

lich war, wenn beide Flugzeuge manövrierten. Es verlieh so dem Durchschnittspiloten die Fähigkeiten, die bis dahin nur wenige „Experten“ besaßen. Obwohl geplant war, 150 Me 262 im Januar 1945 mit dem EZ 42 auszurüsten, wurden nur wenige Maschinen des JV 44 überhaupt mit dem Visier versehen. Durch falsche Installation konnte das Visier jedoch oft nicht richtig verwendet werden und musste dann wie ein konventionelles Reflexvisier benutzt werden. Das Zeiss-Ikon-Werk in Dresden-Striesen stellte die optischen Teile für das EZ 42 her. Als es in der Nacht vom 13. zum 14. Februar 1945 bei einem Angriff schwere Bombenschäden erlitt, gingen die Lieferungen entsprechend zurück.

Zu anderen für den Einbau in die Me 262 entwickelten Ausrüstungsstücken gehörten eine Druckkabine, ein Schleudersitz, ein Bremsschirm und die Möglichkeit, zwei 600-Liter-Abwurftanks zu tragen. Wie bei anderen deutschen Flugzeugen dieser Periode war vorgesehen, das Funkgerät FuG 16 ZY durch das modernere FuG 15 zu ersetzen. Verschiedene Flugzeuge erhielten auch die Tiefsturzanlage (Bombenzielgerät) TSA 2 und die Kurssteuerung K 22. Ebenso war vorgesehen, die SMK 16 (motorgetriebene 16-mm-Schußmeßkamera) für die Kontrolle der Schießergebnisse einzuführen.

Im Januar 1945 erschien ein Bericht der DFS Ainring, in dem die Installation von zwei Staustrahlrohren auf der Tragfläche über den Strahltriebwerken der Me 262 vorgeschlagen wurde. Die von Dr. Eugen Sänger entwickelten Staustrahltriebwerke sollten einen Durchmesser von 1,13 m und nicht weniger als 5,9 m Länge haben und den normalen J2-Treibstoff benutzen. Die folgenden Leistungsverbesserungen der Me 262 wurden erwartet:

1. Verringerung der Steigzeit auf 10.000 m von 26 Minuten auf 6 Minuten.
2. Ein Anstieg der maximalen Horizontalgeschwindigkeit um bis zu 200 km/h.
3. Eine Vergrößerung der Dienstgipfelhöhe um nahezu 4000 m.

Auf der Negativseite standen eine Verringerung von Reichweite und Flugdauer bei vorgegebenem Kraftstoffvorrat. Zum Beispiel wäre die Reichweite in einer Höhe von 10.000 m von 1400 km auf 470 km gesunken und die Flugdauer von 145 auf 50 Minuten. Staustrahltriebwerke waren auf Versuchsträgern Do 17 und Do 217 erprobt worden. Zu einem Einbau in die Me 262 kam es vor Kriegsende jedoch nicht mehr.

Ein Mangel vieler früher Strahlflugzeuge war deren Tendenz um die Längsachse zu schwingen. Nach dem Krieg stellte Lt. Cmdr. Eric Brown vom Royal Aircraft Establishment dazu fest: „Wir hatten große Schwierigkeiten mit Längsschwingungen bei der Meteor I, und Lindner stellt eine fast identische Geschichte längerer Versuche dar, die nötig waren, die Tendenz der Me 262 zu Schwingungen um die Längsachse zu beseitigen. Es hatte sich herausgestellt, dass die Schwingungen in unruhiger Luft in Folge zu geringerer Leitwerksfläche auftraten, die dem Entwurf eigen waren.“[2]

Diese Längsschwingungen traten für 1,3 bis 1,9 Sekunden bei 700 km/h auf und wurden durch unruhige Luft verstärkt. Sie waren nicht von feststellbaren Ruderbewegungen begleitet und bei geringeren Geschwindigkeiten weniger störend, da sich dann die Schwingungsdauer verlängerte. Ein überraschender Effekt bei diesem Problem bestand darin, dass es sich mit weiter hinten liegendem Schwerpunkt der Maschine auffallend verschlimmerte. In einem Versuch, die Dauer dieser Schwingung künstlich zu vergrößern, wurde ein Versuchsmuster der Me 262 mit einem oben um ein Sechstel gekürzten Seitenleitwerk geflogen.

Bei einem anderen Versuchsmuster war nicht weniger als ein Drittel von Seitenflosse und -ruder entfernt. Diese Änderungen verringerten zwar den Schwingungseinfluss erheblich, doch war die verbliebene Seitenleitwerksfläche nicht ausreichend, um die asymmetrischen Effekte eines Triebwerksausfalls auszugleichen. Mit dem normalen Seitenleitwerk betrug die minimale Geschwindigkeit bei der die Maschine mit einem Triebwerk steuerbar war, 260 km/h, mit dem gekappten Leitwerk stieg diese auf unakzeptable 320 km/h. Zu weiteren Versuchen zur Verbesserung der Längsstabilität gehörte der Aufbau einer schmalen Flosse auf dem Vorderrumpf, die sogar bis auf 0,88 m^2 vergrößert werden sollte. Die kleinere wurde erprobt, doch die zweite blieb, soweit bekannt ist, nur ein Projekt. Die beiden Versuchsmuster für diesen Anbau, waren die Me 262 V-056 (W.Nr. 170056) und V-167 (W.Nr.130167).

Das von Askania und Carl Zeiss entwickelt und hergestellte Kreiselvisier EZ 42 erwies sich als unpopulär und ineffektiv. Es wurde einsatzmäßig von wenigstens einem Flugzeugführer des JG 7 und einigen des JV 44 benutzt, jedoch bald abgelehnt.

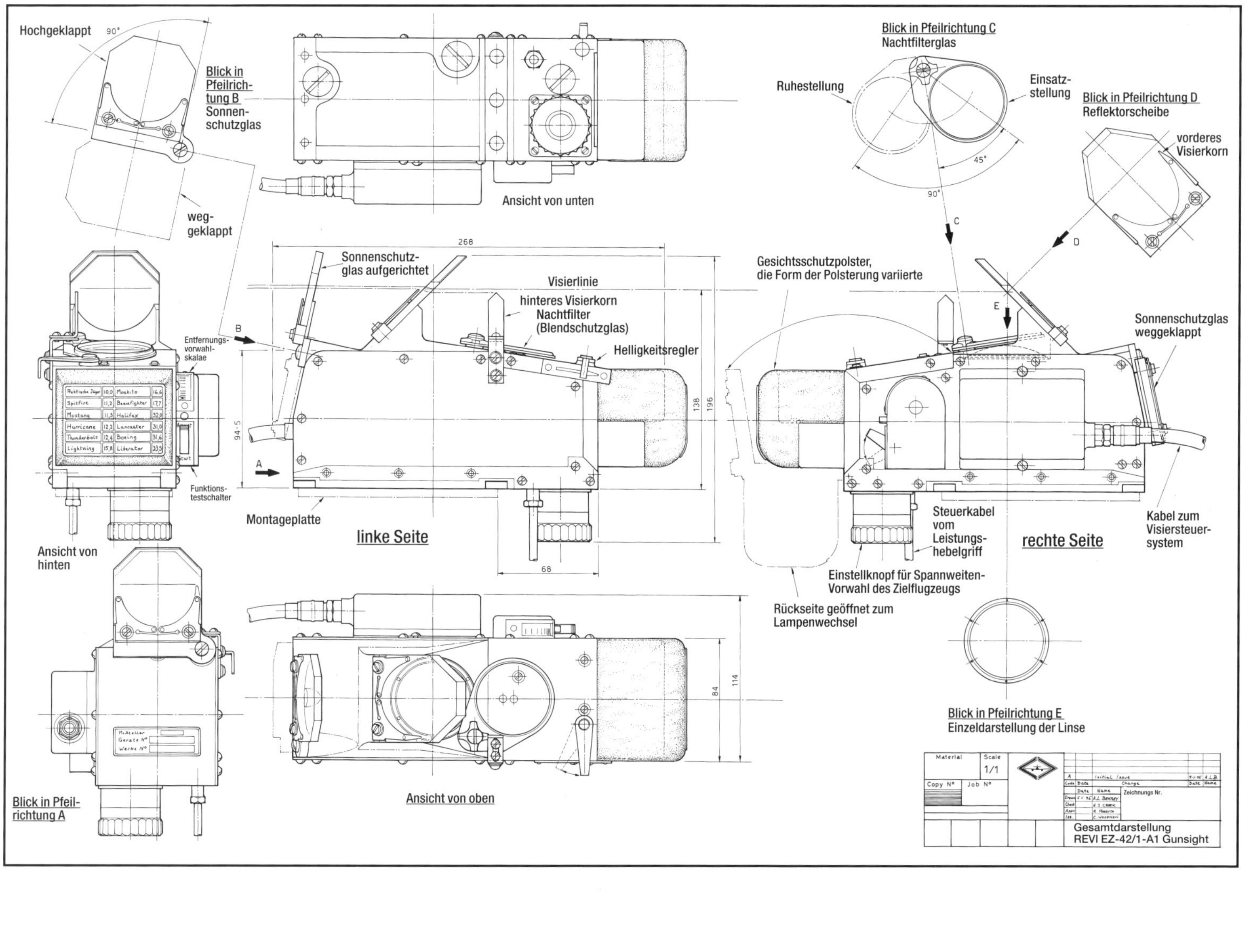

Im Januar 1945 verfasste die DFS in Ainring einen Bericht, in dem die Montage von zwei Staustrahltriebwerken über den Strahlturbinen oberhalb der Tragflächen der Me 262 vorgeschlagen wurde. Die von Dr. Eugen Sänger entwickelten Staustrahltriebwerke wurden auf einem Versuchsträger Do 217 erprobt, doch zu einem Einbau in die Me 262 kam es vor Kriegsende nicht mehr.

Nach diesen Versuchen, die im November und Dezember 1944 stattfanden, führte man drei viel weniger radikale Modifikationen ein, welche die Angelegenheit verbesserten. Dies waren:

Eine Aufdickung der Vorderkante des Seitenruders, die einen U-förmigen Schnitt erhielt, anstelle der vorherigen spitzen Form.

Anfügen von zwei Blechstreifen entlang der Hinterkante des Ruders, die nach außen gebogen waren.

Biegen der Spaltverkleidung zwischen Flosse und Ruder nach innen, wenn das Ruder zu dick war und nach außen, wenn es zu dünn war.

Auf einer am 20. Januar abgehaltenen Rüstungskonferenz, forderte Hitler eine verbesserte Bewaffnung der Jagdfliegereinheiten und speziell der Me 262. Dazu gehörten die beschleunigte Serienfertigung des EZ 42, eine schnelle Einführung der R4M-Rakete und der Kanonen MK 213 und MK 214, Verbesserung der Schussfolge der MK 108 (auf 88 Schuss/min) und ein früherer Einsatz der Me 262 A-1a/U5 mit sechs MK 108. Am 14. Februar wurde vorgeschlagen, nicht weniger als 48 R4M an der Me 262 mit Hilfe wiederverwendbarer Abschusseinrichtungen unterzubringen. Mit Ausnahme der Me 262, waren alle R4M für die Ar 234 und die He 162 zu reservieren. Auf einer weiteren Rüstungskonferenz am 22. März 1945 sagte Hitler, dass er die Jagdbomber Me 262 so schnell wie möglich zu Jägern umbewaffnen wollte. So gestand er öffentlich den Fehler ein, den er eineinhalb Jahre vorher gemacht hatte, als er hartnäckig den Rat der Experten ablehnte. Er sprach wieder darüber, schwerere Waffen für das Flugzeug einzusetzen, einschließlich der 50-mm- oder zweier 37-mm-Kanonen und R4M-Raketen. Wie in Kapitel 12 dargestellt, waren zwei Me 262 der Dezemberlieferung 1944 zum Umbau als Mistel vorgesehen. Die Idee, einen Jäger auf einen abgeflogenen Ju 88-Bomber zu setzen und die unbemannte untere Komponente, versehen mit einem Hohlladungssprengkopf, gegen ein stark befestigtes Ziel einzusetzen, war Anfang 1943 vom Junkers-Einflieger Flugkapitän Siegfried Holzbaur entwickelt worden. Die obere Maschine könnte sich nach dem Abschuss mit großer Geschwindigkeit, wie ein konventionelles Jagdflugzeug entfernen.

Im Juli 1943 bestellte das RLM 15 dieser Flugzeugkombinationen unter dem Tarnnamen Mistel. Drei verschiedene Versionen waren vorgeschlagen, die Mistel 1, bestehend aus einer Bf 109 F-4 und einer Ju 88 A-4, die Mistel 2 aus Fw 190 A-6 und Ju 88 G-1 und die Mistel 3, eine Fw 190 A-8 oder F-8 und eine Ju 88 A-4, H-4 oder G-10. Der erste Mistel-Einsatz, er wurde am 24. Juni 1944 von der 2./KG 101 geflogen, blieb aber erfolglos. Die restlichen fünf Maschinen der Einheit griffen dann den Schiffsverkehr in der Seine-Bucht an, wonach die deutsche Aufklärung vier Schiffe als versenkt meldete. Einer der ungelenkten Bomber kam aus ungeklärter Ursache vom Kurs ab und schlug bei Andover in England auf. Dann diskutierte man Pläne, ein wichtiges strategisches Ziel, wie die Basis der Royal Navy in Scapa Flow oder Wasserkraftwerke in der Sowjetunion, mit den Misteln anzugreifen. Diese Pläne warfen viele Probleme auf, so dass am Ende die meisten Mistel-Gespanne bei den verzweifelten Versuchen, Flussbrücken in Polen und Ostdeutschland zu zerstören, um den Vormarsch der sowjetischen Bodentruppen aufzuhalten, verbraucht wurden.

1944 bestand der Hauptnachteil der konventionell angetriebenen Mistel-Gespanne in ihrer Gefährdung durch Feindjäger, bevor die untere Maschine gegen ihr Ziel abgeschossen werden konnte. Deshalb entstand im November 1944 der Vorschlag, zwei Me 262 als obere und untere Komponente einer neuen Mistel 4 zu verwenden. Die obere Maschine sollte eine Me 262 A-2a/U23 mit der Bomberkanzel sein, wobei das darin

Me 262 Projekt mit zwei Sänger-Staustrahltriebwerken

Bei diesem Projekt mit zwei Sänger-Staustrahlrohren zusätzlich zu seinen Jumo 004 B-Triebwerken erwartete man einen dramatischen Anstieg der Höchstgeschwindigkeit der Me 262, der Dienstgipfelhöhe und Verringerung der Steigzeiten. Die SST sollten den gleichen Kraftstoff wie die Strahltriebwerke benutzen und man kann nur Spekulationen über die Änderung der Flugeigenschaften anstellen. Dieser bemerkenswerte Vorschlag wurde im Januar 1945 von der DFS in Ainring gemacht.

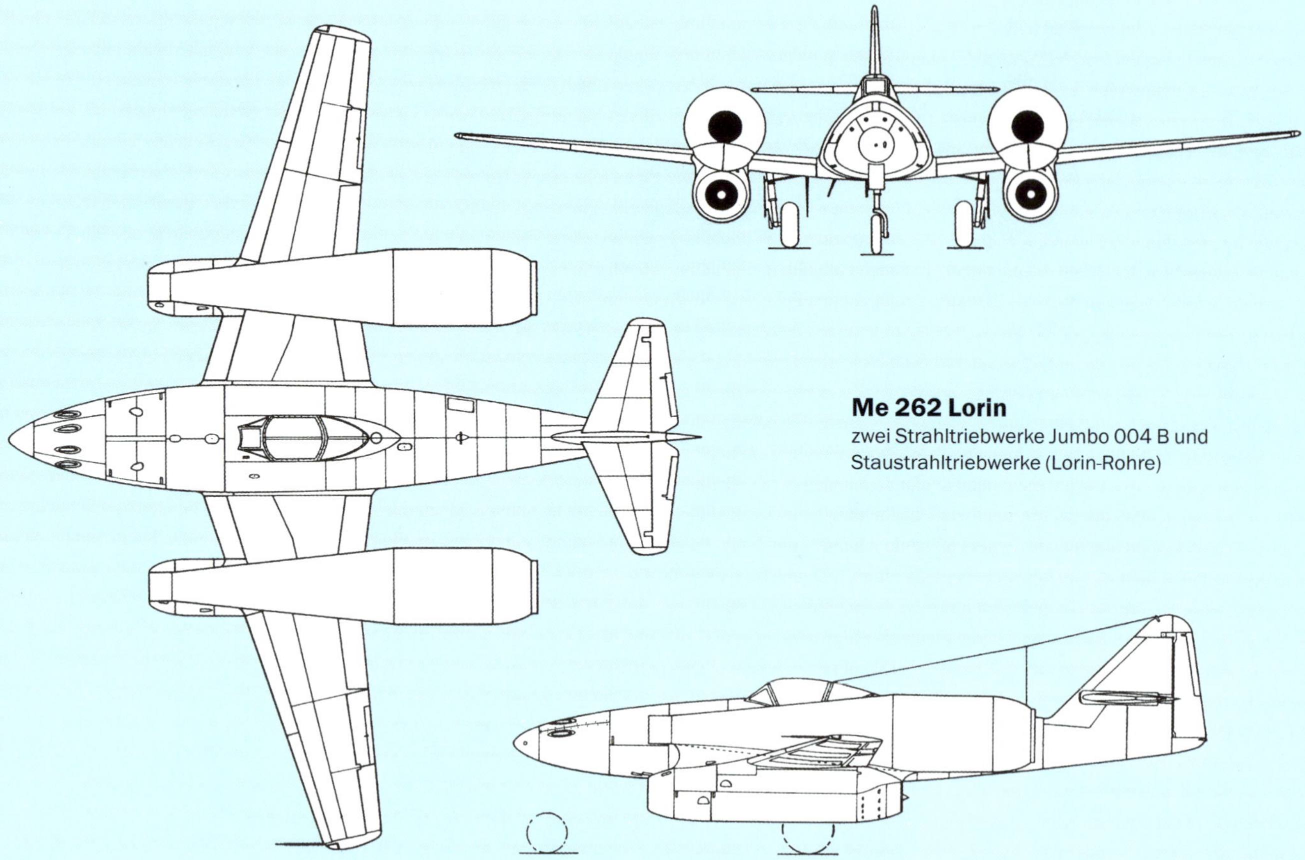

Me 262 Lorin
zwei Strahltriebwerke Jumbo 004 B und Staustrahltriebwerke (Lorin-Rohre)

Bei der Me 262-Version mit Staustrahl-Zusatzantrieb wurde eine Verbesserung der Steigzeit des Flugzeugs auf 10.000 m von 26 Minuten auf 6 Minuten erwartet, die Höchstgeschwindigkeit sollte um bis zu 200 km/h und die Gipfelhöhe um 4000 m zunehmen. Auf der Minusseite wäre die schon geringe Reichweite des Flugzeugs um etwa vier Fünftel gefallen.

liegende zweite Besatzungsmitglied die untere Maschine ins Ziel lenkte. Für die Steuermaschine war ein Startgewicht von 6985 kg mit 2570 Liter Kraftstoff berechnet worden.

Das Gespann war auf einem fünfrädrigen Startwagen von 20 Tonnen Gewicht montiert, der speziell dafür bei Rheinmetall-Borsig entwickelt wurde. Nach der Montage der unteren Me 262 auf dem Startwagen setzte man das Mutterflugzeug darüber und befestigte es auf mit Sprengbolzen versehenen Streben. Für den Start war die Hilfe von vier Walter-501-Raketen erforderlich, wobei der fünfrädrige Startwagen wie bei den frühen Ar 234-Prototypen abgeworfen werden sollte.

Es wurden drei verschiedene Versionen der unteren Komponente als Ausführung A, B und C vorgeschlagen. Die Version A sollte einen gepanzerten Kopf mit flüssigem Sprengstoff haben, die Version B hatte einen aus festem Sprengstoff geformten Bug und ebensolches Material in anderen Rumpfteilen und die Version C den Vorderrumpf der Version B aber flüssigen Sprengstoff in den anderen Bereichen. Die berechneten Gewichte sind in der beigefügten Tabelle aufgeführt. Das erste Gespann hätte eine Gesamtstartmasse von 16.900 kg, das zweite von 18.635 und das dritte 17.110 kg gehabt.

Zwei Me 262 wurden für den Umbau in das Mistel-Gespann im Dezember 1944 ausgeliefert, doch ist das Gerät vor dem Ende des Krieges nicht geflogen, soweit bisher bekannt ist. Zwei weitere Misteln (genannt Mistel 5 bzw. 6) wurden bis zum Kriegsende auch noch vorgeschlagen, eine mit der Ar 234 C-3 als oberer Maschine und die andere mit der He 162. Es gab auch einen Vorschlag, die Me 262 mit einer Ju 88 als untere Maschine (eventuell strahlgetrieben) zu verwenden. Einige Autoren behaupten auch, obwohl dies bisher dokumentarisch nicht belegt werden konnte, dass es ein Projekt einer Kombination aus Me 262 und einer Ju 287 als Sprengstoffträger gab.[4]

Am 23. März 1944 gab das Messerschmitt-Projektbüro in Oberammergau eine Reihe von Baubeschreibungen für zwei Weiterentwicklungen der Me 262 mit vergrößertem Rumpf heraus, welche die Bezeichnungen P 1099 und P 1100 trugen.

Messerschmitt P 1099

Die P 1099 war ein mehrsitziger schwerer Jäger und Zerstörer mit den Tragflächen der Me 262 und einem völlig neuen Rumpf, angetrieben von zwei Jumo 004 C-Triebwerken. Zwei Hauptvarianten waren projektiert, die man als Lösung A und B bezeichnete.

Eine im April 1945 in Staßfurt aufgenommene Mistel S-3c, bestehend aus einer Fw 190 A-8 als oberer und einer Ju 88 H als unterer Komponente.

Vorgeschlagene Mistel-Varianten

	Startmasse	Treibstoffvorrat	Sprengstoffmasse
Steuerflugzeug	6985 kg	2133 kg	ohne
Ausführung A	9917 kg	1454 kg	4460 kg
Ausführung B	11.650 kg	1494 kg	6030 kg
Ausführung C	10.125 kg	1494 kg	5210 kg

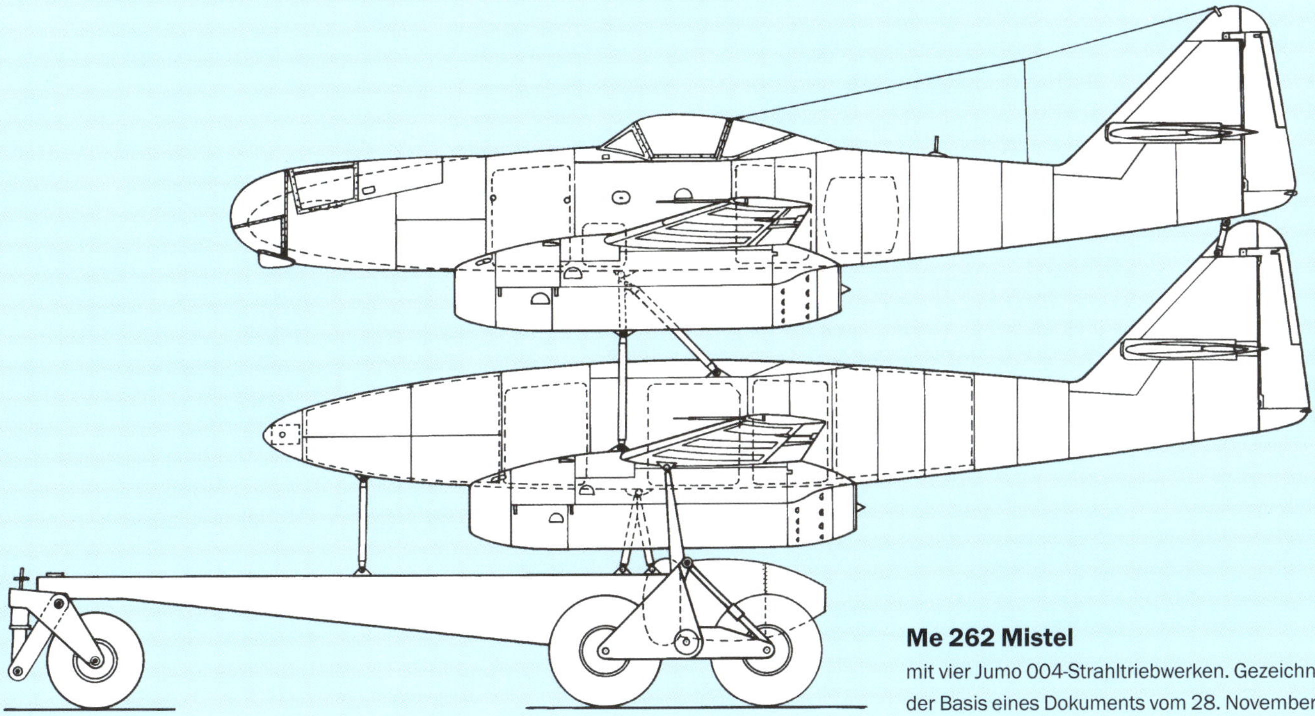

Me 262 Mistel
mit vier Jumo 004-Strahltriebwerken. Gezeichnet auf der Basis eines Dokuments vom 28. November 1944.

Die Lösung A war ein zweisitziger Jäger mit starrer Vorwärtsbewaffnung in verschiedenen vorgeschlagenen Variationen (unterschieden nach den Zeichnungsnummern):

Zeichnung Nr. XVIII/79

Jäger I –	Ausführung A Vier 30-mm-Kanonen MK 108
Jäger I -	Ausführung B Zwei 30-mm-Kanonen MK 103
Jäger I -	Ausführung C Zwei 30-mm-Kanonen MK 108 und zwei MK 103

Zeichnung Nr. XVIII/87

Jäger II -	Ausführung A Eine 30-mm-Kanone MK 108 und eine 55-mm-Kanone MK 112
Jäger II -	Ausführung B Eine 50-mm-Kanonen MK 214 A

Die Lösung B hatte ferngesteuerte Abwehrbewaffnung. Wieder waren verschiedene Variationen vorgeschlagen: Zeichnung Nr. XVIII/85

Dreisitziger Jäger mit einer MK 103Z-Zwillingskanone im hinteren Sitz, einer ferngesteuerten Lafette FPL 151 auf jeder Seite des Rumpfhinterteils und einer beweglichen Waffe FHL 151 in der Bugnase.

Zeichnung Nr. XVIII/83

Ausführung A

Schwerer Jäger mit vier starren 30-mm-Kanonen MK 108 und je einer ferngesteuerten Seitenlafette FPL 151 an beiden Seiten des Rumpfhecks mit je einer 20-mm-Kanone MG 151.

Ausführung B

Zerstörer mit starrer Vorwärtsbewaffnung aus zwei MK 103 und einer 50-mm-Kanone MK 214 und zwei FPL 151 Rumpfseitenlafetten.

Zeichnung Nr. XVIII/84

Ausführung A

Nachtjäger mit starrer Vorwärtsbewaffnung aus vier 30-mm-Kanonen MK 108 und zwei weiteren MK 108 als „schräge Musik".

Messerschmitt P 1100

Die Messerschmitt P 1100 hatte einen ähnlich vergrößerten Rumpf wie die P 1099, war jedoch als Schnellbomber entworfen. Wieder gab es Vorschläge verschiedener Varianten, die hier durch ihre jeweiligen Zeichnungsnummern identifiziert sind:

Zeichnung Nr. XVIII/70

Zwei Versionen dieses unbewaffneten Bombers wurden entworfen, die Nummer 1 hatte eine kleine nach links versetzte einsitzige Kabine und die Nummer 2 eine größere zweisitzige. Beide Varianten sollten drei 900-Liter- und zwei 600-Liter-Kraftstoffbehälter im Rumpf haben und ihre 2000 kg Bombenzuladung ebenfalls intern tragen. Letztere konnte aus jeder Kombination von einer 1000 kg- oder zwei 500-kg-Waffen in zwei getrennten Räumen hintereinander bestehen. Um das höhere Gewicht des Projekts zu realisieren, waren Hauptfahrwerkseinheiten mit zwei Rädern vorgesehen.

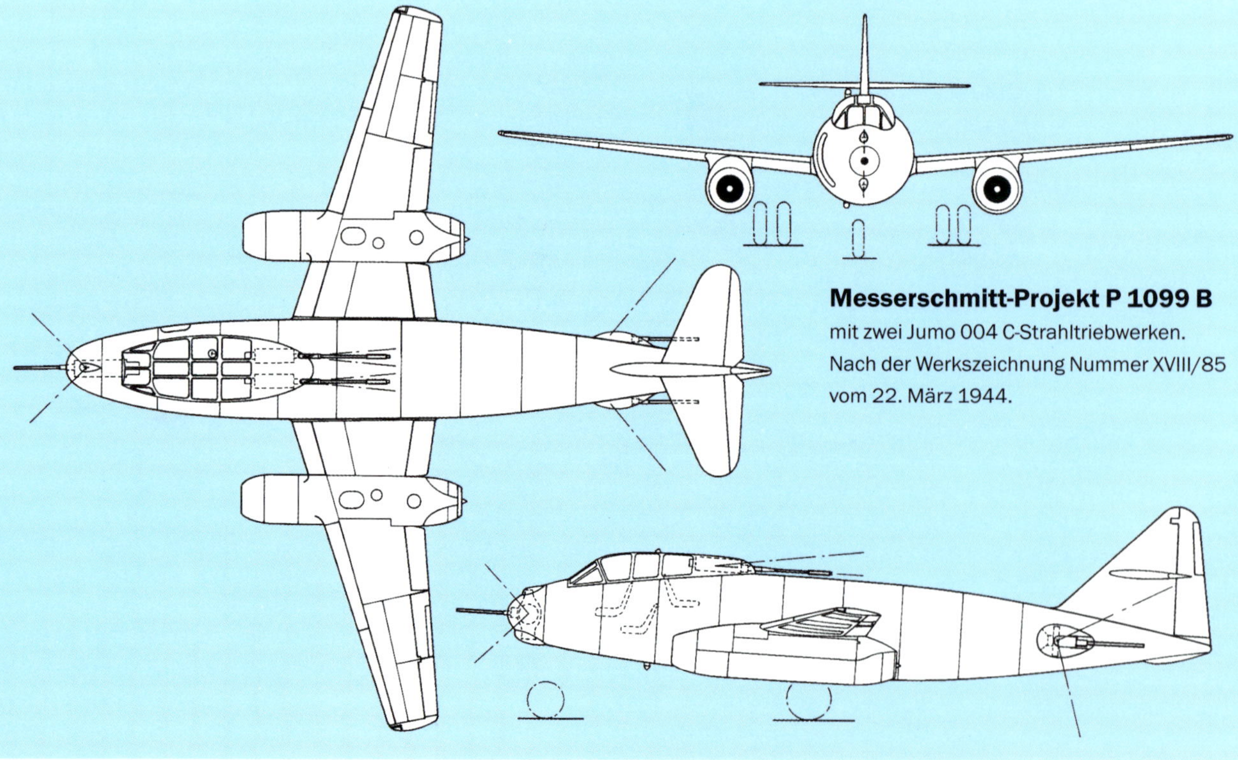

Messerschmitt-Projekt P 1099 B
mit zwei Jumo 004 C-Strahltriebwerken.
Nach der Werkszeichnung Nummer XVIII/85
vom 22. März 1944.

Messerschmitt P 1099B

Das vorgeschlagene Flugzeug sollte einen Antrieb aus zwei Jumo 004 C-Strahlturbinen bekommen. Bei diesem Projekt nach Zeichnung Nummer XVIII/78 vom 22. März 1944 waren als Bewaffnung eine ferngesteuerte Buglafette FHL 108 mit einer Kanone MK 108 und eine FHL 151 an jeder Rumpfseite mit je einer Kanone MG 151/20 geplant.

Zeichnung Nr. XVIII/77
Schnellbomber I mit festen MK- 108- Kanonen nach vorn und hinten.

Zeichnung XVIII/78
Schnellbomber II mit einer ferngesteuerten Lafette FHL 108 im Bug und zwei FPL 151 an den Rumpfseiten.

Zeichnung Nr. XVIII/87
Ausgestattet mit vergrößerter Fläche mit 35 Grad positiver Pfeilung und HeS 011-Triebwerken in den Flügelwurzeln.

Zeichnung Nr. XVIII/88
Späteres Projekt (datiert vom 7. Mai 1944) mit auf 12,74 m vergrößerter Spannweite, kleiner nach links versetzter Kabine ohne Defensivbewaffnung. Zwei Varianten wurden vorgeschlagen, die erste unbewaffnet und die zweite mit zwei FHL- 151- Lafetten vorn und hinten.

	P 1099 *Lösung A - Jäger I*	**P 1100** *Bomber II*
Startmasse	8562 kg	9992 kg
Landemasse	6110 kg	6040 kg
Höchstgeschwindigkeit		
in Meereshöhe	769 km/h	722 km/h
in 6000 m	810 km/h	746 km/h
in 9000 m	776 km/h	–
Steiggeschwindigkeit		
in Meereshöhe	13,4 m/sec	10,1 m/sec
in 6000 m	5,6 m/sec	3,3 m/sec
in 9000 m	1,1 m/sec	–
Steigzeit		
auf 6000 m	11,1 min	15,9 min
auf 7000 m	14,2 min	–
Dienstgipfelhöhe	9800 m	9200 m
Normalreichweite		
in Meereshöhe	610 km	638 km
in 3000 m	910 km	863 km
in 7000 m	1310 km	1248 km
Landegeschwindigkeit	184 km/h	183 km/h

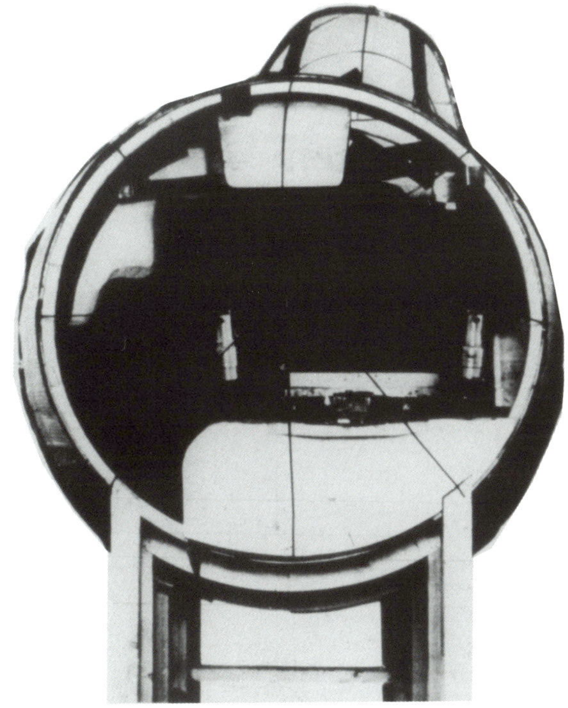

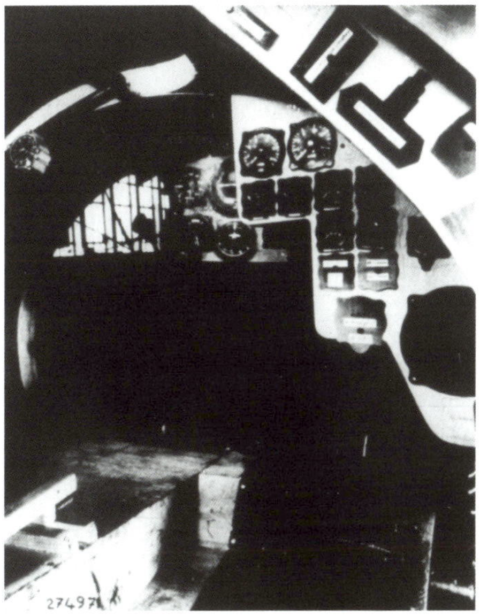

Um die beste Instrumentierung für den projektierten Messerschmitt P 1100 Schnellbomber zu bestimmen, stellte man eine hölzerne Attrappe her. Die Projekte P 1099 und P 1100 basierten beide auf der Me 262, hatten aber vergrößerte Rümpfe. Ersteres war als Zerstörer und schwerer Jäger, das letztere als Schnellbomber vorgesehen.

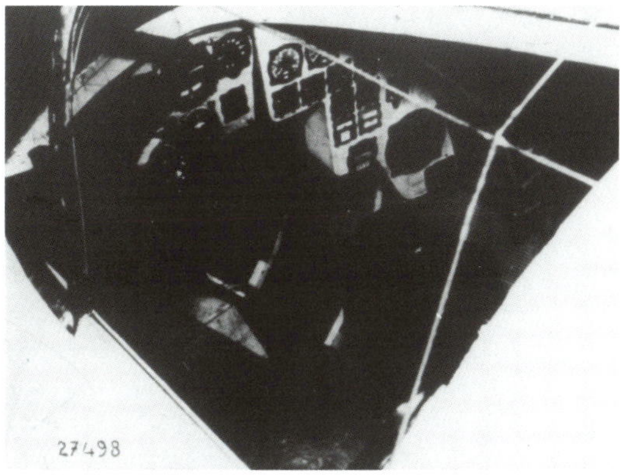

Provisorischer Instrumenteneinbau in der hölzernen Attrappe des Schnellbomber-Projekts Messerschmitt P 1100.

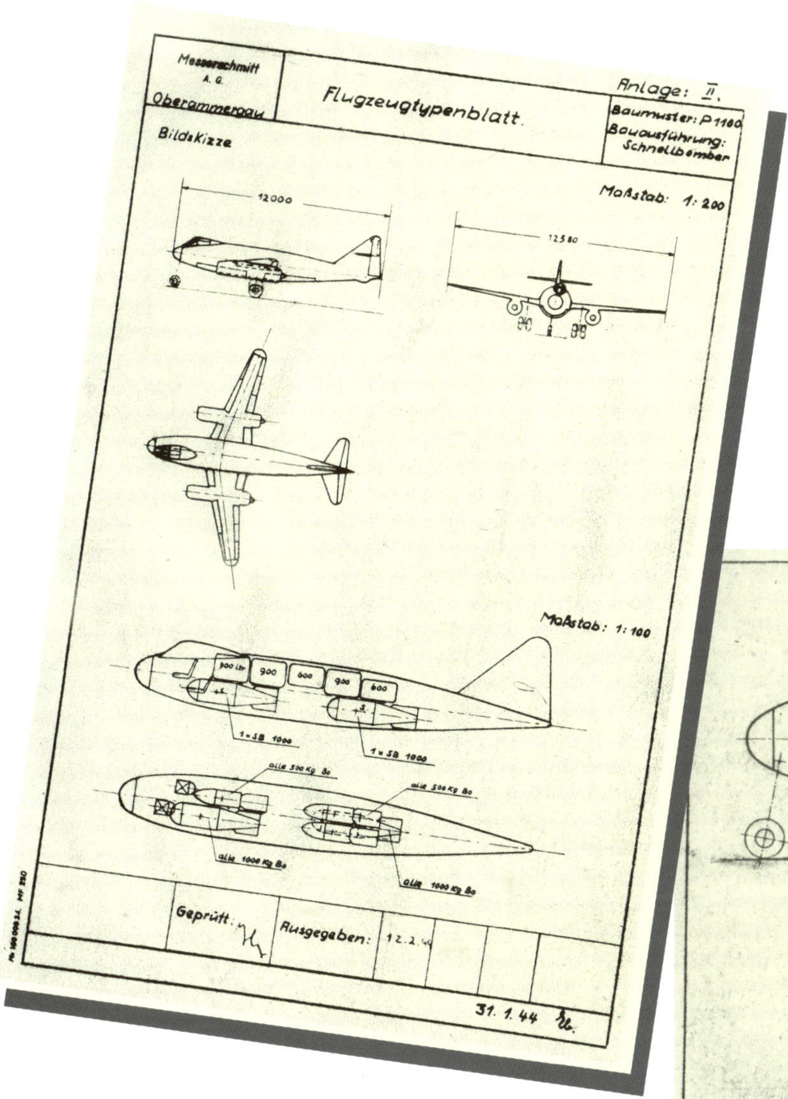

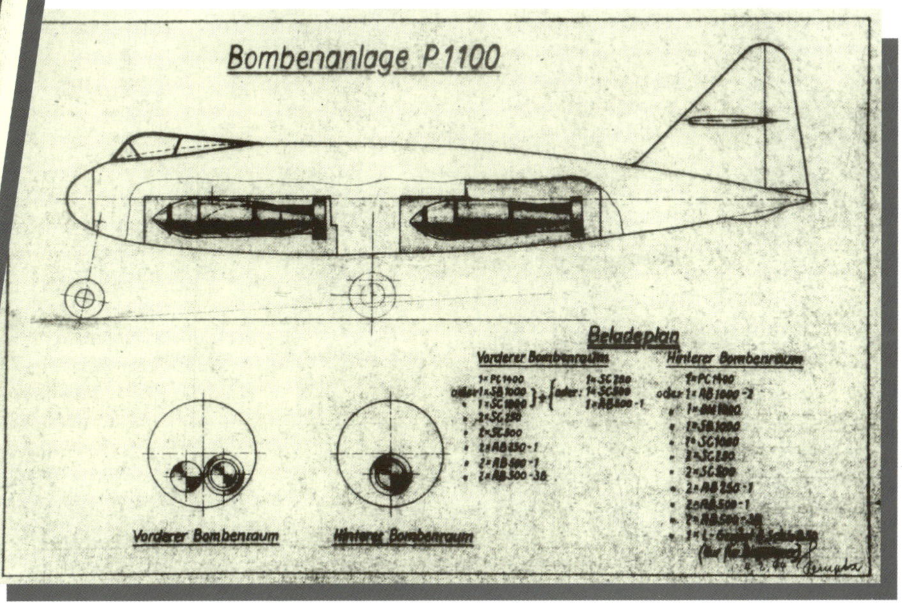

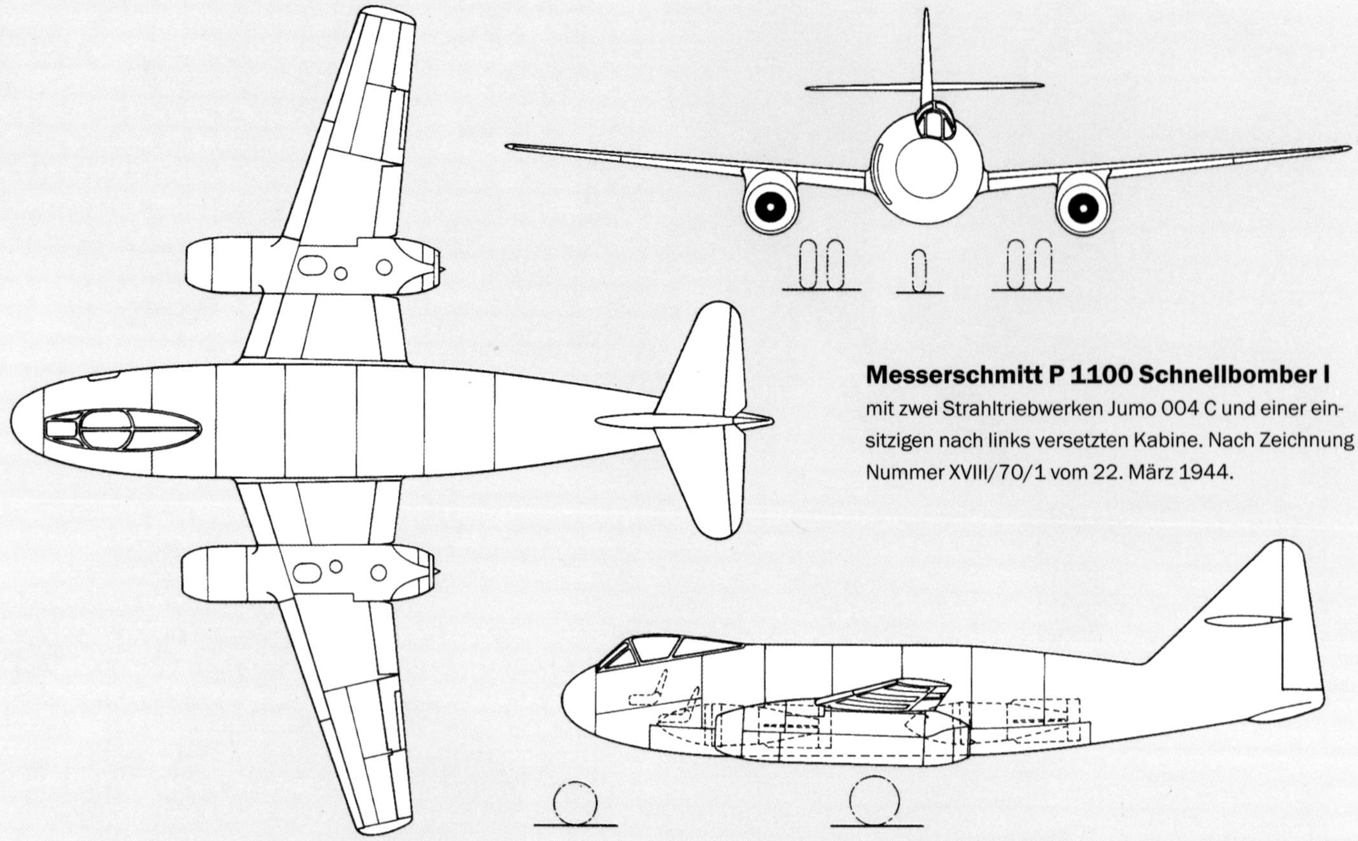

Messerschmitt P 1100 Schnellbomber I
mit zwei Strahltriebwerken Jumo 004 C und einer einsitzigen nach links versetzten Kabine. Nach Zeichnung Nummer XVIII/70/1 vom 22. März 1944.

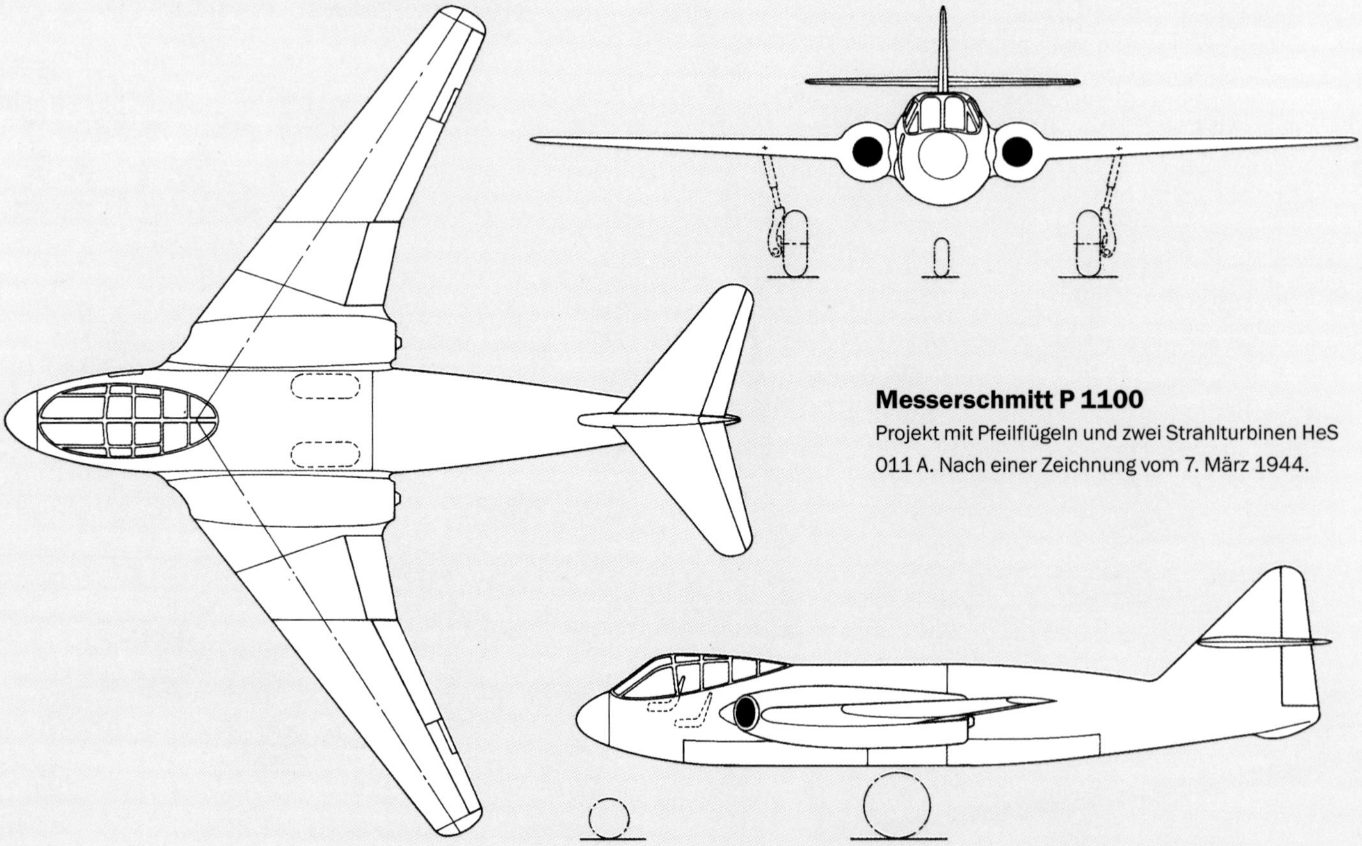

Messerschmitt P 1100
Projekt mit Pfeilflügeln und zwei Strahlturbinen HeS 011 A. Nach einer Zeichnung vom 7. März 1944.

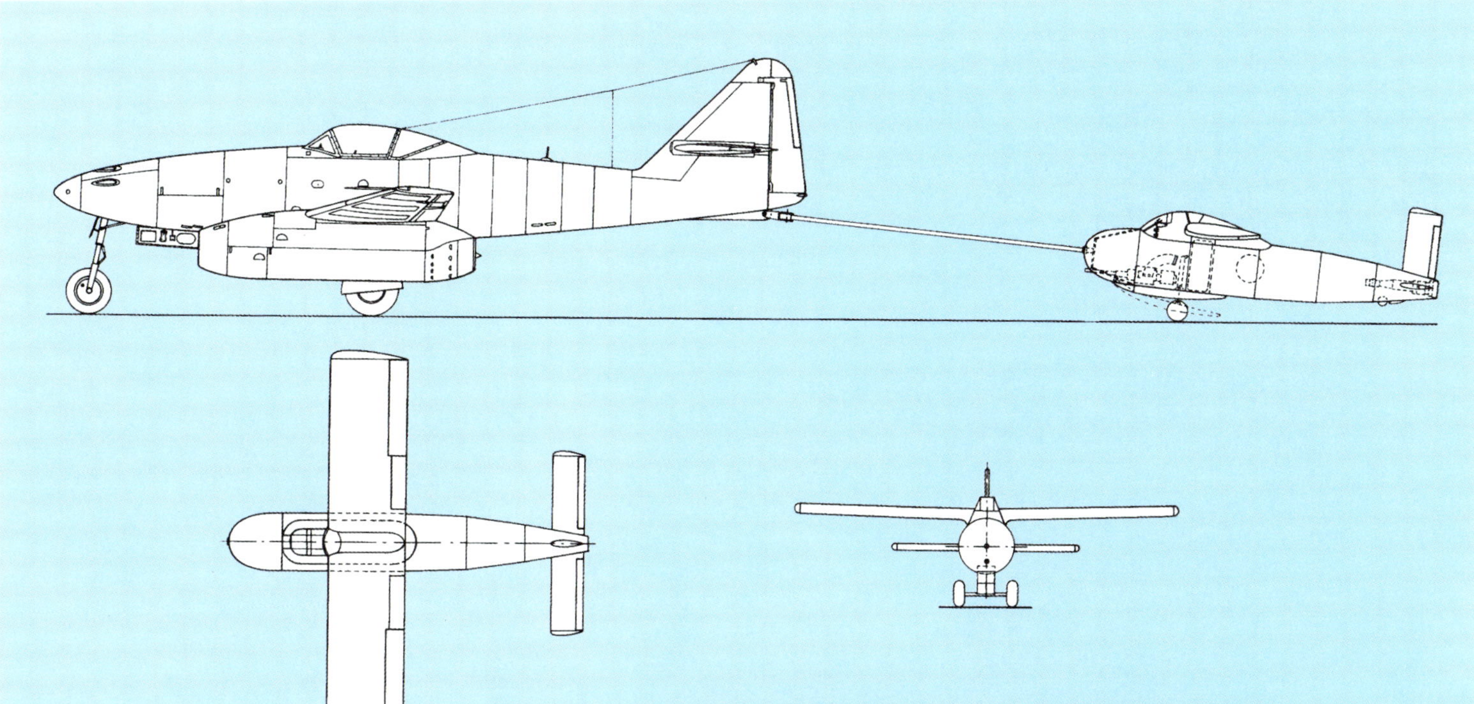

Me 262 mit Bordjäger Messerschmitt P 1103
Der P 1103 sollte ein Raketentriebwerk Walter 109-509 mit 1700 kp Schub erhalten.

Messerschmitt P 1103

P 1103 war das Projekt eines kleinen Bordjägers, der von der Me 262 geschleppt werden sollte. Es ist wenig über die P 1103 bekannt, außer dass vorgesehen war, dass sie hinter dem Jäger bis zum Erreichen des Bomberverbands geschleppt und dann freigegeben werden sollte. Die Idee bestand darin, dass seine kleine Frontfläche für die feindlichen Bordschützen ein fast unmöglich zu treffendes Ziel darstellte, bis er selbst das Feuer mit seiner Kanone eröffnete. Die P 1103 war ein einfacher Schulterdecker mit abwerfbarem Fahrwerk und einer Walter 109-509-Rakete als Antrieb. Die Bewaffnung beschränkte sich auf eine 30-mm-Kanone MK 108. Die berechneten Gewichte des Entwurfs sind in der folgenden Tabelle dargestellt.

Rumpf und Panzerung	355,1 kg
Tragfläche	120,0 kg
Leitwerk	35,0 kg
Steuerung	10,0 kg
Fahrwerk	14,0 kg
Rüstgewicht	**534,1 kg**
Triebwerk	60,0 kg
Ausrüstung	48,4 kg
Bewaffnung (eine MK 108)	61,0 kg
100 Schuss Munition	60,0 kg
Besatzung	80,0 kg
C-Stoff	150,0 kg
T-Stoff	54,0 kg
Startmasse	**1047,5 kg**
Landemasse	**985,5 kg**

1 Der Bombenträger „Wikingerschiff“ wurde in Me 626 Konzepte und Entwicklung, Kapitel 7, beschrieben.

2 Eric „Winkle“ Brown war der erste Marineoffizier, der die Flugerprobungsabteilung des Royal Aircraft Establishment in Farnborough kommandierte. Er flog nicht weniger als 55 verschiedene deutsche Flugzeugtypen nach dem Krieg und vernahm viele führende Personen der deutschen Luftfahrt, u. a. Willy Messerschmitt.

3 Siehe Kapitel Zwei.

4 Die erste Beschreibung der Me 262/Ju 287-Mistel erschien 1949 in der Juli-Ausgabe der „Interavia“, jedoch wurde dies bisher in deutschen Dokumenten aus der Zeit des Krieges nicht bestätigt gefunden.

Kapitel Vier

„Mein Gott, was war das?“

Nach Hitlers Befehl vom Mai 1944, dass die Me 262 als Bomber eingesetzt werden sollte, entschied man, dass das „Edelweiß Geschwader" KG 51 als erstes diesen Typ einsetzen würde. Das nach der als Emblem benutzten bekannten Alpenblume benannte Geschwader war 1937 unter der Bezeichnung KG 255 aufgestellt worden. Es nahm am Frankreichfeldzug und der Luftschlacht um England 1940, dem Angriff auf die Sowjetunion 1941 und 1942 und an einigen Operationen auf dem nahöstlichen Kriegsschauplatz Anfang 1943 teil. Mitte Mai diesen Jahres kehrte seine erste Gruppe nach Deutschland zurück, wo Schnellbomber Me 410 ihre Ju 88 ersetzten. Im Frühjahr 1944 wurde sein verbliebener Einsatzverband, die II./KG 51, auch auf Me 410 umgerüstet.

Formation Ju 88 A-4 der III./KG 51 über der Ostfront 1942.

Mitte Mai zog man die erste Gruppe des KG 51 aus den Einsätzen an der Westfront zurück und diese begann, auf die Me 262 umzuschulen. Zur Entwicklung von Einsatztaktiken für die Me 262 als Bomber wurde die Aufstellung eines speziellen Einsatzkommandos unter Leitung von Maj. Wolfgang Schenk entschieden. Am 20. Juni begann der Verband unter der Bezeichnung „Kommando Schenk" das Training in Lechfeld. Die ersten von zwölf Flugzeugführern trafen am 10. Juli ein, an diesem Tag wurden auch sechs Me 262 an die Einheit ausgeliefert. Diese erlitt ihren ersten Verlust bereits vier Tage später durch den Tod von Stabsfw. Mosbacher, dessen Flugzeug, die W.Nr. 130177, während eines Übungsbombenwurfs in den Ammersee stürzte.

Inzwischen war Bodenpersonal von der 3. Staffel des KG 51 unter Oblt. Eberhard Winkel zum Einüben der für die Me 262 und ihrer völlig anderen Triebwerke nötigen Wartungsabläufe nach Memmingen und vierzehn Tage später nach Leipheim verlegt worden. Ende Juni verlegte die Staffel nach Lechfeld zur 1./KG 51. Ein paar Tage später trafen die ersten Me 262 ein, wovon sechs an die 3./KG 51 gingen. Um den 10. Juli herum erreichten die ersten Flugzeugführer Lechfeld und am 17. des Monats wurden zwischen einhundert und zweihundert Mann Bodenpersonal zur Verlegung nach Châteaudun in Frankreich verladen. Am 6. Juli 1944 sprach Hauptdienstleiter Karl-Otto Saur[1] vor dem Jägerstab für Flugzeugfertigung und nannte Einzelheiten zu Dringlichkeiten. In Bezug auf die Me 262 äußerte er:

„Das Flugzeug wird als ‚Blitz-Bomber' hergestellt, seine Ausbringung betrug letzen Monat 22, ansteigend auf 60, 150 im September, 225 im Oktober, 325

WOLFGANG SCHENK

Wolfgang „Bombo" Schenk wurde am 7. Februar 1913 in Windhoek/Süd-West-Afrika (heute Namibia) geboren. Er trat 1936 in die Luftwaffe ein, diente zuerst in der I./JG Richthofen und nahm dann in der I./ZG 1 an den Feldzügen in Polen, Norwegen und Frankreich teil. Am 16. Mai 1940 wurde er von einer Hurricane der RAF abgeschossen und schwer verletzt. Nach der Genesung erhielt er im September 1940 die Ernennung zum Staffelkapitän der 1./Erprobungsgruppe 210. Diese Einheit wurde im April 1941 in 1./SKG 210 umbenannt und nahm später am Überfall auf die Sowjetunion teil. Am 16. August 1941 erhielt er das Ritterkreuz und übernahm im darauf folgenden Monat die Erprobungsstaffel 210 in Rechlin, deren Aufgabe die Vorbereitung der Me 210 für den Einsatz sein sollte. Ab 1. Januar 1942 war er Kommandeur der I./ZG 1 und erhielt das Eichenlaub zum Ritterkreuz am 30. Oktober 1942, während er im Luftwaffen-Führungsstab diente. Am 3. Januar 1943 erhielt er das Kommando des neugeschaffenen Sch.G. 2 an der Mittelmeerfront, das Fw 190 im Erdkampfeinsatz flog. Im Dezember 1943 wurde er erneut verwundet und Inspektor im Reisestab Gustav, der sich mit der Planung der Luftverteidigung bei der erwarteten alliierten Invasion befasste. Im März 1944 wechselte er als Taktischer Berater in das Technische Amt der Luftwaffe, wo man ihm im Juni 1944 die Verantwortung für die Bombenversuche mit der Me 262 übertrug. Er flog insgesamt 300 Kampfeinsätze und errang 18 Luftsiege.

Im Sommer 1944 wurde der Messerschmitt-Versuchspilot Fritz Wendel (hier in der Mitte während einer Wehrmachtsvorführung), der die Prototypen Me 262 V1, V2 und V 3 eingeflogen hatte, von seiner Firma nach Frankreich geschickt, um über die Fortschritte und Leistungsfähigkeit der Me 262 im Einsatz beim Kommando Schenk zu berichten. Seine Berichte waren oft kurz und kritisch.

im November und 500 im Dezember. Wenn die Fertigung 500 Bomber erreicht, werden die darüber hinaus gefertigten Maschinen bis zu 1000 zu Jägern umgestaltet. Dieses Programm für die Me 262, die eine Ausbringung von 500 in den nächsten Monaten erreichen soll, bedeutet, obwohl wir bisher ziemlich dahinter zurück geblieben sind, dass das bisher für den Typ in Kraft gewesene Programm verdoppelt wurde. Wir liegen schwer zurück im vierten Monat der Fertigung des Typs. Trotzdem haben wir nicht nur versucht, das alte Programm durchzuführen, sondern wir werden dieses verdoppelte Programm auf alle Kosten durchzudrücken haben.“

Saur bezog sich dabei auf das Programm 226, das am 9. Juli in Kraft getreten war und eine Gesamtausbringung von 6400 Flugzeugen bis September 1945 forderte, wovon 80 Prozent Jäger sein sollten, im Vergleich zu 40 Prozent im vorhergehenden Programm 225. Wie von Saur erwähnt, waren insgesamt 1000 Me 262 im Juli 1945 zu bauen, anstelle der 670 vorher geforderten.

Das Protokoll Nr. 36[2] vom 16. Juli listete verschiedene Ausrüstungsstücke für das Flugzeug auf. Die Bombenträger ETC 504 (gebaut von den Mechanischen Werkstätten Neubrandenburg) sollten die bei Focke-Wulf entwickelten ETC 503 ersetzen, die sich an der Me 262 angebaut als wenig befriedigend erwiesen hatten. Ausrüstung mit Startraketen war für 50 Flugzeuge gefordert, die als erste an das KG 51 geliefert werden sollten. Ein 600-Liter-Abwurfbehälter war mit der W.Nr. 170283 zu erproben und 200-Liter-Zusatztanks sollten für die Serienmaschinen, beginnend mit W.Nr. 170094 in Leipheim und W.Nr. 170074 in Schwäbisch-Hall verwendet werden. Gleichzeitig erhielt der zweisitzige Trainer die offizielle Bezeichnung Me 262 B-1.

Am 19. Juli führte die Achte US Air Force eine Reihe von Angriffen auf verschiedene Ziele in Westen und Südwesten Deutschlands aus. Dazu gehörten die Messerschmitt-Flugplätze in Lechfeld und Leipheim, wo insgesamt zehn Me 262 zerstört und zwei weitere beschädigt wurden. Drei davon (die S2, S4 und W.Nr. 170057) dienten bei Messerschmitt für verschiedene Versuche, die restlichen neun (die S8, W.Nr. 170007, 170009, 170012, 170050, 170064, 170062, 170065 und 170066) gehörten zum Kommando Schenk.

Bis dahin hatten die Flugzeugführer des Kommando Schenk jeder etwa vier Flüge auf der Me 262 gemacht und am 20. Juli wurden sie mit neun Flugzeugen nach Châteaudun zum Einsatz gegen die alliierte Invasion verlegt. Messerschmitts Beauftragter Fritz Wendel berichtete später über die Situation an die Direktoren des Messerschmitt-Unternehmens:

„Zum Zeitpunkt als Major Schenk seine Befehle erhielt, wäre der operative Einsatz als Jäger möglich gewesen, nicht jedoch als Bomber. Folgende Punkte waren unklar bzw. mussten noch eingearbeitet werden:

a. Die Reichweite war für einen Bombereinsatz zu gering, da der Startplatz wegen der starken Feindjäger-Tätigkeit in Frontnähe mehr als 100 km von der Front entfernt sein musste.

Eine typische geschäftige Szene zeigt britische Infanterie und Panzer bei Vorbereitungen zum Verlassen eines Dorfes in der Normandie Anfang August 1944. Feindliche Konzentrationen dieser Art waren bevorzugte Ziele für die Me 262-Strahlbomber des Kommando Schenk.

b. Das Fahrwerk musste für das höhere Startgewicht mit Bomben verstärkt werden.

c. In gleicher Weise auch die Reifen.

d. Nach dem Anbau der Zusatzbehälter ergaben sich beim Bombenwurf im Bahnneigungsflug infolge der Rückwanderung des Schwerpunktes Stabilitätsschwierigkeiten. Durch das aus Fluggewichtsgründen bedingte Weglassen von zwei Waffen in der Rumpfspitze war die Schwerpunktsrücklage besonders groß. Nach Flugversuchen musste dann zur Vermeidung dieser Schwierigkeiten die Betankung des hinteren Zusatzbehälters auf 400 statt 600 Liter beschränkt und eine ziemlich komplizierte Entnahme-Anweisung herausgegeben werden. Die Auftankbeschränkung auf 400 Liter musste auch noch aus Gewichtsgründen (7000 kg durften nicht überschritten werden) erfolgen. Da aber in diesem Zusatzbehälter keine Anzeigevorrichtung vorhanden und die Brennstoffpumpe in diesem Behälter sehr störanfällig war, konnte einmal der Tankinhalt beim Start nicht genau überprüft werden. Außerdem war oft beim Bombenabwurf noch zu viel Brennstoff in diesem Behälter, so dass trotzdem beim Bombenabwurf starke Stabilitätsschwierigkeiten auftraten in der Form, dass sich das Flugzeug sehr heftig von selbst abfing.[3]

Major Wolfgang Schenk (in der Mitte mit Schirmmütze) unterhält sich mit Flugzeugführern des KG 51 in Juvincourt im späten August 1944. Ganz links ist Oblt. Horst Götz vom Kommando Sperling, das sich zu dieser Zeit den Platz in Juvincourt mit dem Kommando Schenk teilte. Götz flog mit einem Strahlaufklärer Ar 234 Fotoeinsätze zur Aufklärung alliierter Stellungen an der Invasionsfront.

Zwei Me 262 des Kommando Schenk starten in der Dämmerung in Juvincourt zu einem weiteren Störangriff auf alliierte Truppen in der Normandie, Juli 1944.

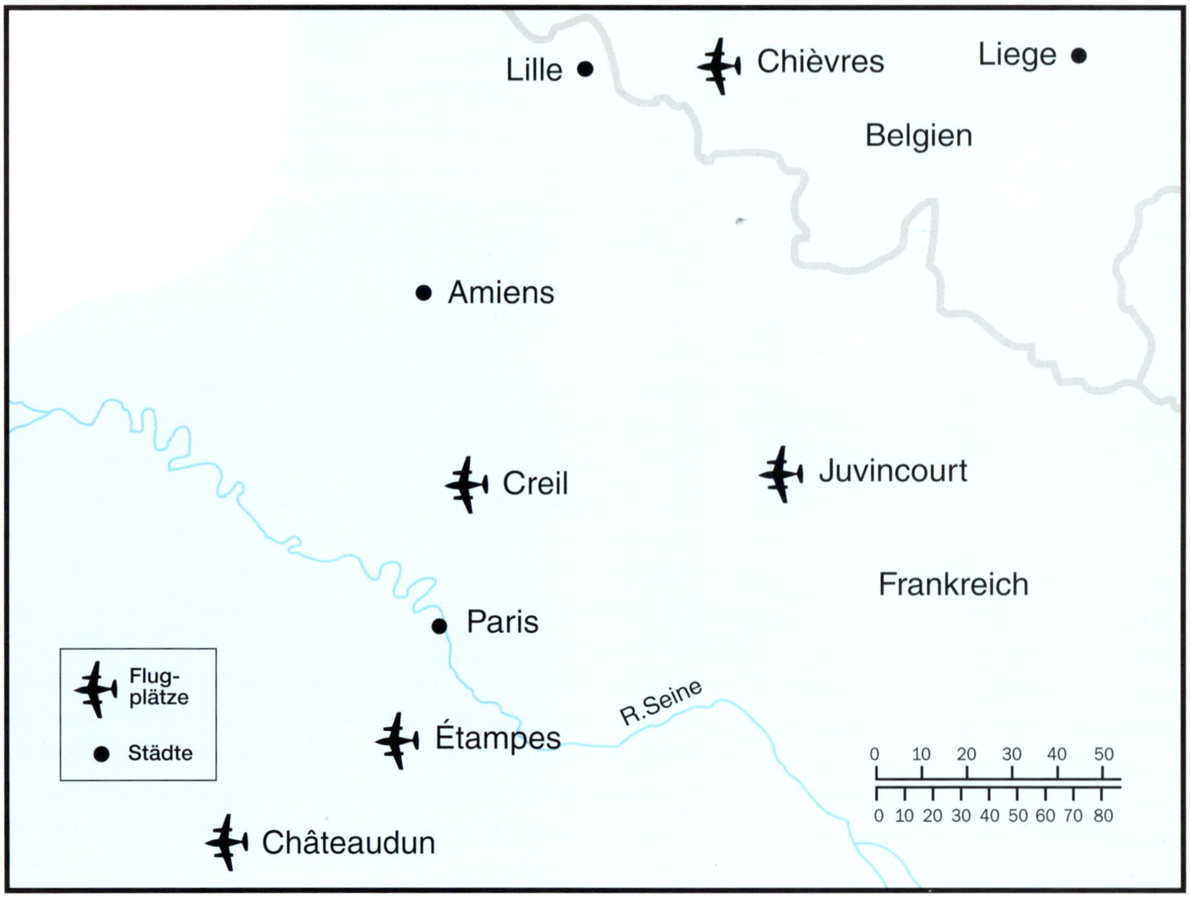

Britische Pioniere (Royal Engineers) arbeiten in der Dämmerung am Zusammenbau einer der zahlreichen Pontonbrücken, die Ende August 1944 dafür vorgesehen waren, alliierte Truppen und Fahrzeuge über die Seine zu tragen.

e. Es gab keine Visier-Vorrichtung für den Bombenabwurf bei Einsitzern. Infolgedessen musste im Bahnneigungsflug über das Jäger-Revi geworfen werden. Dieses Verfahren musste erst erprobt und mit den Einsatzpiloten ein exerziert werden.

f. Dabei ergab sich, dass die mit den noch angebauten Stoffrudern zulässige Höchstgeschwindigkeit von 850 km/h überschritten werden musste. Die vorgesehenen blechbeplankten Ruder mussten vorgezogen erprobt und noch vor dem Einbau nachgerüstet werden.

g. Eine Bombenaufhängung war noch nicht vorhanden und nicht erprobt.

h. Sowohl für die Zulassung von Geschwindigkeiten über 850 km/h als auch für den Einbau von Zusatzbehältern und des Anbaues der Startraketen für Starts mit Bomben mussten noch verschiedene Verstärkungen eingearbeitet werden.“

Zusätzlich hatte Hitler befohlen, die Flugzeuge nicht in Höhen unter 4000 m einzusetzen. Ende Juli 1944 war die deutsche Wehrmacht im Westen im vollen Rückzug und die Bedingungen in Châteaudun waren so chaotisch, dass das Kommando Schenk keine Einsätze vor seiner Verlegung nach Étampes am 12. August flog. Am 26. Juli hatte die Einheit eine Stärke von vier Flugzeugführern, nur zwei davon aktiv, und fünf Me 262 A-1, davon vier einsatzfähig.

Drei Tage nach dem Eintreffen in Étampes zwang der alliierte Vormarsch, die Einheit nach Creil zu verlegen und dann am 22. August nach Juvincourt bei Reims. Dort wurde das Kommando durch Teile der 3./KG 51 verstärkt, die am 23. August zu Schenks Einheit nach Juvincourt gesandt wurden, doch von den neun Flugzeugen, die in Lechfeld abflogen, kamen nur fünf an. Zwei machten beim Start durch Pilotenfehler Bruch, das dritte stürzte beim Aufstieg nach dem Zwischenstopp in Schwäbisch-Hall ab und das vierte fand Juvincourt nicht und machte eine Bruchlandung. Die verbliebenen Maschinen flogen fast ununterbrochen Angriffe gegen alliierte Truppen nahe der Seine, nordwestlich von Paris und im Gebiet Mélun, jedoch mit nur geringem Erfolg. Um Wendel erneut zu zitieren: „Beim Bombenwurf aus dem Horizontalflug war aber ein gezielter Wurf über das Revi unmöglich. Infolgedessen schied das Bewerfen von Punktziele aus. Aus diesem Grund wurden von dem Kommando Schenk keine wesentlichen taktischen Erfolge erzielt.“

Zwei Flugzeuge gingen in diesem Zeitraum verloren, eins durch Bruchlandung und eins als der Reifen des Bugrads beim Aufsetzen platzte.

Davon unbeeindruckt, schaffte die Einheit es, am 28. August sieben Me 262 für einen Angriff auf alliierte Truppen-Bereitstellungen in die Luft zu bringen und setzte dabei Abwurfbehälter AB 500 mit SD 10-Splitterbomben ein. Nach diesem Einsatz zwang die Gefahr durch die Straßenkämpfe in der Stadt Juvincourt, das Kommando nach Chiévres in Belgien zu verlegen. Nahe Termond wurde die Me 262 von Ofw.

Luftangriffen ausgesetzt, überqueren Truppen der britischen 43. Wessex Division Ende August 1944 die Pontonbrücke bei Vernonnet. Me 262 des Kommando Schenk flogen zu dieser Zeit fast ununterbrochen Angriffe gegen Ziele an der Seine.

Me 262 A-1a
W.Nr. 130179
Kommando Schenk
Juli 1944

Diese Folge von Fotos zeigt Ansichten der Me 262 A, W.Nr. 130179, „Schwarzes F“, des Kommando Schenk auf der Kompass-Kompensierscheibe in Lechfeld, vor der Verlegung der Einheit nach Châteaudun im Juli 1944. Auffallend ist die ungewöhnliche Positionierung der Werknummer unter dem Höhenleitwerk. Beachtenswert sind auch die beiden auf dem Plexiglas der Kabinenhaube aufgemalten diagonalen Linien, die dem Flugzeugführer die Ausrichtung der Maschine beim Bahnneigungsbombenangriff erleichtern sollten. „Schwarzes F“ hat hier „Wikingerschiff“-Bombenträger, obwohl viele andere Flugzeuge des Kommando Schenk mit den alternativen ETC 503 ausgerüstet waren. Die Vorflügel sind ausgefahren.

Me 262 A-1a W.Nr. 170179 „Schwarzes F" Kommando Schenk, Juli 1944.
Versehen mit den gleichen Tarnfarben und Bemalungsschema wie die „Schwarzes D" auf der folgenden Seite, ist das Flugzeug mit ETC 503-Bombenträgern ausgerüstet. Ein auffallendes Unterscheidungsmerkmal dieser Maschine war ihre rote Bugspitze.

Me 262 A-1a „Schwarzes D" Kommando Schenk, Rheine, September 1944.
Die Me 262 der ersten Strahlbombereinheit, Kommando Schenk, trugen weiß umrahmte schwarze Buchstaben am Rumpfbug.
Die Tarnbemalung war dunkelgrau (74), mittelgrau (75) auf den Oberseiten und blassgrau (76) unten.

Die Me 262 A-1a, „Schwarzes D“ des Kommando Schenk bei einer Fahrwerksfunktionsprobe im Sommer 1944. Die Bildfolge zeigt, dass das hydraulisch betriebene Hauptfahrwerk vor dem Bugrad ausfährt. Wenn bei einem Schaden des linken Triebwerks der Hydraulik-Druck zusammenbrach, erfolgte das Ausfahren des Fahrwerks mit einem Pressluft-Notsystem.

Die Hydraulikpumpe zum Ausfahren des Fahrwerks auf der linken Seite einer Jumo 004-Strahlturbine. Dass diese Pumpe nur am linken Triebwerk installiert war, war eine der Schwachstellen der Me 262, weil der Flugzeugführer bei Ausfall dieses Motors das Fahrwerk nicht mehr hydraulisch ausfahren konnte. Es war geplant, eine zweite Pumpe am rechten Triebwerk anzubauen, doch dazu kam es bei Serienmaschinen vor Kriegsende nicht mehr.

Hieronymus Lauer durch zwei P-47 der 78. US Fighter Group abgefangen. Nach dem Entdecken der weiter unten fliegenden Me 262 gingen die beiden amerikanischen Jagdflieger mit ihren Maschinen in einen 45-Grad-Sturzflug und überholten sie nach dem Erreichen von 765 km/h. Lauer begann eine Reihe von Ausweichbewegungen, bevor Maj. Joseph Myers in der vorderen P-47 das Feuer eröffnete. Genau zu diesem Zeitpunkt stürzte die Me 262 in ein Feld, bevor die Geschosse der P-47 einschlagen konnten. Dies war der erste gemeldete Abschuss einer Me 262 durch alliierte Jäger, den sich Myers und seine Nr. 4, Lt. Manford O. Croy Jr., teilten. Wendels Bericht über diese Aktion liest sich etwas anders:

„Insgesamt sind bisher neun Flugzeuge zum Einsatz gekommen. Davon wurde eins noch in Frankreich durch Notlandung wegen falscher Orientierung und anschließendem Brennstoffmangel in der Nähe des Platzes schwer beschädigt. Der Flugzeugführer blieb unverletzt. Die Maschine musste beim Rückzug gesprengt werden. Ein weiteres Flugzeug wurde mit ausgefahrenem Fahrwerk bei der Verlegung nach Belgien überführt. Der Flugzeugführer war auf einem Flugplatz im französischen Raum wegen falscher Orientierung notgelandet, wobei das linke Triebwerk wegen Brennstoffmangel beim Ansatz zur Landung schon stehen blieb. Das Fahrwerk musste infolgedessen mit Pressluft ausgefahren werden.[4] Da aber bei Pressluftnotbetätigung die Fahrwerksklappen in ihrer Ausfahrstellung nicht verriegeln, muss vor dem nächsten Einfahren zunächst auf Fahrwerk „Aus“ geschaltet werden. In diesem Falle hat es der Flugzeugführer nicht gemacht (eine Anweisung darüber bestand auch bisher nicht). Infolgedessen konnte das Fahrwerk nicht eingefahren werden. Die Maschine wurde bei diesem Überführungsflug wegen ihrer geringen Geschwindigkeit mit ausgefahrenem Fahrwerk von mehreren Spitfire angegriffen und stark beschossen. Die beiden Zündkraftstoffbehälter gerieten in Brand und der Flugzeugführer führte anschließend eine Notlandung mit ausgefahrenem Hauptfahrwerk und einem eingefahrenen Bugrad durch. Der Flugzeugführer blieb unverletzt. Die Maschine wurde stark beschädigt und anschließend gesprengt.“

Die 3./KG 51 setzte das Training auf der Me 262 fort und verlor dabei zwei Flugzeugführer. Lt. Rottmann und Fw. Helber starben bei Unfällen am 3. bzw. 6. August. Am 28. August dechiffrierte die alliierte Aufklärung eine Meldung des Fliegerkorps IX an die Luftflotte 3, dass das Einsatzkommando des KG 51 (Kommando Schenk) fünf weitere Flugzeuge und Besatzungen zum 1. September erhalten sollte. Weiter heißt es: „I./KG 51 ist vollständig umzuschulen. Der Rest der I./KG 51 wird nicht vor dem 1. Oktober bereit sein. Das Einsatzkommando hat nur Besatzungen mit Notausbildung, nicht wirklich ausreichend für Einsätze. Es scheint notwendig, das Einsatzkommando zu verstärken, um einen Abbruch der Erprobung des Typs zu verhindern.“

Wegen des weiteren alliierten Vordringens verlegte das Kommando Schenk am 30. August nach Volkel in Holland, mit einer zweitägigen Unterbrechung in Ath-Chiévres auf dem Weg. Trotz schwerer alliierter Luftangriffe flog die Einheit Einsätze gegen Ziele bei Louvain, Antwerpen, und auf den Albert Kanal. Am frühen Nachmittag des 3. September bombardierten rund 130 Lancaster der RSAF Volkel, wobei zwei der verbliebenen Me 262 des Kommando Schenk vernichtet wurden. Dazu gehörte Schenks eigene Maschine, die W.Nr. 170016. Der britische Angriff machte das Flugfeld für Einsätze unbrauchbar, so dass am folgenden Tag das Kommando mit seinem einzigen verbliebenen Flugzeug nach Rheine bei Osnabrück abzog.

Nach der Ankunft in Rheine am 5. September erhielten das Kommando Schenk und der Ar 234 Strahlaufklärerversuchsverband, Kommando Sperling, nicht den Empfang, den sie vielleicht erwartet hatten. Oblt. Erich Sommer, der eine Ar 234 flog, erinnert sich: „In der Nacht wurden wir von einer Infanterieeinheit (Inf.Bat. 60) entwaffnet, die mir einen Befehl Himmlers zeigte, der besagte, dass alle sich aus dem Westen zurückziehenden Luftwaffeneinheiten als unzuverlässig zu betrachten und zu entwaffnen seien. Es war nutzlos, im Schlafanzug daran zu zweifeln. Am nächsten Tag bekamen wir den Infanterie-Kommandeur zu fassen, der sich für die Aktion der letzten Nacht entschuldigte und es wieder gut machte.“

Am 8. September wurde Lt. Rolf Weidemann vom Kommando Schenk in seiner Me 262 A-1a, W.Nr. 170040, Kennzeichen „9K+OL“, von der Flak nordöstlich von Diest in Belgien abgeschossen und getötet. Die Trümmer des Flugzeugs waren die ersten, welche die alliierte Aufklärung überprüfen konnte. Die

Leutnant Erich Sommer von der Arado 234-Einheit erinnerte sich an den unfreundlichen Empfang der Strahlflieger.

Bodenpersonal montiert eine Startrakete Walter-„Kraft-Ei“ an eine Ar 234 des Kommando Sperling in Rheine, Sommer 1944. Die Einheit verlegte zusammen mit den Me 262 Kommando Schenk am 5. September 1944 nach Rheine.

beiden beschädigten Strahlturbinen wurden anschließend zur Untersuchung nach England geschickt. Am nächsten Tag ging eine von vier Maschinen, die Diest bombardierten, verloren, die Wirkung des Angriffs wurde nicht beobachtet.

Bei diesen beiden Angriffen hatte das Kommando Schwierigkeiten mit der Funkverständigung, da die Geräte in allen Flugzeugen versagten. Der Fehler trat auf, als die Maschinen sich dem Zielgebiet näherten. Das Kommando forderte den OKL-Führungsstab und den OKL-Generalquartiermeister dringend auf, einen erfahrenen, mit der Me 262 vertrauten, Funkspezialisten zu senden, der das Problem erkennen und beheben sollte. Ein technischer Spezialist einer in Rheine liegenden Nachtjagdeinheit bemühte sich um die Reparatur, konnte aber die Ursache des Problems nicht finden.

Der drei Tage später von Fritz Wendel[5] angefertigte Bericht ist positiver als der im ersten Teil dieses Kapitels zitierte und gibt interessante Eindrücke:

„Das Kommando fliegt im Augenblick von einem nordwestdeutschen Platz aus Bombeneinsätze. Der Platz besitzt drei Startbahnen von 1400 bis 1800 m Länge. Die Einsätze gehen mit einer geradezu fahrplanmäßigen Genauigkeit vor sich. Störungen an Zelle oder Triebwerk sind bisher so gut wie überhaupt nicht aufgetreten. Die Flugzeugführer sind von den Einsätzen direkt begeistert. Es werden dabei oft starke Verbände feindlicher Jäger durchflogen, ohne dass es bis jetzt auch nur einigen Jägern gelungen wäre, auch nur annähernd in Schussposition zu kommen. Vom Einsatzkommando selbst wurde bisher nicht versucht, ein feindliches Flugzeug abzuschießen, da man lediglich auf die Durchführung der Bombenaufträge bedacht ist. Während meiner Anwesenheit wurden mehrere Tage Bomben in das Stadtgebiet von Lüttich geworfen. Der Anflug zum Bombenwurf erfolgt durchwegs in ungefähr 4000 m Höhe, ebenso auch der Rückflug. Der Bombenwurf erfolgt in einem Steilgleitflug. Die Entfernung vom Einsatzort zum Zielort beträgt 230 km. Nach Rückkehr der Flugzeuge waren in fast allen Fällen die beiden Hauptbehälter noch mit je 350 Liter Brennstoff gefüllt. Die Flugzeit war fast immer genau 50 Minuten. Nach Angabe der Flugzeugführer lagen sämtliche Bomben irgendwo im Stadtgebiet. In einem Fall soll sogar eine Straße getroffen worden sein. Es steht mir nicht an, über den Wert solcher militärischer Aktionen ein Urteil abzugeben.

Der dritte und auch der vierte Ausfall traten während meiner Anwesenheit ein. Bei den Angriffen auf Lüttich kehrten zwei Flugzeuge vom Feindflug nicht zurück. Bis zu meiner Abreise war keine Nachricht über den Verbleib der Flugzeuge eingegangen. Es ist anzunehmen, dass die Flugzeugführer nach der falschen Richtung abflogen und hinter den feindlichen Linien niedergegangen sind. Sämtliche Verluste sind also, das ist auch die einstimmige Ansicht sämtlicher Flugzeugführer, wegen falscher Navigation verursacht worden. Es sind außer diesen Totalverlusten auch schon mehrere Außenlandungen auf fremden Flugplätzen durchgeführt worden aus dem gleichen Grunde, die aber nicht zu Beschädigungen führten. Der Grund ist neben der ungewohnt hohen Geschwindigkeit in Verbindung mit der kurzen Flugdauer in der Hauptsache auf die schlechte Anzeige des Kompasses und auf das Nichtfunktionieren der FT-Anlage zurückzuführen.

Nach jedem Bahnneigungsflug zum Bombenwurf dreht sich der Kompass mehrere Minuten lang im Kreise. Meines Erachtens ist der Kompass überkompensiert und infolgedessen in seiner Richtwirkung zu labil.

FuG 16 ZY und FuG 25a funktionieren nur einwandfrei bei ungefähr 5 % der Flüge. Es kann also auch nicht das Flugzeug mit Y-Führung oder Tornado-Peilung[6] geführt werden. Herr Tovar vom Technischen Außendienst ist inzwischen zum Einsatzort gefahren, um die FT-Anlage zu überprüfen.

Außer diesen einsatzwichtigen Schwierigkeiten treten nur noch unwesentliche Beanstandungen auf, die ich anschließend noch kurz einzeln aufführe:

1. In zwei Fällen hat die Umpumpanlage vom Zusatzbehälter versagt, der Bombenwurf wurde infolgedessen wieder mit zu großer Rücklage durchgeführt und das Abfangen war zu heftig. In einigen Fällen haben auch noch die Flugzeugführer falsch umgepumpt, auch dabei war die Abfangbeschleunigung nach dem Bombenwurf zu groß und führte sogar in einem Fall zur Verformung der Flügelbeplankung oberhalb der Triebwerke. Diese Stelle war bei anderen Maschinen bereits verstärkt. Hier wurde die Verstärkung nachgeholt.
2. Das Gieren um die Hochachse, das ja bekanntlich noch immer nicht ganz beseitigt ist, stört bei höheren Geschwindigkeiten beim Bombenwurf. Da im Augenblick aber nicht auf Punktziele geworfen wird, wird der Einsatz nicht beeinträchtigt.
3. Ein Flugzeug wurde mit glatten Reifen angeliefert, nach vier Tagen trat bereits Reifenschaden ein. Alle anderen Flugzeuge haben Profil und hatten von Beginn des Einsatzes bis jetzt noch keinen Reifenschaden.
4. Anfänglich traten einige Massenschlüsse auf, die zu 80 % auf die Schalter an den Fahrwerkszylindern für die Fahrwerksanzeige zurückzuführen waren.
5. In einem Fall trat ein Fressen der Bugradlagerung auf, wie es auch bereits in Lechfeld bei der Flugabteilung aufgetreten war.

6. Das Fehlen einer Belüftungsklappe wird erneut beanstandet, besonders bei falschem Umpumpen und anschließendem Überlaufen eines Behälters sei die Luft in der Kabine fast unerträglich. Die Flugzeugführer befinden sich dann kurz vor der Bewusstlosigkeit.
7. Die von der Serie angelieferten Maschinen haben einen falschen Tarnanstrich. Major Schenk fordert, dass der vom KG 51 in Lechfeld nachträglich durchgeführte Tarnanstrich zur Anwendung kommt.
8. Beim Bombennotwurf seien die Kräfte so groß, dass sich lediglich der Hebel verbiegen würde, ein Notwurf sei bisher nicht möglich gewesen.
9. Man fordert eine kleine Handschleppvorrichtung, die besonders bei Verlegungen im Flugzeug mitgenommen werden kann und dem Monteur die Möglichkeit gibt, das Flugzeug zu rangieren.

Die Zahl der Einsätze, die bisher mit allen Flugzeugen zusammen durchgeführt wurden, betrug nach drei Wochen Einsatz 50. Die Durchführung der Einsätze ist bei den augenblicklichen navigatorischen Schwierigkeiten und außerdem wegen dem bekannten Führerbefehl, nach dem nicht unter 4000 m Höhe geflogen und geworfen werden darf, sehr vom Wetter abhängig. Die Bereitstellung von J 2 war auf allen Einsatzplätzen bisher in ausreichender Menge sichergestellt.“

In der Nacht vom 9. zum 10. September führten 18 Fw 190 einen Störangriff gegen den westlichen Distrikt von Lüttich aus und am 10. September bombardierten 15 Flugzeuge des Kommando Schenk den gleichen Bezirk und die Straße nach Huy. Oblt. Werner Gärtner von der 3./KG 51 blieb vermisst, nachdem seine Me 262, WNr. 170013, nahe Lüttich von der Flak getroffen wurde. Am folgenden Tag meldete das Kommando Schenk eine Stärke von sechs Flugzeugen und neun Besatzungen und erhielt erneute Angriffsbefehle gegen Lüttich und Kanalquerungen bei Beeringen. Ein Flugzeug ging verloren, als deutsche Flak Uffz. Herbert Schauder bei Arnheim abschoss und tötete. Am 13. griffen fünf der Flugzeuge des Kommandos Lommel an, während zwei andere gegen alliierte Stellungen im Gebiet Hechtel und am Maas-Schelde-Kanal vorgingen. Am gleichen Tag befahl der Gruppenkommandeur der I./KG 51, dass die Einsätze des Kommando Schenk sich, „... bis auf weiteres“, ausschließlich gegen feindliche Kräfte im Gebiet Beverlo richten sollten. Der nächste Flugzeugführer fiel am 17. aus, als Fw. Bernhard Bertelsbeck bei einem Unfall nahe Leipheim starb.

Am 17. September eröffneten die Alliierten die Operation „Market Garden“, einen Versuch, die Brücken über die Maas bei Grave, die Waal in Nijmegen und den Rhein bei Arnheim zu besetzen. Man hoffte so, den Gesamtvormarsch zu unterstützen und die Möglichkeiten der Deutschen, V-2-Raketen auf London zu schießen, einzuschränken.

Am 18. September griffen drei Me 262 von der I./KG 51 und 12 der III./KG 51 Ziele im Raum Neerpelt an. Am darauf folgenden Tag attackierten 14 Flugzeuge der I./KG 51 Lastensegler: 4 in Nijmegen-Groosbeck und 10 in Deelen-Arnheim-Bennekom. Die Bomben fielen zwischen Ausrüstung und Lastensegler, von denen eine Reihe brennend zurückblieb.

Nach der Einnahme von Nijmegen durch Truppen der 82. US Luftlandedivision am 20. September flog das Kommando Schenk bis zum 7. Oktober laufend Angriffe gegen die dortige Brücke und den Flugplatz. Wie bei früheren Einsätzen erfolgten die meisten die-

Panzer des XXX. Britischen Corps rollen über die Nijmegen-Brücken nach deren Besetzung durch Fallschirmjäger der 82. US Airborne Division am 20. September 1944. Während der folgenden 17 Tage flogen die Me 262 des Kommando Schenk laufend Angriffe gegen die Brücken mit Splitter- und Panzersprengbomben, wobei mindestens zwei der Flugzeuge beschädigt wurden. Ende des Monats waren die Brücken durch die deutschen Angriffe beschädigt, doch gelang es dem Kommando Schenk nicht, den Strom der alliierten Truppen und Panzer aufzuhalten.

Obstlt. Rudolf von Hallensleben mit dem Ritterkreuz (links) scherzt mit Oberst Joachim Helbig. Beide Flugzeugführer leiteten einen Gefechtsverband, ein Kommando, das gewöhnlich gebildet wurde, um die Einsätze einer kleineren Zahl von autonomen Einheiten zu koordinieren. Hallenslebens Kommando leitete die Operationen einiger Nachtschlachteinheiten, wozu einige Zeit auch die 3./KG 51 gehörte. Helbig kommandierte einen Gefechtsverband, der angesichts des sowjetischen Vormarsches nach Deutschland im März 1945 versuchte, Brücken zu vernichten.

Mit fast komplett glänzender Metalloberfläche wurde diese P-47D Thunderbolt der 388 Fighter Squadron, 365. Fighter Group, die zur Neunten US Air Force gehörte, 1944 entweder in Lignerolles, Bretigny oder Juvincourt in Frankreich aufgenommen. Den Bau der Maschine finanzierten Kriegsanleihen, die von Mitarbeitern der Republic Aviation Corporation in den USA gezeichnet worden waren. Ein von Capt. Valmore J. Beaudrault von dieser Gruppe geflogenes Flugzeug besiegte am 2. Oktober 1944 die erste Me 262 der „Neunten“.

ser Attacken mit einem AB 500-Behälter mit SD 10-Splitterbomben je Maschine, allerdings warfen einzelne Flugzeuge auch je zwei SD 250 Sprengbomben ab. Bei diesen Einsätzen wurde am 28. September eine Me 262 von einer Spitfire der 416. Squadron der RCAF beschädigt, am 30. eine weitere von Spitfires der 441. Squadron RCAF. Die Einsatzstärke des Kommandos betrug zu dieser Zeit elf Flugzeuge und zwölf Besatzungen.

Während der ersten Oktobertage 1944 setzte das Kommando Schenk, das bis auf die Bezeichnung voll in die I./KG 51 aufgegangen war, die Angriffe auf alliierte Flugplätze und Truppenkonzentrationen im Raum Nijmegen fort. Wegen der wenigen vorhandenen Flugzeuge, uneffektiven Bombenzielgeräten und der Tatsache, dass die Me 262 immer noch in Höhen von über 4000 m operieren musste, war der Effekt der 3./KG 51 nur wenig mehr als unbedeutend.

Einige dieser Angriffe des KG 51 wurden später vom Gefechtsverband Hallensleben koordiniert, der im Herbst 1944 aus dem Stab des KG 2 unter Obstlt. Rudolf von Hallensleben gebildet worden war. Dessen Hauptaufgabe war die Führung der Nachteinsätze einer Reihe von Luftwaffeneinheiten gegen die vorrückenden alliierten Truppen. Zur Zeit seiner Formierung war Hallenslebens Einheit in Hennef, östlich von Bonn, stationiert und kontrollierte nur die Nachtjagdgruppen 1 und 2 mit jeweils drei Staffeln von Ju 87 für Nachteinsätze.

Beide Ju 87-Einheiten hatten als ad hoc-Störkampfstaffeln an der Ostfront begonnen, die eine Vielzahl von leichten Maschinen flog, bevor sie Stukas als Ausrüstung erhielt, als diese bei Tageinsätzen von Schlachtversionen der Fw 190 abgelöst wurden. Bei der NSGr 1 hatte diese Umrüstung von Arado Ar 66 in Kaunas in Litauen im April 1944 stattgefunden. Nach einiger Zeit Blindflug- und Waffentraining kam die Gruppe im Juni erneut zum Einsatz an der

Britische Pioniere pumpen Wasser aus dem Einschlagskrater, damit die technische Aufklärung der RAF die Trümmer der Me 262, W.Nr. 170093, geflogen von Hptm. Hans-Christoff Buttmann von der 3./KG 51 bei Nijmegen am 5. Oktober 1944 untersuchen kann. Buttmann war von Spitfires der RCAF angegriffen worden und wurde der erste durch britische Commonwealth Luftstreitkräfte abgeschossene Strahlflugzeugführer. Sein Flugzeug schlug auf den Boden und explodierte zwischen Lastenseglern der alliierten Luftlandeeinheiten in Holland, die im Hintergrund des Fotos erkennbar sind.

litauischen Front und wurde im September nach Wormditt in Ostpreußen rückverlegt, wo die Flugzeuge FuG 16 Z-Funkgeräte und Freund-Feind-Kenngeräte FuG 25a erhielten. Der Kommandeur der NSGr 1, Hptm. Hilberg, wurde am 16. Oktober 1944 zur Berichterstattung zu Hallensleben befohlen.

Später im Jahr wurden zwei weitere Einheiten in den Gefechtsverband aufgenommen, die I./KG 51 mit Me 262 und die III./KG 51 (später in NSGr 20 umbenannt) mit Schlachtflugzeugen Fw 190 G-8. Beide Einheiten griffen oft gleiche Ziele mit unterschiedlichem Erfolgsgrad an. Am 1. und 2. Oktober bombardierte die Einheit den Flugplatz Grave, wobei die 421. Squadron der RCAF etwa 35 Verluste beim zweiten Angriff erlitt. Eine gewisse Revanche gab es, als P-47 der 365. US Fighter Group südwestlich von Münster vier Me 262 entdeckten. Einer der amerikanischen Piloten, Capt. Valmore J. Beaudrault, wurde von seiner Nummer Drei, Lt. Robert Teeter, alarmiert, als dieser ausrief, „Mein Gott, was war das?", nachdem eine Me 262 nach einem Angriff auf die Jäger in die Wolken schoss. Beaudrault und sein Flügelmann verfolgten den Jet, der sie mehrfach angriff. Doch plötzlich ging der Me 262 der Kraftstoff aus, sie stürzte zu Boden, überschlug sich und explodierte. Der Führer des Flugzeugs, W.Nr. 170069, war Ofw. Hieronymus Lauer von der 3./KG 51, der beim Absturz schwer verletzt wurde. Das war die erste Meldung eines Luftsiegs über ein Strahlflugzeug durch die Neunte US Air Force.

Am folgenden Tag meldete die 3. Staffel des KG 51 eine Stärke von zehn Flugzeugen und zwölf Besatzungen. Am 4. Oktober setzte die Einheit die Einsätze mit panzerbrechenden und Splitterbomben gegen Ziele im Gebiet der Nijmegen-Brücke und gegen die Flugplätze Volkel und Grave fort, diese litten aber sehr unter lang anhaltendem Frühnebel, Gewitter und starken Wolken am Nachmittag. Die Bomben konnten nur durch Wolkenlücken geworfen werden. Am 5. verlor die Einheit durch Tod zwei Flugzeugführer. Der erste war Hptm. Hans-Christoff Buttmann, der in der W.Nr. 170093 im Raum Nijmegen von Spitfires der 401. Squadron der RCAF brennend abgeschossen wurde. Diesen Abschuss teilten sich 5 Piloten[7]. Es war der erste Luftsieg über ein Strahlflugzeug durch Luftstreitkräfte des British Commonwealth. Die andere verlorengegangene Me 262 der 3./KG 51 war die W.Nr. 170082, geflogen von Uffz. Gerhard Francke, der in Engden bei Nordhorn den Tod fand. Am 6. Oktober meldete Lt. C. W. Mueller von der 353. US Fighter Group die Zerstörung einer He 280 dicht an der Startbahn in Rheine. Es ist wahrscheinlich, dass dieses Opfer Fw. Joachim Fingerloos von der 3./KG 51 war, der beim Fliegen der W.Nr. 170117 in diesem Raum schwer verwundet wurde. Am gleichen Tag warfen mindestens zwei Me 262 „Kanister" im Gebiet südöstlich von Nijmegen ab, wobei nicht sicher ist, ob dies eine Art von Waffen war. Schlechtes Wetter und ein ungünstig liegender Luftalarm beeinträchtigten die Operationen am 7. Oktober, als die 3./KG 51 drei einzelne Einsätze mit je sieben Flugzeugen, alle ausgerüstet mit Splitterbomben, gegen die schon am 3. angegriffenen Ziele flog. Einer der Abwurfbehälter AB 500 mit SD 1-Bomben explodierte schon etwa 100 Meter unter einem Flugzeug und man beschloss, diese Art Waffenzuladung nicht mehr zu verwenden.

Unterdessen hatte die 12. Ergänzungsstaffel des KG 51 mit dem Umschulen von Flugzeugführern der ersten Gruppe auf die Me 262 begonnen. Die Einheit erlitt ihren ersten Strahljägerverlust am 11. Oktober, als die W.Nr. 170036 auf dem Flugplatz Lechfeld abstürzte. Ebenfalls am 11. griff die 3. Staffel erneut Nijmegen, Volkel und Grave mit SC 250-Bomben und mit SD 4 gefüllten AB 500 an. Das Ergebnis in Grave und Nijmegen konnte nicht in Erfahrung gebracht werden, während in Volkel Einschläge am Flugfeldrand direkt neben abgestellten Maschinen beobachtet wurden.

Um 15.38 Uhr des folgenden Tages warf eine Me 262 zwei 250-kg-Bomben auf den Flugplatz Grave, die 5 Flieger töteten, eine Spitfire der 416. Squadron zerstörten und weitere neun beschädigten. Angriffe erfolgten auch auf Volkel, Eindhoven, Nijmegen und Helmond mit etwa 7 Flugzeugen, die je zwei Einsätze

Während des Oktobers 1944 begegneten die Luftüberlegenheitsjäger Hawker Tempest Mk V der 3. Squadron der RAF manchmal den Me 262 von Kommando Schenk und KG 51, allerdings erwies sich die Verfolgung der Strahlbomber als schwierige Aufgabe. Hier sind zwei der Tempest der Squadron zwischen den zertrümmerten Hangars des Flugplatzes von Volkel zu sehen, den vorher das Kommando Schenk belegt hatte.

flogen. Zum ersten Mal operierte das Kommando Schenk unter Führung der Bodenkontrollstation Benito in Rheinberg. Am 13. Oktober begegnete Pilot Officer Bob Cole von der 3. Squadron der RAF in seiner Tempest V in 4300 m Höhe bei Volkel einer Me 262.

Pilot Officer (hier im Rang eines Flight Sergeant) R. W. Cole der 3. Squadron RAF. Am 13. Oktober 1944 verfolgte Cole die Me 262 von Uffz. Edmund Delatowski von der 3./KG 51 bei Volkel. Coles Tempest konnte sich dem deutschen Jet nähern und laut einem alliierten Bericht schien Delatowskis Me 262 „... wie eine fliegende Bombe zu explodieren“, bevor sie abtrudelte.

Ein alliierter Bericht beschreibt das Geschehen wie folgt:„Die Me 262 stieg schnell, etwas über ihm, und wurde mit zwei langen Feuerstößen angegriffen, als sie 30 m über der Tempest hinwegflog. Diese geriet in den Wirbel, kam jedoch heraus, drehte um 1800 und nahm mit etwa 770 km die Verfolgung in leichtem Sturzflug auf. Bei dieser Geschwindigkeit zog die Me 262 leicht davon. Sie stürzte einige Meilen so weiter, stieg dann plötzlich etwa 250 m vertikal und ging wieder in den Horizontalflug über. Das Steigen schien keinen Einfluss auf die Geschwindigkeit zu haben. Die Tempest drehte nach rechts ab und konnte etwas näher herankommen als der Feind ebenso nach rechts zog. Die Jagd verlief etwa 65 km im Geradeausflug bei leichtem Höhenverlust. Dann wurde der Strahljäger etwas langsamer, vielleicht weil er dachte, er hätte die Tempest abgeschüttelt, was dieser das Aufschließen erlaubte. In ungefähr 3000 m Höhe feuerte die Tempest kurz aus etwa 450 m Entfernung aus dem toten Winkel von hinten, verfehlte aber das Ziel, ein erneuter Feuerstoß erfolgte aus 140 m Entfernung. Die Messerschmitt explodierte wie eine fliegende Bombe, einige Stücke flogen davon, darunter der Pilot an seinem Fallschirm. Das Flugzeug trudelte abwärts und explodierte am Boden, wo die Trümmer ausbrannten. Der RAF-Pilot berichtete, dass der Strahljäger in Hellgrau ohne irgendeine spezielle Markierung gestrichen war.“

DIETRICH PELTZ

Wurde am 9. Juni 1914 in Gera in Thüringen geboren. Nach einer Ingenieurausbildung trat er im April 1934 in die Wehrmacht ein und kam 1935 zur Luftwaffe. 1937 war der junge Offizier zum Adjutanten der I./St.G. 162 ernannt und beim Ausbruch des Krieges Staffelkapitän in der mit Ju 87 ausgerüsteten I./St.G 76. Nach der französischen Niederlage diente er im Geschwaderstab des KG 77 und flog Ju 88 in der Luftschlacht um England. Im Oktober 1940 wurde er mit dem Ritterkreuz ausgezeichnet und übernahm im März 1941 das Kommando der II./KG 77. Während der Invasion der Sowjetunion leitete er Tiefangriffe gegen das russische Eisenbahnnetz und erhielt im Dezember 1941 das Eichenlaub. Während des Sommers 1942 leitete er den Torpedo-Versuchsverband I./KG 60 in Norwegen und Mittelmeerraum und wurde im Dezember des Jahres zum Inspekteur der Kampfflieger ernannt.

Die Me 262 war die W.Nr. 170064, geflogen von Uffz. Edmund Delatowski von der 3./KG 51, der erstaunlicherweise mit lediglich leichten Verletzungen davonkam. Die deutsche Einheit versuchte eine Revanche, als drei Me 262 am 14. Volkel bombardierten. Am nächsten Tag flogen zwei Me 262 des KG 51 getrennte Einsätze gegen Chiévres und Nijmegen. Fj.Fw. Edgar Junghans von der 3./JG 51 wurde schwer verletzt, als sein Flugzeug über dem Flugplatz Rheine von einer P-51, geflogen von Lt. Huie H. Lamb von der 78. US Fighter Group, abgeschossen wurde. Lt. Hugh O. Foster aus der gleichen Einheit beschädigte eine weitere Me 262 nahe Bohmte. Am 20. Oktober 1944 flogen die Me 262 des Kommando Schenk drei Einsätze, einen gegen den Flugplatz Eindhoven, einen gegen den von Nijmegen und einen weiteren im Raum Nijmegen. Am nächsten Tag bombardierten Me 262 den Platz in Grave, wobei sie einen Flieger töteten und 18 Spitfire des No. 127 Wing beschädigten. Die 3. Squadron der RAF meldete Beschädigungen an zwei Strahljägern im Raum Rheine, eine durch Flt.Lt. Umbers und eine gemeinsam durch die Flt.Lts. Duff und Dryland.

Gegen Ende Oktober 1944 wurde das Kommando Schenk offiziell in das KG 51 überführt. Bis dahin besaß es ungefähr 25 Flugzeuge, womit insgesamt 400 Einzelmissionen erfolgten. Einige Flugzeugführer hatten bis zu sechs Einsätze an einem Tag geflogen. Eine größere Zahl von Angriffen war wegen des wiederholt extrem schlechten Wetters im Zielgebiet nicht möglich gewesen. Die vorletzten von der Einheit geflogenen Missionen waren Wetteraufklärungsflüge über der Maas am 25. Oktober. Am folgenden Tag erlitt das Kommando seine letzten Verluste, als eine Me 262 zerstört und eine weitere von der 3. Squadron der RAF in Rheine am Boden beschädigt wurde.

Elf Monate vorher, im November 1943, hatte Hitler Generalmajor Dietrich Peltz zum „Angriffsführer England“ ernannt. Weiterhin in der Position als Inspekteur der Kampfflieger, übernahm Peltz das Kommando über das IX. Fliegerkorps, das, ausgerüstet mit einer bunten Mischung von Ju 88, Ju 188, Do 217, Me 410, ein paar He 177 und Fw 190, die Aufgabe bekommen hatte, eine neue Bomberoffensive gegen die britischen Inseln zu starten. Wegen der relativ geringen Einsatzerfahrung vieler Besatzungen und der stark verbesserten britischen Nachtverteidigung erwies sich die Offensive als uneffektiv und im Mai 1944 war die Gesamtzahl der einsatzfähigen Maschinen von 550 auf 144 abgesunken. Nach diesen katastrophalen Verlusten zog man das IX. Fliegerkorps aus dem Einsatz, wodurch der Luftwaffe etwa 200 relativ gut ausgebildete Bombenflieger ohne Aufgabe zur Verfügung standen. Peltz, unterstützt von den Generalmajoren Diesing und Storp, schlug Göring vor, die-

Generalmajor Dietrich Peltz (zweiter von links), der „Angriffsführer England“, begrüßt Kampfflieger einer Einheit des IX. Fliegerkorps auf einem regennassen Flugplatz irgendwo in Frankreich im Frühjahr 1944.

Me. 262 Operations on Western Front — TOP SECRET U

4th - 12th October, 1944

Datum	2nd T.A.F. Reports	Datum	ULTRA
4/10	Volkel 2 bombs (250 kilo?) dropped on S.E. of a/f. N.D.C. Nijmegen 5 Me.262 at 16,000' jettisoned bombs.	4/10	Operations Report: 5 operations with 12 a/c of which 8 against Nijmegen, 1 against Volkel, and 3 against Grave. Bombs: 2 SC 250, 18 SD 250, and 2 AD 500, SD10. Ops. very seriously handicapped by mist in forenoon and electrical storm in afternoon as well as heavy cloud at target. Bombs dropped only through gaps in clouds.
5/10	Nil on bombing 1 Me.262 shot down North of Nijmegen 1 jet seen near Rheine by 24 Typhoons attacking A/f.	5/10	Operations Report: Bombs jettisoned, 1 a/c lost, 1 overdue. Latter later reported to have crashed while jettisoning bombs at Nordhorn.
6/10	S.E. OF Nijmegen 2 Me.262 at 14,000' dropped 2 cannisters.	6/10	Operations Report: Intentions 4 a/c to take off 1045 against Nijmegen.
7/10	Grave One of 4 Me.262 seen dived out of cloud at 20,000 and released one cannister of 1 kilo A/P bombs at 17,000. Opened at 14,000 and exploded on impact. Grave One Me.262 at 13,000 seen to dive and drop bomb 15 miles E. of airfield.	7/10	Operations Report: 3 ops. with 7 a/c. 3 a/c Nijmegen area: 1 AB 500, SD10, 2AB500 SD1 2 a/c Grave A/f : 2 AB 500, SD10 2 a/c Volkel A/f : 2 AB 500, SD1 Operation impeded by bad visibility and airraid warning. An AB500 SD1 observed to explode 100 m. under the a/c. Issue stopped.
11/10	S. of Nijmegen. Bombs. A/c not identified. Volkel. Bombs. " " ")Comment: Almost certainly Me.262	11/10	Operations Report: 1700 1 Volkel a/f. 2SD 250 3 Grave a/f. 6SD 250 4 Nijmegen 4AB500 SD4. Results at Grave and Nijmegen not observed. At Volkel hits on perimeter, outside parked aircraft. Special Ops. Report 2200: Benito control being used.
12/10	Volkel Antipersonnel bombs. (Almost certainly a/c not identified. Me.262) Volkel 1 Me.262 bombs Grave 1 Me.262 2 bombs.	12/10	~~Operations Report:~~ 7 Volkel A/d. 4 SD250, 5 AB 500, SD4 3 Grave 4 SD250, 1 AB 500, SD4 1 Eindhoven 1 AB 500, SD4 4 Nijmegen 8 SD 250 1 Helmond } not known 1 Eindhoven town } not known 17 (Comment: Approx. 2 sorties per serviceable aircraft).

AI 3b.
16.10.44

Reproduktion eines britischen Dokuments vom 16. Oktober 1944, das von den Jägern der Zweiten Taktischen Air Force der RAF gemeldete Me 262-Einsätze mit deutschen Einsatzberichten vergleicht, die mit Hilfe des „Ultra"-Entschlüsselungssystems decodiert wurden. Beachtenswert die „TOP SECRET U"-Einstufung am oberen rechten Rand.

se Männer auf die Me 262 umzuschulen und begründete dies mit deren bereits vorhandenen Erfahrungen im Allwettereinsatz. Sie waren geübt im Instrumenten- und Schlechtwetterflug und vertraut mit mehrmotorigen Maschinen, alles Fähigkeiten, die bei Jagdfliegern wenig zu finden waren. Göring war sofort von dieser Idee begeistert und so begann ein Streit zwischen den Jagd- und Kampffliegerkommandeuren, der nicht zum Erfolg der Me 262 beitrug.

Galland, der die Sache der Jäger vertrat, notierte sinngemäß in seinem Tagebuch: „In der entscheidenden Sitzung versuchte ich zu beweisen, dass nur die erfahrensten Jäger aus der Me 262 den größten Erfolg herausholen könnten und dass die Kampfflugzeugführer unmöglich auf dem Wege zum Strahljäger den Motorjäger überspringen könnten, dass sie im Luftraum weder genügend sehen, noch einteilen könnten, dass sie bei der großen Annäherungsgeschwindigkeit Feind und Freund nicht würden auseinanderhalten können und vieles andere mehr. Ich empfahl, das IX. Fliegerkorps aufzulösen, während Peltz forderte, dass dieses Fliegerkorps um jeden Preis intakt erhalten werden sollte. Er machte schnelle Versprechungen, dass sie bei schlechtem Wetter operieren könnten. Ich entgegnete, dies sei irrelevant und zog mir damit den Ärger des Reichsmarschalls zu, wurde furchtbar zurechtgewiesen und man riet mir, dies nie wieder zu erwähnen."

Oberst Hajo Herrmann, der die 9. Fliegerdivision übernahm (die unter Peltz operierte), entgegnete dieser Argumentation in seiner Autobiografie. „Nur eine Voraussetzung war zu erfüllen, eine die den Reichsmarschall überzeugte, die Strahljäger an die Kampfflieger zu übergeben: die Unabhängigkeit vom Wetter. Das konnte garantieren, dass ausreichend große Formationen in der Lage wären, in guter Ordnung durch die Wolken zu steigen und präzise zu navigieren, um den Feind zu treffen."

Ende September begann einer von Peltz' Bomberverbänden, das „Totenkopf"-Geschwader KG 54 mit den Vorbereitungen zum Empfang der Me 262. Die Einheit hatte eine lange und ausgezeichnete Geschichte. Die erste Gruppe war am 1. Mai 1939 von der III./KG 254 in Fritzlar gebildet worden. Sie war ursprünglich mit Behelfsbombern Ju 52/3m ausgerüstet, bis zum Ausbruch des Zweiten Weltkriegs jedoch auf He 111 umgestellt. Sie nahm teil an den Invasionen Polens, Hollands, Belgiens und Frankreichs, wo die II./KG 54 dazukam, gebildet aus der zweiten Gruppe des KG 28, und die neuaufgestellte III./KG 54. Die letztere Gruppe wurde bald wieder aufgelöst, während die verbliebenen, jetzt auf Ju 88 umgerüstet, Einsätze gegen die britischen Inseln flogen. Es folgte die Verlegung auf polnische Plätze zur Invasion der Sowjetunion, wobei die I./KG 54 im Januar 1942 nach Sizilien kam. Im September 1942 wurde aus der KGr 806 eine neue III./KG 54 geformt, die zusammen mit der I./KG 54 1943 nach Italien ging. Diese beiden Gruppen verlegten 1944 auf französische Plätze zum Einsatz gegen Großbritannien, während die II./KG 54 im April aufgelöst wurde.

Nach den schweren Schlägen, welche die Einheit während der alliierten Invasion in Frankreich erlitt, wurden die I. und III./KG 54 nach Giebelstadt bzw. Neuburg an der Donau rückverlegt. Am 1. Oktober 1944 erhielt sie die neue Bezeichnung KG(J) 54 („Kampfgeschwader im Jagdeinsatz“), die für alle Kampffliegereinheiten gewählt wurde, die zur Jagd kamen. Wegen des Mangels an Strahlflugzeugen erhielt die I./KG(J) 54 zuerst nur eine Me 262, einen Zweisitzer B-1a (wahrscheinlich die W.Nr. 170075). Zur Gewöhnung der Besatzungen an kleine, schnelle Jagdflugzeuge, wurden auch sechs Fw 190 F-8 an die Einheit geliefert. Ein Bombenangriff auf Giebelstadt führte zum Verlust von viel Material und dem Tod eines Unteroffiziers am 3. Oktober. Elf Tage später verlor das KG(J) 54 sein erstes Flugzeug, als Ofw. Kurt Schwarz in der Fw 190 A-8 (W.Nr. 172698) mit dem Kennzeichen B3+TH abstürzte und starb.

Bis zum 20. Oktober hatte das KG(J) 54 zehn Fw 190 F-8 als Übungsmaschinen erhalten. Am gleichen Tag wurde die IV. (Erg.)/KG 54 aufgelöst, deren Personal dann im Januar die II./KG(J) 54 bildete. Am 23. wurde Oberst Walter Marienfeld, der General der Kampfflieger und Ex-Kommodore des KG 54 bei einem Unfall während der Inspektion der I./KG(J) 54 in Giebelstadt getötet. Beim gleichen Unfall wurde Hptm. von Oppel, Adjutant des KG(J) 54 verwundet. Zu dieser Zeit hatte das Geschwader folgende **Führungsstruktur:**

Kommodore	Obstlt. Volprecht Riedesel Freiherr zu Eisenbach
Adjutant	Hptm. Karl-Friedrich von Oppel
Kommandeur I. Gruppe	Hptm. Ottfried Sehrt
Adjutant I. Gruppe	Oblt. Walter Draht
Kapitän 1. Staffel	Hptm. Werner Tronicke
Kapitän 2. Staffel	Oblt. Dr. Heinz Oberweg
Kapitän 3. Staffel	Oblt. Christian Wunder
Kommandeur III. Gruppe	Hptm. Eduard Brogsitter
Adjutant III. Gruppe	Oblt. Axel Studt
Kapitän 7. Staffel	Hptm. Helmut Kornagel
Kapitän 8. Staffel	Oblt. Heinz Rall

Eine Junkers Ju 88 A-4 der 1./KG 51 beim Warmlaufen der Motoren vor einem erneuten Bombenflug gegen die britischen Inseln im Sommer 1940. Das „Totenkopf“-Geschwaderemblem wurde von vielen Maschinen des Verbandes, einschließlich der Me 262, während des Krieges getragen.

Dieses 1944 in Gardelegen aufgenommene spätere Foto zeigt eine Ju 88 A-4 des KG 54, die zur Ergänzungsstaffel des Geschwaders gehörte. Beachtenswert ist das geänderte Einheitsabzeichen. Wenige Monate später erhielt diese Staffel die Me 262.

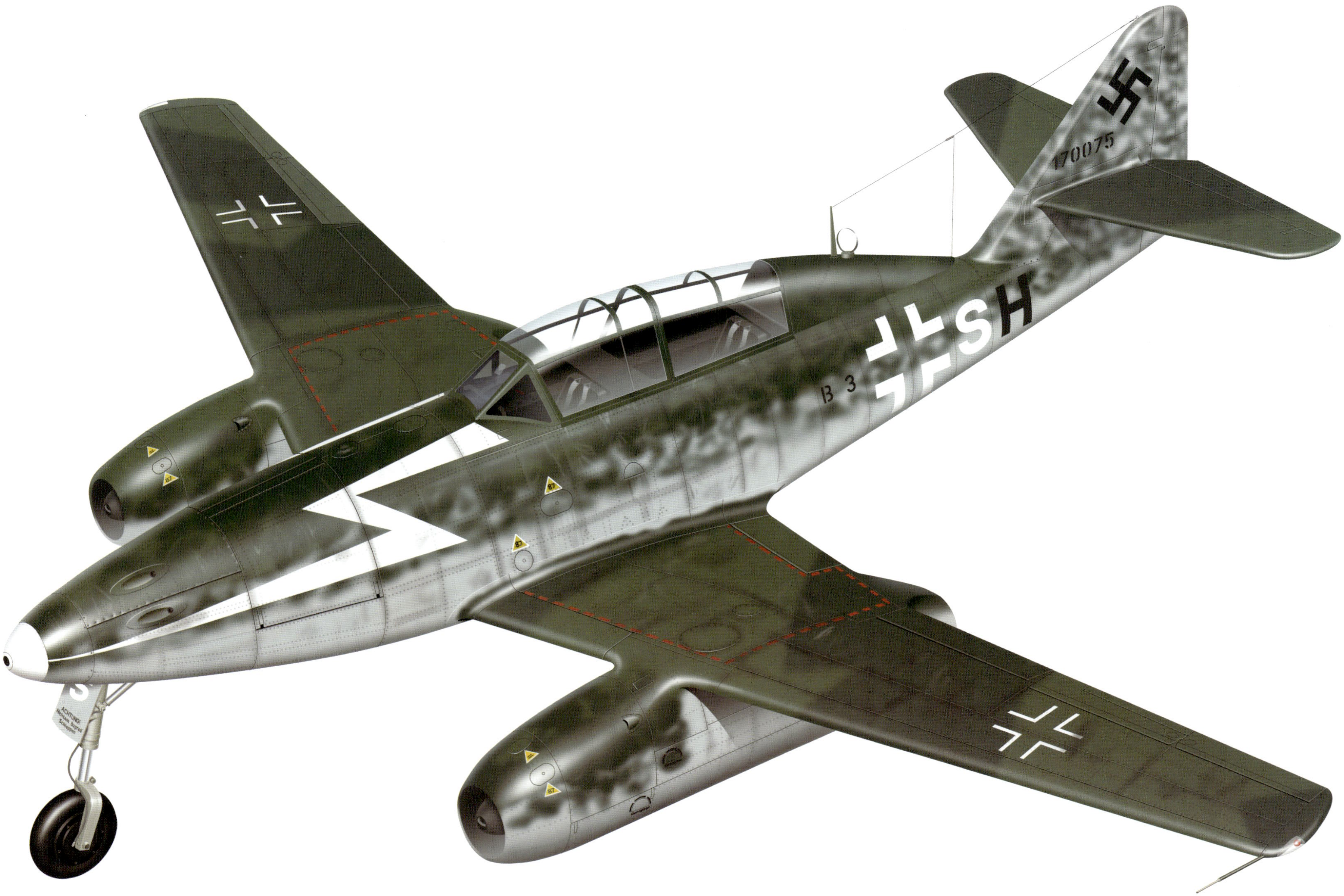

Me 262 B-1a W.Nr. 170075 “B3+SH”, 1. /KG 54 November 1944.

Dies war der erste an das KG(J) 54 gelieferte zweisitzige Trainer. Er hatte auffallende weiße Blitze auf die Rumpfspitze gemalt.

Eine zweisitzige Übungsmaschine Me 262 B-1a, W.Nr. 170075, der I./KG(J) 54, wahrscheinlich Ende 1944 in Giebelstadt aufgenommen mit seltener Blitz-Markierung des Rumpfvorderteils.

1 *Der 1902 geborene Karl-Otto Saur studierte an den Universitäten Freiburg und Karlsruhe und schloss als Diplom-Ingenieur ab. Er arbeitete bis 1937 bei Thyssen in der Stahlindustrie, bevor er in das von Dr. Fritz Todt geleitete Büro Todt eintrat, das für das gesamte staatliche Bauwesen unter Görings Vier-Jahres-Plan zuständig war. Als Dr. Todt 1940 zum Minister für Bewaffnung und Munition ernannt wurde, kam Saur in dieses Ministerium als Todts führender Assistent. Im Februar 1942 starb Todt bei einem Flugzeugunfall, sein Nachfolger war Albert Speer, dessen Dienststelle 1943 in Ministerium für Bewaffnung und Kriegsproduktion umbenannt wurde. Wegen seiner NSDAP-Verbindungen wurde Saur 1942 zum Chef des technischen Büros im Rüstungsministerium ernannt und erhielt den Rang eines Hauptdienstleiters (der zweithöchste in der Partei-Hierarchie). Saur hatte keine Kenntnis der Methoden der Flugzeugkonstruktion und -fertigung, besaß aber große Durchsetzungskraft und wurde mit seiner Ernennung zum Leiter des Jägerstabs im März 1944 mit diktatorischen Vollmachten versehen. Am 1. August 1944 wurde der Jägerstab vom Rüstungsstab abgelöst und Saurs Autorität erweitert und schloss nun den Bau von Panzern, U-Booten, V-Waffen und die gesamte Flugzeugfertigung ein. Sein phänomenales Gedächtnis für Daten und Zahlen machte Saur zu einem von Hitlers Favoriten, mit dem er regelmäßige Rüstungskonferenzen in den letzten Stadien des Krieges durchführte. In Hitlers letztem Testament vom 29. April 1945 wurde Saur zu Speers Nachfolger als Rüstungsminister benannt, doch übernahm er diesen Posten nie. Obwohl Saur eine der weniger bekannten Personen des Dritten Reiches blieb, übte er einen beträchtlichen Einfluss auf die gesamte deutsche Rüstungsindustrie aus und tat unter Speers Leitung durch den erhöhten Fertigungsausstoß viel, die Kampffähigkeit der Wehrmacht im letzten Kriegsjahr zu erhalten. Er starb 1966.*

2 *Die Firma Messerschmitt veranstaltete eine Reihe von Konferenzen zur Weiterentwicklung der Me 262. Die Protokolle dieser Treffen wurden fortlaufend nummeriert.*

3 *Die Einteilung des Kraftstoffverbrauchs war ein ziemlich schwieriges Problem für den Führer des Me 262-Bombers. Der Treibstoff des hinteren Behälters musste zuerst verbraucht werden, da die Maschine sonst beim Bombenabwurf schwanzlastig wurde.*

4 *Ein Problem, das sich herausstellte, war, dass die Me 262 nur eine vom linken Motor angetriebene Hydraulikpumpe hatte. Wenn dieses Triebwerk ausfiel, verlor das Flugzeug seine hydraulische Kraft. Es war geplant, am rechten Triebwerk eine zweite Pumpe anzubauen, wozu es aber nie einsatzmäßig kam.*

5 *Messerschmitts Technischer Außendienst.*

6 *Richtstrahlen für Funknavigation.*

7 *Die Piloten waren Sqd/Ldr. R. I. A. Smith, Flt/Lts. Everard und Davenport und F/Os. Sinclair und J. MacKay.*

Kapitel Fünf

„In Übereinstimmung mit den Befehlen des Führers“

Im Oktober 1944 wurden trotz Hitlers gegenteiliger Anordnung insgesamt 52 Me 262-Jäger geliefert, die bis auf einen (der an TLR ging) zum Kommando Nowotny kamen. Im gleichen Monat waren 65 Me 262 als Bomber ausgeliefert worden, 52 davon gingen an das KG 51, fünf an das KG 54, fünf zum Umbau in zweisitzige Trainer, zwei an das Flieger Überführungs-Geschwader und eine an den General der Aufklärungsflieger. Zwei Me 262 waren zu Schulflugzeugen umgebaut worden, eins davon kam zum General der Jagdflieger, eins zum KG 76. Die Gesamtausbringung bis dahin betrug 265 Me 262, davon 30 bei Messerschmitt zerstört, verblieben 235. Die geplante Fertigung für November und Dezember 1944 betrug 130 bzw. 200 Flugzeuge.

Zu dieser Zeit wurde immer klarer, sogar für Hitler, dass die Me 262 als Bomber vergeudet war, so dass er während einer zwischen dem 1. und 4. November stattfindenden Rüstungskonferenz endlich seine Genehmigung erteilte, mit der Serienfertigung der Me 262 als Jäger zu beginnen. Jedoch bestimmte er auch jetzt noch, dass jedes Flugzeug „im Notfall in der Lage sein musste, mindestens eine 250-kg-Bombe zu tragen“. Sogar noch am 5. Januar bestand Hitler darauf, die Me 262 mit 500-kg-Bomben auszurüsten, um feindliche Eisenbahnen und Werften hinter der Westfront anzugreifen.

Ein Angriff von 60 bis 80 P-47 und P-51 der Achten US Air Force am 18. November auf Leipheim zerstörte 17 Me 262 und beschädigte weitere 19. Dieser Rückschlag führte dazu, dass nur 78 Me 262 im November gebaut und drei repariert wurden. Von diesen 81 gingen 18 zur I./KG 51, 25 zur II./KG 51, vier zur IV./KG 51, fünf zum Umbau in Nachtjäger, zwei zur Konversion in Zweisitzer, zwei an TLR, fünf an die III./JG 7, zwölf an den General der Jagdflieger (für Waffenerprobungen), drei an das EJG 2, zwei an die NAGr 6 und drei an das Flieger-Überführungs-Geschwader.

Am 15. Dezember 1944 wurde das Lieferprogramm 227 herausgegeben, welches das Programm 226[1] ersetzte, das am 23. September 1944 in Kraft getreten war. Es wurde entworfen, um der durch die Luftangriffe auf die deutsche Flugzeugindustrie seit Mitte des Jahres eingetretene Einschränkung der Fertigungskapazität Rechnung zu tragen. Es sah einen monatlichen Spitzenwert von 6400 Flugzeugen vor, die im Oktober 1945 gefertigt werden sollten, aber mit einem nachfolgenden Absinken auf 6020 ab Februar 1946. Der Bau solcher Typen, wie Ju 88, Ju 388, He 219, Do 335, Me 163 und der Trainer Sk 257 sollte eingestellt bzw. stark reduziert werden, zu Gunsten eines beträchtlichen Anstiegs der Fertigung von Strahljägern Me 262 und He 162. Bald nach der Festlegung der Ziele des Programms 227 wurde klar, dass sie nicht zu erreichen

Willy Messerschmitts revolutionäres Meisterstück: Der Strahljäger Me 262 A-1a. Das hier gezeigte werkneue Exemplar, W.Nr. 110371, ist eine normale Serienmaschine mit dem um 18,5 Grad gepfeilten Flügel mit ausgefahrenen Vorflügeln.

Endmontage einer Me 262 in einem der Hauptwerke in Süddeutschland, 1944-45. Es gab fünf davon: In Leipheim, Schwäbisch-Hall, Obertraubling, Neuburg an der Donau und Kuno, wobei letzteres ein Tarnname für ein „Waldwerk" war.

Vor der Ablieferung zur vorgesehenen Einsatzeinheit durchlief jede Maschine eine strenge Einflugerprobung. Nach erfolgreichem Abschluss dieser Abnahmeflüge gingen viele Flugzeuge an das Flieger-Überführungsgeschwader, das sie an die einzelnen Einheiten ablieferte. Hier ist eine neugebaute Me 262, W.Nr. 110604, bei Abnahmeflügen in Lechfeld und später (eingesetztes Bild aus einem Film) vor der Lieferung an die 11./EJG 2, versehen mit der taktischen Nummer „Rote 1", zu sehen.

waren. Immer stärker waren die Schwierigkeiten zu spüren, die aus den Bombardierungen der Fabriken, der Beeinträchtigung des Transports, den Einberufungen der Arbeiter und dem Verlust von Territorien resultierten. Deshalb wurde am 1. März 1945 das Programm 228 in Kraft gesetzt, das einen Höchstwert von 4200 im Juli 1945 zu bauenden Flugzeugen vorsah. Die Kolbenmotorjäger Bf 109 und Fw 190 sollten zu Gunsten der Ta 152, Me 262 und He 162 auslaufen. Ein Zitat aus dem Tagebuch von Goebbels vom 16. März 1945 umschreibt dies:

„Entsprechend einer Führerentscheidung ist die Fertigung auf die Me 262 zu konzentrieren. Diese kann 70 Minuten in der Luft bleiben und benutzt eine Art Dieseltreibstoff, wovon 44.000 Tonnen verfügbar sind und dieser Grad der Bevorratung kann gehalten werden. Um das Programm zu erfüllen, hat Reichsminister Speer die Konzentration aller Ressourcen, Transportkapazität und Arbeitskräfte auf die Me 262 befohlen. Die bisher geflogenen Einsätze erlauben die Annahme einer Abschussrate von 5 zu 1 zu unseren Gunsten. Eine Mosquito wird durch einen Treffer der Me 262 einfach zerrissen und vier Treffer machen einen Bomber fertig. Nach einem Monat Kampf zu diesen Bedingungen werden die angelsächsischen Verluste in der Luft unvermeidlich so schwer sein,

Reichsminister Albert Speer erläutert Hermann Göring eine Einzelheit. Im letzten Kriegsjahr schrieb Goebbels: „Speer hat die Konzentration aller Ressourcen, Transportkapazitäten und Arbeitskräfte auf die Me 262 befohlen..." In seinen eigenen Nachkriegsmemoiren schreibt Speer, die Me 262 war „... die wertvollste unserer „Geheimwaffen"".

dass sie ihre Luftangriffe reduzieren müssen."

Während die zehn Prototypen der Me 262 und die ersten fünf Serienmaschinen in Augsburg-Haunstetten fertiggestellt wurden, entstanden die meisten nachfolgenden Flugzeuge in fünf Endmontagewerken, alle in Wäldern versteckt, sogenannten „Waldwerken". Drei davon arbeiteten unter der Leitung des Messerschmitt-Stammwerkes in Augsburg, zwei unter jener der „Schatten"-Fabrik in Regensburg. Es waren:

AUGSBURG

Leipheim

Lag in der Nähe des Flugplatzes Leipheim mit einer Produktionsfläche von 4200 m². Nach den alliierten Luftangriffen auf das Flugfeld nutzte man die nahegelegene Autobahn zur Flugerprobung und Lieferung.

Schwäbisch-Hall

In der Nähe des Flugplatzes Schwäbisch-Hall liegend mit einer Fertigungsfläche von 3800m².

Kuno I

In Burgau etwa 35 km westlich von Augsburg an der Autobahn Augsburg-Ulm gelegen. Dieser Komplex nutzte zuerst den Flugplatz Leipheim und dann die Autobahn selbst für die Einfliegerei. Er hatte eine Produktionsfläche von 4700 m². Ein ähnlicher Komplex, Kuno II, war bei Leipheim in Bau.

REGENSBURG

Obertraubling

In der Nähe des Flugplatzes von Obertraubling gelegen. Begann mit der Endmontage der Me 262 im November 1944. Produktive Fläche 4400 m².

Neuburg an der Donau

Lag beim Flugplatz Neuburg und hatte ein Produktionsareal von 4400 m². Kuno I war ein typisches Beispiel eines „Waldwerks" mit 21 provisorischen Holzbauten, einschließlich sieben Baracken zur Unterbringung der Arbeiter. Die Dächer der Gebäude waren grün gestrichen, um sie besser vor möglicher alliierter Luftaufklärung zu tarnen. In Kuno I waren insgesamt 845 Menschen beschäftigt, die im Zweischichtsystem arbeiteten. Der Bereich Flächenfertigung war etwa 100 m lang und rund 15 m breit.

Zusätzlich zu den „Waldwerken" waren sechs massive halbunterirdische sogenannte „Bunkerwerke" im Bau. Typisch für diese „Bunkerwerke" war Weingut

Angeblich ein Foto, das die Übergabezeremonie einer Me 262 aus der frühen Fertigung an die Luftwaffe im April 1944 bei Messerschmitt zeigt. Am linken Rand steht Gerhard Caroli, Leiter der Messerschmitt-Flugversuchsabteilung. Das Rednerpult ist mit dem bei solchen Veranstaltungen traditionellen Tannengrün geschmückt.

Gauleiter Fritz Sauckel, Reichs-Generalbevollmächtigter für den Arbeitseinsatz und Schöpfer der REIMAHG-Flugzeugwerke in Kahla.

Ein US-Offizier der technischen Aufklärung besichtigt eine Me 262-Zelle im Werk Kahla, südlich von Jena in Thüringen. Das Flugzeug ist fast komplett bis auf die Bugsektion, die noch nicht am Hauptrumpf montiert ist. Man beachte den ungestrichenen Metallrumpf mit dem braunen Spachtelungauftrag.

II (Tarnname), das im Iglinger Wald bei Kaufering (etwa 65 km westlich von München) im Entstehen war. Gebaut von etwa 10.000 ungarischen Juden aus dem nahegelegenen Konzentrationslager Kaufering, sollte der Komplex die Fertigung des Augsburger Messerschmitt-Werks aufnehmen. Weingut II bestand aus einem halb unterirdischen Gewölbe, etwa 80 m breit, 283 m lang und mit 25 m innerer Höhe, mit einem Betondach in Schalenbauweise von 3 bis 18 m Dicke, darauf Erde und Bäume zur Tarnung. Die gesamte Bodenfläche betrug rund 95.000 m², wovon über zwei Drittel für die Flugzeugproduktion nutzbar waren. Dieser riesige Raum sollte sechs Ebenen haben und als vollkommen bombensicheres Werk Me 262 herstellen. Am Ende des Krieges waren die ersten Maschinen und Vorrichtungen bereits untergebracht, wenn auch die Ausbaggerungen unter dem Betondach noch weit von der Fertigstellung entfernt waren. Die Anlage wurde von amerikanischen Truppen eingenommen, die von der gewaltigen Größe des Unternehmens erschüttert waren. Heute wird es als Lager für verschiedene Dinge, wie militärische Ausrüstungen und pharmazeutische Waren benutzt.

Weitere Me 262-Werke wurden in Erding bei München und Kahla/Thüringen errichtet. Am 28. Juli 1943 bombardierte die Achte US Air Force die AGO Flugzeugwerke in Oschersleben, die Fw 190 herstellten. Weitere Angriffe im Januar und Februar 1944 zwangen die Firma zur Verlegung der Fertigung in die Anlagen der ARWA, eines Strumpfherstellers. Am 8. März schlug Fritz Sauckel[3], der Reichs-Generalbevollmächtigte für den Arbeitseinsatz, Göring vor, einen massiven Komplex von bombensicheren Fabriken unter der Bezeichnung REIMAHG für Reichsmarschall Hermann Göring im Gebiet Kahla-Pößneck südlich von Jena zu errichten. Dieser sollte den Bau der Fw 190 und Ta 152 übernehmen, der formal Oschersleben zugewiesen war. Es war beabsichtigt, dadurch die monatliche Produktion von rund 100 auf 500 zu erhöhen. Der Bau des ersten Werkes begann in einem früheren Bergwerk für Porzellanerde am 11. April 1944 und am 6. Mai bestand die Belegschaft aus 75 deutschen Facharbeitern, 187 italienischen und 390 polnischen oder russischen Sklavenarbeitern, darunter 153 Frauen. Es war geplant, mit der Endmontage der Fw 190 am 1. August zu beginnen, was sich als unrealistisch erwies, da der Umzug gerade begonnen hatte. Göring und Saur besichtigten Kahla am 10. Oktober 1944, als bereits 10 Millionen Reichsmark in den Komplex geflossen waren. Schätzungen gingen davon aus, dass

Der Flugplatz Leipheim, auf dem eine Reihe der Me 262-Versuchsmuster ihre Erprobungsflüge absolvierten. Der Platz wurde mehrmals von Bombern der Achten und Fünfzehnten USAAF Air Force angegriffen, wobei die Me 262 V3 und V10 und die zweite V1, V5 und V6 beschädigt wurden. Dieses Foto entstand am 18. November 1944 nach einem Bombenangriff der Achten US Air Force, bei dem 29 Me 262 zerstört wurden.

Eine Aufnahme aus einer der Hallen in Leipheim. Teilweise fertiggestellte Me 262 stehen auf der Abstellfläche. Hinten erkennt man einen Lastensegler Me 321 „Gigant“.

Geschäftiges Treiben in einem der Hangars in Leipheim, (oben rechts) Prüfung der Flügelunterseite einer Me 262 durch einen Techniker, während (links) an einer gerade montierten Strahlturbine Jumo 004 gearbeitet wird, (oben links) sind Kisten mit Einzelteilen an den Hallenwänden aufgestellt. Am Halleneingang liegt am Boden eine Abdeckhaube für den Bugwaffenraum.

Nach wiederholten alliierten Luftangriffen auf Leipheim wurde beschlossen, die nahe gelegene Autobahn (Stuttgart-München) für das Einfliegen und die Ablieferung der Flugzeuge zu nutzen. Bei einer Diskussion über die mit dem Start der Me 262 von der Straße verbundenen technischen Probleme sind hier von links, Ing. Jaudt, Leiter des Fertigungswerks Kuno I und Ing. Delang, der Projektleiter, zu sehen. Der Luftwaffenoffizier, von dem nur die Uniformmütze sichtbar ist, könnte eventuell Hptm. Thierfelder vom Erprobungskommando 262 sein.

dies auf 50 Millionen steigen würde. Zwei Tage nach dem Besuch der beiden kam ein Führererlass heraus, der besagte, die Fertigung sei von Fw 190 und Ta 152 auf die Me 262 umzustellen. Am 18. Oktober befahl Sauckel Dr. Roloff, die volle Verantwortung für den Me 262-Bau in Kahla zu übernehmen und betonte dabei die Notwendigkeit des Beginns der Massenfertigung trotz der schwierigen Bedingungen. Gegen Monatsende lieferte Messerschmitt ein Flugzeug und einige Baugruppen, im November kamen drei weitere halbfertige Me 262 an. Ein kompletter Satz von Komponenten und Teilen als Demonstrationsmodelle für Vorrichtungen und Werkzeuge traf ebenfalls ein. Man plante auch, die Fertigung von Tragflächen von der Arbeitsgemeinschaft Gutbrod in Leonberg und Jumo 004-Triebwerksverkleidungen vom Gläser-Karosseriebau Dresden auf die REIMAHG umzulegen. Der kalkulierte Komplettpreis einer Me 262 ohne Bewaffnung sollte 135598 RM betragen.

Im Januar 1945 war der Bau weit genug fortgeschritten, dass die Endmontage der Me 262 beginnen konnte. Der Komplex umfasste jetzt 75 Tunnel mit einer Gesamtlänge von 32 km, was eine Produktionsfläche von 10.000 m^2 ergab. Vier bombensichere Gebäude oder Bunker waren ebenfalls fertig. Bunker 0 aus 2 m dickem Stahlbeton nahm Konstruktions- und Verwaltungsbüros und einen Speisesaal für 3000 Personen auf. Die Bunker 1, 2 und 4, ebenfalls aus 2 m dickem Beton sollten der Endmontage dienen. Weiterhin gab es fünf freitragende hölzerne Montagehallen von je 100 m mal 20 m Grundfläche. Die Montagetunnel besaßen eine Zahnradbahn, die eine fertig montierte Me 262 zur speziell errichteten Rollbahn auf dem Hügelkamm beförderte. Diese war 1300 m lang und 50 m breit und sollte als Startbahn für den Überführungsflug der fertigen Flugzeuge zu ihren Bestimmungsorten dienen. Zu dieser Zeit waren über 15.000 Arbeiter in Kahla beschäftigt, von denen etwa zwei Drittel Zwangsarbeiter oder ausländische Gefangene waren. Es war vorgesehen, dass, wenn Kahla in vollem Betrieb sein würde, dort vierzig Flugzeuge gleichzeitig montiert werden konnten. Tatsächlich wurden bis März 1945 nur etwa 15 Me 262 fertig, die meisten davon aus Teilen montiert, die andere Messerschmitt-Werke angeliefert hatten. Als US-Truppen Kahla am 12. April 1945 erreichten, fanden sie Teile für 200 Flugzeuge, darunter 10 komplette Me 262-Rümpfe und viele andere Teile im Gelände verstreut. So betrug die tatsächliche Fertigung, trotz all des Geldes, Aufwands und Elends, das der Bau verursacht hatte, nicht mehr als 40 Flugzeuge.

Die tatsächliche Me 262-Produktion stieg im Dezember 1944 etwas an, insgesamt 114 Jäger wurden ausgeliefert und weitere 17 repariert. Von diesen 131 Maschinen blieben 45 im Werk, 17 kamen zur Luftflotte Reich. Den Rest von 69 teilten sich die III./JG 7 mit 41, die I./KG(J) 54 mit 15, zwei gingen zur Ergänzungs-Jagdgruppe, eine zum Umbau zum Zwei-

Aufgenommen von Angehörigen der Fünfzehnten US Air Force zeigen diese Bilder die rudimentären und primitiven Bedingungen für die Lagerung von Großbauteilen im Werk Obertraubling. Auf dem linken Foto liegen die Bugsektionen der Me 262 mit bereits eingebauten 30-mm-Kanonen MK 108 auf hölzernen Paletten auf dem Boden. Die Aufnahme unten rechts zeigt vier Heckteile, die eventuell von einem Eisenbahnwaggon geladen wurden, und oben liegen Strahltriebwerksverkleidungen und Kraftstoffbehälter vom Boden bis zur Decke aufgestapelt.

Blick aus der Endmontagelinie des Messerschmitt-Werkes Obertraubling, südlich von Regensburg. Dieser Betrieb hatte eine Produktionsfläche von 4400 m².

Zugewachsene Schienen führen zur getarnten Montagelinie, die zwischen den Bäumen in Obertraubling gebaut wurde. Zurückgelassene Montagehilfswagen liegen im Vordergrund, und zwischen den Bäumen links ist eine Me 262 erkennbar.

Das Messerschmitt-Endmontagewerk in Obertraubling, wie es von amerikanischen Truppen bei Kriegsende 1945 vorgefunden wurde. Nicht ganz fertiggestellte Me 262 liegen im Freien hastig und wenig wirksam mit Ästen getarnt auf einer Waldlichtung. Eine einspurige Eisenbahnstrecke – die Verbindung nach Straubing und Landshut – liegt nahebei und bot so eine Verbindung zu anderen Messerschmitt-Fabriken und Zulieferern.

Der massive im Iglinger Wald bei Kaufering gebaute Betonfabrikbunker, genannt Weingut II. Seine Spannbetondecke war zwischen 3 und 18 m dick, zur Tarnung mit Erde bedeckt und mit Bäumen bepflanzt. Unter dem Dach befanden sich sechs Geschosse, die eine Gesamtbodenfläche von etwa 95.000 m² boten, so dass hier eine vollständig bombensichere Serienfertigung der Me 262 vorgesehen war.

sitzer, zwei zum Umbau für Mistel-Einsatz, eine zum Waffenumbau, vier an das Kommando Welter und eine an das Kommando Braunegg. Diese letzten beiden Einheiten führten Nachtjagd- bzw. Aufklärungseinsätze durch. Im gleichen Monat wurde ein Me 262-Schulflugzeug neu gebaut und weitere acht entstanden durch Umbau, vier davon gingen an das KG 54, zwei an die I./JG 7, eine an das KG 76, eine an das Flieger Überführungs-Geschwader und eine an die III./EJG 2.

Einen interessanten Einblick in die Produktionsschwierigkeiten bei der Me 262 liefert ein Bericht, den nach Kriegsende Otto Lange aus dem Messerschmitt-Büro in Oberammergau für die Alliierten schrieb: „Es war leider typisch für die Arbeitsmethoden bei Messerschmitt, dass die Herstellungsseite der Flugzeuge noch hinterher hinkte, das erforderte zusätzliche Arbeit und weiteren Zeitverlust. Weiter kamen bei der Flugerprobung unvorhersehbare Instabilitäten zum Vorschein, wenn bei Geschwindigkeiten über 800 km/h geflogen wurde. Der Grund dafür konnte nicht sofort festgestellt werden und führte zu vielen Änderungen. Weiterhin war die Fabrik mit zusätzlichen Maßnahmen zur Verstärkung des Fahrwerks, der Tragflächen, des Leitwerks, der Nase usw. belastet. Es war auch notwendig, Änderungen in der Fertigung von Zusatzteilen, wie Treibstoffpumpen, vorzunehmen. In anderen Worten, technische Änderungen fanden noch statt, als das Flugzeug in der Massenproduktion war.

Engpässe hatten unterschiedlichen Einfluss auf die Produktion. Zum Beispiel hing die Fertigung der letzten drei Monate von der Lieferung der Triebwerke ab. Vorher jedoch, zwischen August und Dezember 1944 litt sie unter Schwierigkeiten bei der Fertigung von Flächen und/oder Nasen. Für kurze Zeit gab es auch einen Engpass beim Bau von Heckteilen. Daneben traten auch Probleme bei den Versuchsflügen in den Wintermonaten Dezember 1944 bis April 1945 auf. Die außerordentliche Geschwindigkeit des Flugzeugs stellte Forderungen an die Länge der Startbahnen und die Sicht in großen Höhen. Schwierigkeiten machten auch die Schneeschmelze auf den Plätzen, die Zerstörung von Startbahnen durch Feindeinwirkung und Zeitverluste durch Luftalarm. Auf vielen Flugplätzen war in den Wintermonaten nur 40 Stunden Einflugbetrieb möglich. Im Ergebnis der verstärkten Konzentration der Fertigung gab es nicht ausreichend Flugplätze zum Einfliegen in der Nähe der Montagewerke. Die zunehmenden Ausfälle beim Bahntransport durch Feindbombardierung, die ab Dezember 1944 jeden Monat beträchtlich zunahmen, machten eine Lieferung nach Plan unmöglich. Der Verlust von Gebieten an die Alliierten verstärkte die Schwierigkeiten ebenfalls.“ In einem Versuch, die von Lange erwähnten Engpässe im Einflugbetrieb zu beseitigen und die Lieferung neu gefertigter Flugzeuge zu sichern, wurde im Dezember 1944 eine Gruppe unter Generalleutnant Kurt Kleinrath, dem früheren Chef der Abteilung 6 beim Generalquartiermeister der Luftwaffe, dem Speerschen Rüstungsministerium angegliedert. Kleinrath hatte den beeindruckenden Titel eines Bevollmächtigten des Reichsmarschalls für die Überwachung des Flugbetriebs. Seine Mission, die als Sonderkommission Kleinrath bezeichnet wurde, umfasste mindestens vier Reisestäbe, deren Aufgabe die Kontrolle der Bedingungen in den Einflugzentren Deutschlands war.

Am 2. Januar 1945 wurde Maj. Wilhelm Herget Leiter der Mission, dem das Einfliegen der Me 262 unterstand. Zu seinem Stab gehörte Oberstabsing. Dr. Engelmann, Leiter der BAL[4] bei Messerschmitt, sein alter Nachrichten- und Jägerleitoffizier. Nachdem er erfahren hatte, dass wenigstens 100 Me 262 auf den Flugplätzen standen und auf das Einfliegen warteten, besuchte er die Einflugzentren, einschließlich Schwäbisch-Hall, Leipheim, Memmingen, München-Riem und Lechfeld. Während dieser Tour konnte er die Einflugrate durch Verschiebungen der Essens- und Arbeitszeiten leicht erhöhen. Es wurde auch vereinbart, dass die Flugerprobung bei Wetterbedingungen stattfinden konnte, die vorher als unzureichend angesehen wurden und angeordnet, das Fliegen auch bei Fliegeralarm fortzusetzen. Letzteres ermöglichte die Schaffung eines speziellen Warnsystems, für das Hergets Nachrichten- und Jägerleitoffizier einen Warndienst organisierte, der die Einflieger laufend über die feindlichen Flugzeuge informierte.

Eine Me 262 A-1a aus der frühen Serienfertigung mit der W.Nr. 130170 und dem Stammkennzeichen SQ+WI. Das Flugzeug wurde später nach Rechlin geliefert, wo es als „E2+02“ Leistungsmessungen diente.

Trotz der so leicht verbesserten Lage, erwiesen weitere Untersuchungen, dass das Hauptproblem bei der Me 262 nicht die Flugerprobung war, sondern in den Werken lag. Herget befragte deshalb Dr. Engelmann, der am Ende zugab, dass die Probleme mit der Einfliegerei überbetont worden waren, um die fabrikatorischen Schwächen zu verbergen. Der wirkliche Schwachpunkt war die nicht zufriedenstellende Ausbringung von Me 262-Tragflächen in Leonberg, die 150 Stück anstelle der geplanten 750 betrug. Ein neues Werk für Tragflächen war in Plochingen bei Stuttgart im Bau, doch dies war noch nicht fertigungsbereit und außerdem in seiner Kapazität der von Leonberg unterlegen.

Nach dieser Feststellung beschloss Herget, seine Handlungsvorgaben zu überschreiten und die Angelegenheit in Leonberg selbst zu untersuchen. Bei der

Eine neu hergestellte Me 262 beim Einfliegen in den Messerschmitt-Anlagen in Lechfeld.

Eine neu gebaute Me 262 vor der Auslieferung an einen Einsatzverband. Die kleine rechteckige weiße Markierung unter der Waffenraumabdeckung zeigt an, dass dieses Flugzeug nur mit zwei MK-108-Kanonen ausgerüstet und deshalb wahrscheinlich für einen Kampffliegerverband vorgesehen ist.

Fertige Me 262 A-2a warten auf die Abholung in der Satelliten-Fertigungs-Einrichtung in Eger im Sudetenland, Ende 1944. Das Flugzeug vorn hat noch seine Metalloberfläche mit den braunen Spachtelstreifen über den Blechstößen.

Dieses Bild zeigt einen „feuchten Start" des Triebwerks; manchmal tropfte etwas Kraftstoff aus und sammelte sich unten in der Triebwerksverkleidung. So entstand ein Flammenstrahl beim Zünden des Motors. Trotz des spektakulären Aussehens resultierte daraus selten ein Schaden am Flugzeug.

Zivile Techniker und Ingenieure bereiten eine Me 262 in einem unbekannten Fertigungswerk auf einen Versuchslauf vor.

WILLI HERGET

Geboren am 30. Juni 1910 in Stuttgart, flog als „Sportflieger" in der Mitte der dreißiger Jahre. Er diente als Leutnant der Reserve der Luftwaffe und wurde am 25. August 1939 zur 6./ZG 76 eingezogen. Nach Einsätzen im Frankreich-Feldzug und während der Luftschlacht um England hatte er Ende 1940 vierzehn Luftsiege errungen. Während der Monate Mai und Juni 1941 gehörte er zur Spezialeinsatzgruppe „Junck", die im Irak operierte, und im November des Jahres übernahm er das Kommando der 7./NJG 3. Anfang Mai 1942 wurde er Kommandeur der II./NJG 4 und erhielt nach 30 Luftsiegen am 20. Juni 1943 das Ritterkreuz. Als er im April 1944 das Eichenlaub dazu bekam, hatte er 63 Luftsiege errungen, und am 20. Dezember 1944 konnte er in einer Nacht acht Bomber der RAF abschießen. Er flog später die Me 262 A-1a/U4, wie in Kapitel 9 beschrieben. Insgesamt hat er 700 Kampfeinsätze geflogen und dabei 73 Luftsiege errungen. Er starb am 27. März 1974 in Stuttgart.

Ankunft in der Fabrik war er erschreckt zu sehen, dass ein Großteil der Belegschaft aus Arbeitern aus Konzentrationslagern bestand, die wie wandelnde Geister aussahen und so schwach waren, das viele bei der Arbeit ohnmächtig wurden. Unter diesen Umständen war es schwerlich überraschend, dass der Produktionsausstoß keineswegs so war, wie geplant. Herget protestierte beim SS-Verantwortlichen für die Sklavenarbeiter. Der verteidigte sich damit, dass er selbst versucht hatte, eine ausreichende Nahrungsversorgung für seine Arbeiter zu sichern, seine Vorgesetzten an höherer Stelle jedoch die Zusammenarbeit ablehnten. In jedem Fall, sogar wenn Lebensmittel zur Verfügung gestellt würden, hätte er nicht die notwendigen Kraftfahrzeuge, diese heranzuschaffen.

Herget berichtete dies General Kleinrath, der nach Oberammergau zu einem persönlichen Gespräch mit Prof. Messerschmitt und Friedrich Seiler, dem Vorsitzenden der Messerschmitt AG, fuhr. Herget zufolge, waren beide über diese Aufklärung der Zustände in Leonberg, die sie bisher nicht kannten, erschrocken und entließen auf der Stelle den dortigen Werkleiter, einen Herrn Kittelmann. Es stellte sich aber heraus, dass dieser Schritt kein Ergebnis brachte, da die Entscheidungsträger keine zusätzlichen Lebensmittel zur Verfügung stellten und selbst vollkommen uninteressiert an den Verhältnissen im Werk waren.[5]

Kleinrath, der die Wichtigkeit der Erhöhung der Me 262-Fertigung erkannte, brachte dann die Angelegenheit Leonberg direkt bei Göring vor, der diese an Speers Ministerium weitergab. Das einzige Ergebnis dieses Vorstoßes war eine schwere Rüge für Herget, weil er sich in Dinge eingemischt hatte, die ihn nichts angingen. Ihm wurde verboten, noch einmal irgendein Messerschmitt-Werk zu betreten mit der Feststellung, dass er viel besser an der Front aufgehoben wäre! Bald darauf wurde er tatsächlich zum JV 44 versetzt.

Die Januarlieferung betrug insgesamt 162 Me 262, davon 148 neugebaute und 14 reparierte. Davon wurden 30 an die I./KG(J) 54 geliefert,15 an die I./JG 7, elf an die III./JG 7, acht an den Industrieschutzschwarm, sechs an die III./KG(J) 54, vier an TLR, drei

Professor Wilhelm Messerschmitt (rechts), der Konstrukteur der Me 262, war entsetzt, als er von den Konzentrationslager-Bedingungen hörte, die in der Tragflügelfertigung Leonberg herrschten, und entließ sofort den Leiter der Fabrik. Messerschmitt ist hier zusammen mit dem Versuchsflieger Hermann Wurster zu sehen.

Drei heimlich von einem Mitglied des Lehrgeschwader 1 aufgenommene Bilder zeigen die einzige bekannte Me 262, die zur sogenannten „Schnellaktion Prof. Gladenbeck“ gehörte, vor dem Hangar 4 in Brandis im März 1945. Bemerkenswert ist, dass die Maschine keinerlei Kennzeichen oder Einheitsmarkierung zu tragen scheint, aber mit einem Wikingerschiff-Bombenträger ausgerüstet ist. Diese kleine Einheit, die ein eigenes Büro, Werkstätten und einen Hangar hatte, befasste sich mit Versuchen zu Hochfrequenz-Funkausrüstungen und Akustik. Ende Januar 1945 gehörten zur „Schnellaktion Prof. Gladenbeck“, neben der hier abgebildeten Me 262, drei Me 163, eine He 111, eine Ju 88 und ein einzelnes Hochleistungssegelflugzeug von unbekanntem Typ. Die Einheit war von Brandis nach Sagan im Osten unter dem Kommando von Hptm. Baumgart verlegt worden und arbeitete neben dem Erprobungskommando 16, der dort stationierten Me 163-Versuchseinheit. Wenigstens zwanzig Mann Bodenpersonal sowie 20 Techniker von den Firmen Telefunken, Patin, Lorenz, AEG und der Physikalisch-Technischen Reichsanstalt und der Technischen Hochschule Braunschweig gehörten bekanntermaßen zur Einheit.

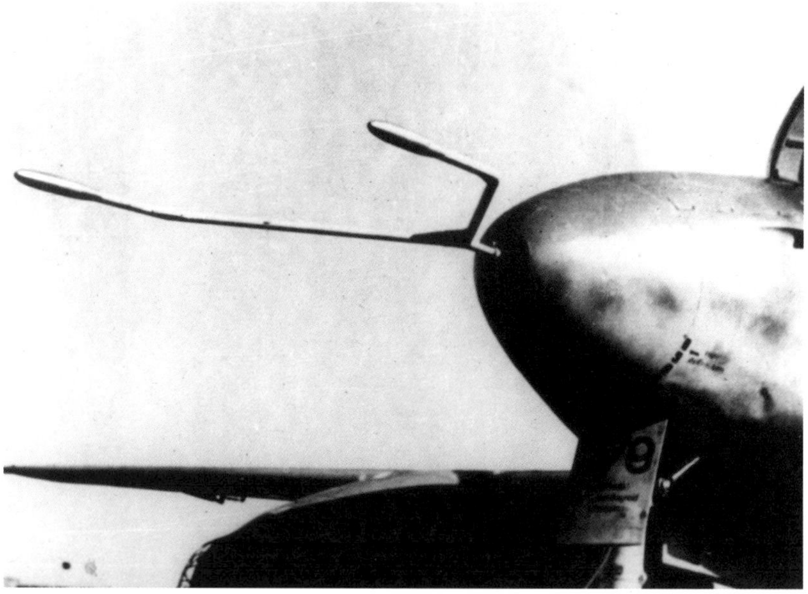

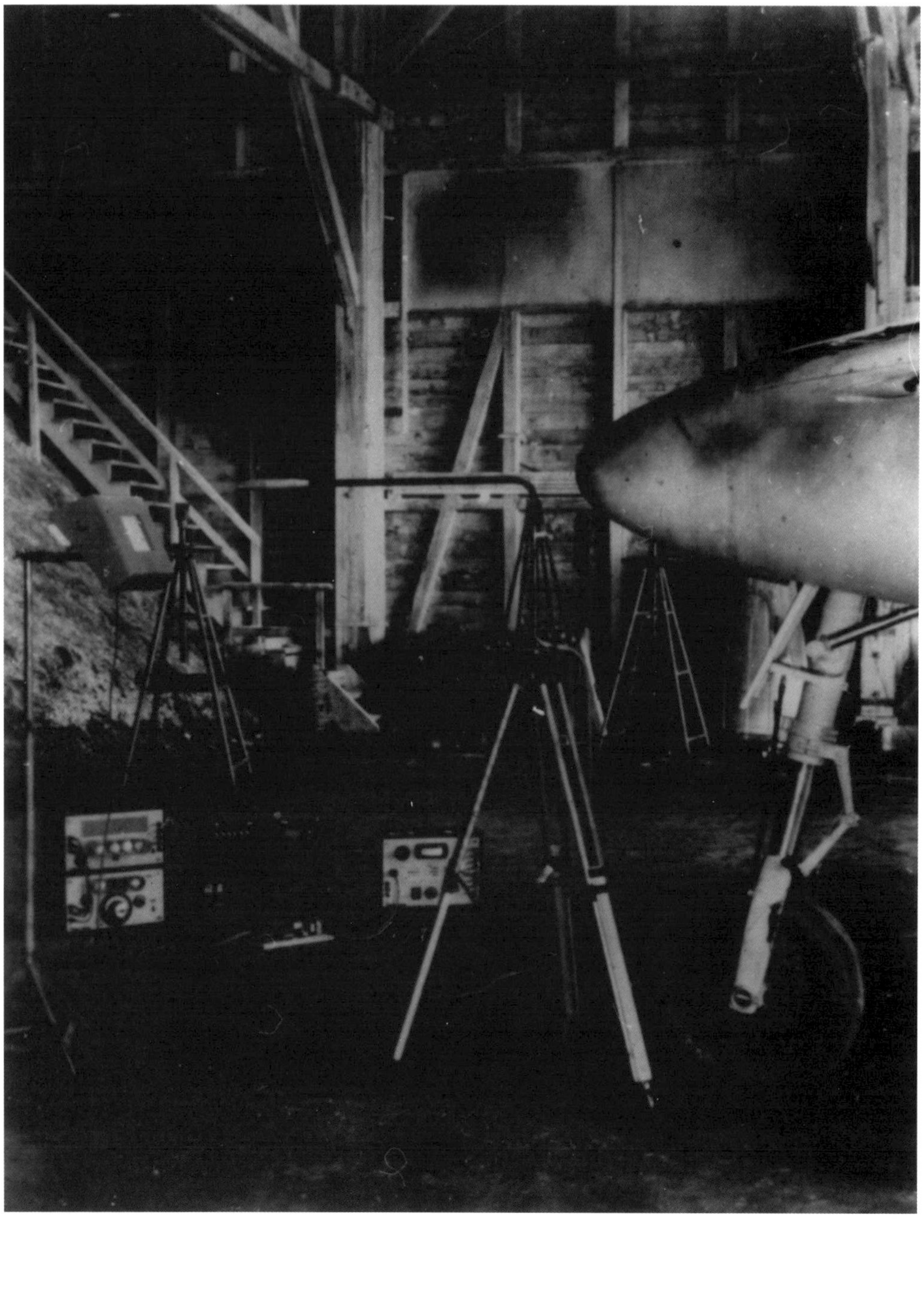

Vier Fotos aus dem September 1944 zeigen Ausrüstungen für Versuche, ähnlich denen, die von Professor Gladenbeck ausgeführt wurden. Hier werden mit einer Me 262 Experimente zur Richtungsbestimmung mit elektro-akustischen Methoden gemacht. Derartige Untersuchungen ergaben, dass von einem Flugzeug ausgehende Schallwellen in bis zu 750 m Entfernung von einem elektroakustischen Richtungspeiler aufgefasst werden konnten. Dabei war der erzielte Grad der Genauigkeit bei einem Abstand von 350 m am besten. Diese Experimente zeigten erstmals, dass akustische Richtungssignale von einem Flugzeug erfassbar waren, wenn sich sein Eigenfrequenzspektrum von dem der Quelle unterschied. Das Ziel war, die Reichweite des Verfahrens durch Erhöhung der Empfindlichkeit auf dem Wege der Bewertung von perfekten Frequenzspektren auf das drei- bis vierfache zu steigern.

an das Kommando Welter, zwei an die III./KG(J) 6, zwei an das Flieger-Überführungsgeschwader, eine an Prof. Gladenbeck[6], eine zum Umbau und eine an die IV./EKG 1. Zusätzlich waren sieben Schulflugzeuge neu und eines umgebaut worden. Davon gingen vier zur IV./EKG 1, drei zur NAGr 6 und eins zur I./JG 7.

Am 10. Februar 1945 verzeichnete das Kriegstagebuch des OKL:

„Um Bau und Ausbringung der Me 262 zu beschleunigen, damit dieser Typ, sobald als möglich, in größerer Stückzahl in den Kampfeinsatz kommt, wie es der Führer befahl, wurden oder werden die folgenden vom Reichsmarschall oder Hauptdienstleiter Saur ernannt:
ein Beauftragter für Produktion (Gerhard Degenkolb), ein Beauftragter für Einflug in den Werken (Kleinrath), ein Beauftragter für die Überführung der Flugzeuge zu den Einheiten, ein Inspekteur für Strahlflugzeuge (Obstlt. Wolfgang Schenk). Der Inspekteur wird direkt dem Einsatzstab der Luftwaffe unterstellt.“

Gerhard Degenkolb, ein früherer Direktor des berüchtigten KZ Dora-Sklavenarbeiter-Werkes im Harz, war auch Vorsitzender von Albert Speers V-2-Raketen-Baukomitee. Im Ergebnis seiner energischen und rücksichtslosen Bemühungen auf diesem Gebiet konnte er eine beträchtliche Steigerung im Bau dieser Raketen durchsetzen. Im Februar 1945 wurde er auf Befehl Hitlers zum Sonderbeauftragten für die Me 262-Fertigung ernannt. Degenkolbs Ziel war: „... den Bau und die Lieferung der Me 262 zu beschleunigen, so dass dieser Typ, sobald als möglich, in ausreichender Anzahl in den Kampfeinsatz gelangt, wie es der Führer befohlen hat... “

Die von den Beauftragten eingeleiteten drakonischen Maßnahmen halfen, die Produktion im Februar zu erhöhen, 212 Me 262-Jäger wurden geliefert und zwölf repariert. Von dieser Gesamtzahl 224 waren 93 im Werk, 20 im Umbau und 44 gingen zurück. Weitere 42 waren an das Luftwaffen-Kommando West ausgeliefert. Von den verbleibenden 113 wurden 28 an die III./KG(J) 54 geliefert, 25 an die I./JG7, 19 an die II./KG(J) 54, 13 an die I./KG(J) 54, 10 an die II./JG 7, sieben an die III./JG 7, sechs an die III/KG(J) 6, drei an die 10./NJG 11, eine an das Flieger-Überführungsgeschwader und eine an den JV 44. Außer den Jägern baute man 19 Schulflugzeuge neu und 13 zu Nahaufklärern Me 262 um. Die Letzteren kamen alle zur NAGr 6, neun Schulflugzeuge zur III./EJG 2, vier zum Flieger Überführungsgeschwader, drei zur IV./EKG 1, zwei zur II./JG 7 und eins zur II./EKG(J).

Neben den Fertigungsproblemen bei der Me 262 hatte die alliierte Luftoffensive die deutsche Treibstoffversorgung schwer getroffen. Die Eintragung im OKL-Kriegstagebuch vom 12. Februar 1945 berichtet, dass: „... zur Zeit die Kraftstoffversorgung für Strahlflugzeuge (J2) noch ausreichend ist, aber sorgfältig beobachtet werden muss, wegen der steigenden Zahl der Flugzeuge. Es laufen derzeit Versuche, unbrauchbares Benzin (ungefähr 200.000 Tonnen vorhanden) für Strahlflugzeuge verwendungsfähig zu machen. Die Erfolgsaussichten werden gut beurteilt.“

Neun Tage später informierte Göring den Führer, dass etwa zwei Drittel der Treibstoffquote der Luftwaffe für Schulung und Industriezwecke verbraucht würden und nur ein Drittel für Einsatzflüge. Hitler ordnete an, dass die Einsatzverbände in Zukunft 60 % der Zuteilung erhalten sollten. Am Ende des Monats betrugen die Vorräte an J2-Treibstoff für die Me 262 44.455 Tonnen, doch unterbrachen schwere Luftangriffe auf die Werke für synthetischen Kraftstoff in Böhlen und Merseburg Anfang März die Produktion für mehr als einen Monat. Am 15. März gab Reichsminister Speer ein Diskussionspapier heraus, in dem er den daraus resultierenden Einfluss auf die Fertigung unter dem geänderten Programm 228 darstellte (siehe diese und die folgende Seite).

Ebenfalls im März gab ein Brief aus dem Führerhauptquartier dem Me 262-Programm den Vorrang vor jeder anderen Fertigung in Deutschland. In einem weiteren Versuch, den Bau von Me 262 zu beschleunigen, ernannte Hitler am 27. März SS-Obergruppenführer Hans Kammler zum Bevollmächtigten des Führers für Strahlflugzeuge. Sein Befehl besagte: „Die bisher auf dem Gebiet der Strahlflugzeuge im Bereich des Reichsministers für Rüstung und Kriegsproduktion erteilten Vollmachten gehen auf SS-Obergruppenführer und General der Waffen-SS Dr.-Ing. Kammler über.“ In vieler Hinsicht war Hitlers Wahl von Kammler vollkommen verständlich, da dieser junge, hoch intelligente und rücksichtslos ehrgeizige Mann bereits Wunder mit großer Bestimmtheit und Fanatismus erzielt hatte, die sogar seine Vorgesetzten zittern ließen. Kammler war als Himmlers Paladin aus einer relativ unbedeutenden Position im Luftfahrtministerium zum Chef der Amtsgruppe C im SS-Wirtschafts- und Verwaltungshauptamt aufgestiegen, wo er verantwortlich war für alle Fragen, die Bau- und Konstruktionsprojekte der SS betrafen, einschließlich der Konzentrationslager und Straßenbau im besetzten Russland. Später wirkte er bei der Entwicklung des abscheulichen V-Waffen-Werks Mittelwerk bei Nordhausen im Harz mit und wurde dann Leiter des gesamten Bau- und Entwicklungsprogramms

Die von Gerhard Degenkolb angewandten drakonischen Maßnahmen zur Steigerung der Me 262-Fertigung führten dazu, dass im Februar 1945 insgesamt 19 der dringend benötigten Schulflugzeuge an die Einsatzverbände ausgeliefert wurden. Diese Fotos zeigen einige der Schulflugzeuge Me 262 B-1a, nach der Lieferung an die III./EJG 2 in Lechfeld.

Im November 1943 ernannte Adolf Galland den früheren Kommodore des JG 54, Oberst Hannes Trautloft, zum Inspekteur der Tagjagd. Die Einsatzkarriere Trautlofts, der im Juli 1941 mit dem Ritterkreuz ausgezeichnet wurde, begann im Spanischen Bürgerkrieg, wo er die ersten fünf seiner insgesamt 58 Luftsiege errang. Auf dem Bild schaut Erich Hohagen (mit der Wollmütze) zu Trautlofts hoher Gestalt auf der Tragfläche eines Schulflugzeugs Me 262 B-1a auf, als dieser bei einer Inspektionsreise gegen Ende 1944 die III./EJG 2 in Lechfeld besuchte.

Ein Flugzeugführer der III./EJG 2 kontrolliert die Kabine der Me 262 B-1a „Weiße 17“ in Lechfeld, Ende 1944, während Mitglieder des Bodenpersonals die Maschine auftanken und flugbereit machen.

Major Erich Hohagen (links mit Wollmütze), Ritterkreuzträger mit 56 Luftsiegen, wurde auf den Strahljäger umgeschult und flog später beim JG 7 und JV 44, geht hier im November 1944 auf der Rollbahn in Lechfeld mit einem anderen, unbekannten, Flugzeugführer. Rechts im Bild, abgestellt neben der Me 262 A-1a „Weiße 7“, erkennt man die Me 262 B-1a, W.Nr. 170014, „Weiße 17“.

für die fliegende Bombe Fi 103 und die A-4-Rakete. Im Herbst 1944 leitete er das Abschussprogramm Blitz von mehr als 4000 A-4 gegen Ziele in Belgien, Frankreich und England.

Hitler befahl auch die Priorität der Me 262 und He 162 gegenüber der Ar 234.

Im März wurden 231 Me 262-Jagdflugzeuge geliefert und neun repariert. Davon kamen nur 120 an Kampfeinheiten. Neunundachtzig gingen an das JG 7, zwölf an das KG(J) 54, sechs an den JV 44, sechs an die 10./NJG 11, vier an das III./KG(J) 6 und drei an TLR. Zusätzlich erfolgte der Umbau von 20 Me 262 A-1a/U3 Nahaufklärern und drei Me 262 B-1a/U1 Nachtjägern, wovon die Ersteren an die NAGr 6 und NAGr 1 gingen, die Letzteren an die 10./NJG 11. Weiter waren 22 Me 262 B-1a Schulflugzeuge gebaut oder umgebaut worden, wovon zehn an die III./EJG 2, drei an die IV./EKG 1, zwei an die II./EKG(J), zwei an den JV 44, zwei an das Flieger-Überführungsgeschwader, eins an TLR, eins an die III./KG(J) 6 und eins an die III./JG 7 geliefert wurden.

Auch die Entwicklung der Me 262 lief weiter. Neben Versuchen zum Einsatz von Ersatzstoffen, wie Holz, gehörten der Anbau neuer Triebwerke, Verbesserung der Aerodynamik und die Entwicklung fortgeschrittener Waffen dazu.

Erwartete Kraftstoffproduktion und sich daraus ergebende Flugzeugforderungen

J 2

J2-Herstellung März 6000 t
Anstieg im Juni bis auf 35.000 t
Oktober 50.000 t

Im Vergleich dazu beträgt der Verbrauch:

März etwa 20.000 t
Juni etwa 40.000 t
ab Oktober ansteigend auf 50.000 t

Die zur Zeit vorhandenen Lagerbestände von 44.000 Tonnen J2 sind in den obigen Berechnungen berücksichtigt.

Das folgende Flugzeugprogramm wäre so möglich:

a)	Me 262	März	300 t[7]
		allmählich ansteigend auf	500 t
		im Juni und dann auf diesem Niveau bleibend	
	Ar 234 C	März	10 t
		allmählich ansteigend auf	50 t
		im Juni und dann auf diesem Niveau bleibend	
	He 162	März	100 t
		Juni	200 t
		auf diesem Niveau bleibend	

b) Im Fall, wo die obigen Berechnungen sich nur auf die Me 262 beziehen, erlauben die Lagerbestände und Herstellung von J2 den Bau neuer Flugzeuge wie folgt:

März	300 t
ansteigend bis Juni	700 t
weiter steigend bis Oktober auf	800 t
und auf diesem Niveau bleibend	

Programm

Die gegenwärtige Treibstoffsituation erlaubt das folgende Flugzeugprogramm, ohne Berücksichtigung von (eventuellen Verlusten durch) Bombenschäden, Transportproblemen, Produktionseinbußen durch Stromabschaltungen, territoriale Verluste usw.[8]

Monat	3	4	5	6	7	8	9	10	11	12
Me 262	350	350	400	550	550	550	550	550	550	550
Ar 234	10	20	35	50	50	50	50	50	50	50
He 162	100	100	150	200	250	200	200	200	200	200
Ta 152	20	100	300	450	370	370	370	370	370	370
Gesamt	430	570	885	1250	1200	1170	1170	1170	1170	1170

Zum Abdecken von Verlusten durch die Transport-Situation, Feindeinwirkungen usw., wird das folgende Programm auf der Basis der aktuellen Kraftstoffversorgungssituation vorgeschlagen:

1. Me 262 1000 Flugzeuge monatlich mit einer Reservekapazität von 500 Flugzeugen
2. He 162 500 Flugzeuge monatlich, Reservekapazität 1000 monatlich
3. Ar 234 75 Flugzeuge im Monat
4. Ta 152 500 Flugzeuge monatlich mit 50 % Werksreserve

Gleichzeitig sollten die folgenden Notmaßnahmen ergriffen werden: Sofortige Einstellung und Streichung der (folgenden) Flugzeug- und Motorentypen aus dem Notprogramm:

1. Bf 109 sofort, einschließlich Herstellung des DB 605.
2. Fw 190: Auslaufende Fertigung von 1000 Flugzeugen mit Jumo 213, verteilt über die nächsten vier Monate.
3. BMW 801 - sofortige Produktionseinstellung
4. Sofortstopp der Do 335 und Do 635, einschließlich ihrer DB 603-Motoren. (Die Ta 152 wird ausschließlich mit Jumo 213 E geliefert). Baukapazität für 50 Ju 88 Nachtjäger und Torpedobomber soll erhalten bleiben. Ar 96/Ar 396 Schulflugzeuge und Fa 223 Hubschrauber Kapazitäten auch fortgesetzt. Reduzierung der Bestellung für 500 He 162[9] Gleiter auf 50 und (sofortiger) Stopp des Baus aller Segelflugzeugtypen, mit Ausnahme von zehn Ka 430 Flugzeugen im Monat.

Kurz vor Kriegsende waren alle in Serie gebauten Me 262 mit Jumo 004 B-1 oder den verbesserten B-4 mit luftgekühlten Turbinenschaufeln ausgerüstet. Daneben befanden sich leistungsstärkere Versionen des Triebwerks in Entwicklung. Die Jumo 004 C mit 1000 kp Schub wurde verworfen und eine neue Variante, die Jumo 004 D, vorgeschlagen. Dazu gehörte ein neuer Regler, der dem Flugzeugführer eine gegenüber dem Vorläufermodell viel genauere Einstellung der Triebwerksdrehzahl im unteren Bereich erlaubte. Ein neues Beschleunigungskontrollventil wurde eingebaut, um Turbinenschäden durch falsche Bedienung zu vermeiden. Dieses Triebwerk verfügte auch über zweistufige Kraftstoff-Einspritzventile. Damit stieg der Vollgas-Schub auf 1000 kp. Die nächste Weiterentwicklung war die Jumo 004 E mit Nachbrenner. Dabei wurde Kraftstoff unmittelbar vor den Turbinenleitschaufeln eingespritzt, wodurch der Schub auf 1200 kp stieg. Nach einer Reihe von 100-Stunden-Läufen beschloss man, dieses Triebwerk im Juli 1945 in die Reihenfertigung zu geben. Die Jumo 004 F sollte mit Wassereinspritzung arbeiten und die Jumo 004 H war ein vergrößertes Modell mit elfstufigem Axialverdichter und einem Entwurfsschub von 1800 kp. Beide letztgenannten Strahlturbinen kamen nicht mehr über das Zeichenbrettstadium hinaus.

Am 11. Mai 1945[10] fassten die Junkers-Werke die folgenden Angaben über die Anzahl der zwischen August 1944 und März 1945 gebauten und reparierten Jumo 004 B-1 und B-4-Triebwerke zusammen. Die Fertigungsstätten sind mit ihren offiziellen Abkürzungen bezeichnet:

MSD	Junkers Dessau
MZM	Junkers Magdeburg
Mulde	Junkers Muldenstein
MZK	Junkers Köthen
MMW	Junkers Leipzig-Taucha
MZZ	Junkers Zittau
MZP	Junkers Prag

Es ist interessant, dass sogar Ende August 1944 erst 302 Strahlturbinen Jumo 004 ausgeliefert worden waren.

Viele Autoren haben erklärt, dass die Me 262 fast ein Jahr früher in den Dienst hätte gestellt werden können und vielleicht, ohne Hitlers Eingriff, die amerikanische Tagesbombardierungsoffensive verhindert hätte. Es gibt nur ein Hauptproblem bei diesem Szenario – die Triebwerke. Zu dieser Zeit waren die Jumo 004 nur schwerlich in der Lage, länger als 10 Stunden ohne Generalüberholung zu laufen, was für den normalen Einsatzbetrieb zu gering war. Bevor dies nicht verbessert war, konnte der Entwurf nicht für die Massenproduktion freigegeben werden. Deshalb war es nicht möglich, das Flugzeug viel früher in den Kampfeinsatz zu bringen, als tatsächlich geschehen.

Die Arbeit am Strahltriebwerk BMW 003 lief ebenfalls weiter. Zu den nicht abgeschlossenen Entwicklungen zählten die BMW 003 C mit einem von Brown-Boveri konstruierten siebenstufigen Verdichter und die BMW 003 D mit achtstufigem Kompressor und zweistufiger Turbine. Diese Triebwerke hatten Entwurfsschübe von 900 bzw. 1100 kp und beide wären für die Me 262 verwendbar gewesen. Das einzige weitere für die Me 262 vorgeschlagene Triebwerk war die Propellerturbine Daimler-Benz DB 021. Diese war aus der HeS 11 mit Propellergetriebe abgeleitet und Anfang 1944 an Daimler-Benz zur Entwicklung übergeben worden. Sie sollte 2000 WPS bei einem Restschub von 790 kp leisten. Für die DB 021 war eine sechsflügelige Luftschraube geplant, es wurde jedoch bis Mai 1945 kein Versuchsmuster fertig. Wegen seines geringeren Treibstoffverbrauchs betrachtete man dieses Triebwerk als eine Antriebs-Alternative für den dreisitzigen Me 262-Nachtjäger.

Himmlers Paladin: SS-Obergruppenführer Hans Kammler. Am 27. März 1945 ernannte Hitler Kammler zum „Bevollmächtigten des Führers für Strahlflugzeuge". Der Führer ordnete an, dass Kammler die Organisation für Strahlflugzeuge von Reichsminister Albert Speer übernehmen sollte.

Gelieferte Neubautriebwerke

	MSD	MZM	Mulde	MZK	MMW	MZZ	MZP	Gesamt
Aug. 44	186	13	43	20	3	37	–	302
Sept. 44	–	–	143	70	10	17	–	240
Okt. 44	–	–	305	201	37	17	–	560
Nov. 44	–	–	317	210	15	38	–	580
Dez. 44	–	–	310	232	15	53	–	610
Jan. 45	12	–	334	240	18	86	–	690
Feb. 45	11	5	294	370	25	115	–	820
März 45	10	10	280	490	30	120	10	950
Summe	219	28	2026	1833	153	483	10	4652

Reparierte Triebwerke

	Mulde	MZZ	Lauingen	Total
Aug. 44	10	38	–	48
Sept. 44	10	53	–	63
Okt. 44	–	72	–	72
Nov. 44	–	94	–	94
Dez. 44	–	104	5	109
Jan. 45	–	85	10	95
Feb. 45	–	–	10	10
März 45	–	–	15	15
Summe	20	446	40	506

Wegen der wachsenden deutschen Furcht vor dem Einsatz der amerikanischen hoch fliegenden strategischen Langstreckenbomber, war die Ta 152 als kolbenmotorgetriebener „Spezial-Höhenjäger“ gedacht. Auf dem Foto ist die in Cottbus gebaute Ta 152 V5, W.Nr. 150005, CW+CE, auf der Kompass-Kompensierscheibe zu sehen.

Die drei Flugzeugtypen, die neben der Me 262, den projektierten Kern der Angriffs- und Defensivkräfte der Luftwaffe im Jahr 1945 bilden sollten.

Im September 1944 gab das RLM eine Ausschreibung für einen Behelfs-Leichtjäger, oder Volksjäger, heraus, der, angetrieben von einer BMW 003-Strahlturbine, schlechtwettereinsatzfähig sein sollte. Hier wird am 25. März 1945 eine He 162 aus der Serienfertigung bei Heinkel in Marienehe für einen Start vorbereitet.

Strahlbomber Arado Ar 234 B-2 der III./KG 76 aufgereiht in Burg an einem Wintermorgen des Januar 1945. Im März 1945 ordnete Hitler an, dass die Me 262 und He 162 gegenüber diesem Typ Vorrang erhalten sollten.

1 Siehe Kapitel Vier.

2 Weitere Bunkerwerke waren für BMW, Junkers, Daimler-Benz und Focke-Wulf unter dem zusammenfassenden Code-Namen „Ringeltaube" geplant. Bis Ende des Krieges wurde wegen des Mangels an Stahl und Beton jedoch nur die Arbeit an drei Stellen begonnen, an „Dora" im Harz, Kaufering und Mühldorf/Inn.

3 Während des Krieges war Gauleiter Fritz Sauckel verantwortlich für den Transport von fünf Millionen Menschen aus dem okkupierten Europa nach Deutschland zur Zwangsarbeit. Sauckel sah sich selbst nur als Befehlsempfänger, der die Werke mit Arbeitern versorgte und war schockiert, als er 1945 von den Briten verhaftet und vor das Nürnberger Gericht gestellt wurde. Er beteuerte, nichts von den Konzentrationslagern gewusst zu haben und betonte seine Unschuld, bis er im Oktober 1946 gehängt wurde.

4 Die BAL (Bauaufsicht Luft) wurde um 1935 geschaffen und hatte 1943 Ingenieure als ständige Vertreter in 107 Flugzeug- und -reparaturwerken, 57 Flugmotorenfabriken, bei 15 Luftschraubenherstellern und mehr als 100 Fabriken und Reparaturwerken für Luftfahrtausrüstungen.

5 Für weitere Angaben über Messerschmitts Einstellung zur Beschäftigung ausländischer Arbeitnehmer wird der Leser auf das Kapitel 15 des Buches „Willy Messerschmitt" von Frank Vann hingewiesen, das 1993 bei Patrick Stephens Ltd. in England erschienen ist.

6 Die sogenannte „Schnellaktion Prof. Gladenbeck" war eine Versuchseinheit, die ausgerüstet mit einer kleinen Anzahl von Flugzeugen, darunter Me 262, drei Me 163, eine He 111, eine Ju 88 und ein Hochleistungssegelflugzeug, in Brandis bei Leipzig stationiert war.

7 Das ergab etwa eine Tonne J2 pro Flugzeug für die Werkseinfliegerei.

8 Die Zahlen sind ähnlich denen, die Generalmajor Diesing in der Diskussion beim TLR-Amtsgruppenchef am 12. März 1945 verwandte.

9 Die hölzerne Gleiterversion der He 162 war für das Anfangstraining junger Volksjäger-Flugzeugführer der Hitler-Jugend entworfen worden.

10 Es mag seltsam erscheinen, dass Junkers diesen Bericht drei Tage nach der deutschen Kapitulation herausgeben konnte, dieses Dokument wurde jedoch für die Amerikaner verfasst, die ersten Vertreter der alliierten Streitkräfte, die das Junkers-Werk in Dessau besetzten.

Kapitel Sechs

„Leichtsinn und mangelnde Einweisung“

Anfang November 1944 hatte die Luftwaffe zwei voll einsatzfähige Me 262-Einheiten. Einmal die in Achmer und Hesepe stationierte Jagdeinheit Kommando Nowotny und als Bomberverband die 3./KG 51 in Rheine. Zusätzlich flog das Erprobungskommando 262 Versuchs-Abfangeinsätze gegen alliierte Aufklärungsflugzeuge von Lechfeld/Bayern aus.

Die ersten Einsätze des Kommando Nowotny hatten sich als nicht sehr erfolgreich erwiesen, da nicht

Oberst Hannes Trautloft, der Inspekteur der Tagjagd der Luftwaffe, verbrachte Anfang Oktober 1944 einige Tage in Achmer und machte „große persönliche Anstrengungen", das Kommando Nowotny auf volle und effektive Einsatzstärke zu bringen, indem er kompetente Jagdflieger aus anderen Einheiten versetzte. Trautloft ist hier in Lechfeld bei der Besichtigung der Instrumentierung der zweisitzigen Schulmaschine Me 262 B-1a, „Weiße 17", der III./EJG 2 zu sehen.

weniger als zehn seiner Flugzeuge zwischen dem 4. und 13. Oktober zerstört oder beschädigt worden waren. Um die Ursachen dafür zu klären, sandte Messerschmitt eine Gruppe des Technischen Außendienstes unter Fritz Wendel nach Achmer. Die Flugzeugführer der Luftwaffe waren der Meinung, dass die Verluste auf Grund von Entwurfsmängeln der Triebwerke und des Fahrwerks auftraten, womit Wendel nicht übereinstimmte. Ende Oktober verfasste er folgenden sehr kritischen Bericht, der insbesondere den Mangel an Übung erwähnte:

„Das Kommando Nowotny ist erst seit dem 3. Oktober 1944 im Einsatz. Bis zum 24.10. wurden an insgesamt 3 Tagen Einsätze geflogen. Der Inspekteur der Tagjagd, Oberst Trautloft, war in den ersten Tagen am Einsatzort und hat sich persönlich für den Erfolg dieser ersten Jägereinsätze mit Me 262 in größerem Stile bemüht. Er hat sich dafür eingesetzt, dass einige erfolgreiche Jagdflieger aus anderen Verbänden herausgezogen wurden und nun den Kern dieser Einheit bilden sollen. Der Kommandeur, Major Nowotny, ist ein erfolgreicher Schütze der Ostfront, erkennt aber nicht die augenblickliche Lage im Westen und ist mit 23 Jahren nicht die überlegene Führerpersönlichkeit, die diesem wichtigen Einsatz den Erfolg garantiert. Als Beispiel folgende Punkte:

1.) Der erste Einsatz des Kommando verlief folgendermaßen:

Über dem Platz war eine große Anzahl feindlicher Jäger. Das Kommando startete mit vier Flugzeugen in Achmer und mit zwei weiteren Flugzeugen auf dem 6 km entfernt liegenden 2. Einsatzplatz dieser Einheit: Hesepe. Von den in Achmer gestarteten Flugzeugen wurden zwei beim Start, eines bei der Landung und von den beiden anderen eines abgeschossen, wahrscheinlich ebenfalls bei der Landung. Eigene Abschüsse 3 oder 4 (nicht genau festgestellt).

Die Me 262 ist wie jedes andere Flugzeug bei Start und Landung gefährdet. Es muss möglich sein und ist auch möglich, dass der Start dann erfolgt, wenn die Feindmaschinen nicht über dem Platz sind.

2.) Es bestehen unter den Flugzeugführern und Staffelkapitänen keine einheitlichen, sondern sogar sich widersprechende Ansichten über den zweckmäßigen taktischen Einsatz der Me 262. Klare taktische Überlegungen und entsprechende Schulung der Flugzeugführer fehlen.

3.) Die Flugzeugführer sind zum größten Teil auf der Me 262 viel zu wenig eingewiesen. In den letzten zehn Tagen wurden wegen ungünstigen Wetters keine Einsätze geflogen. Die Einweisung hätte in diesen Tagen fortgesetzt werden müssen, es wurde aber unterlassen. Major Nowotny selbst ist einmal gelandet mit nicht voll ausgefahrenem Bugrad. Das Flugzeug wurde dabei stark beschädigt.

5.) Dieser erste Jägereinsatz muss die Erfahrungen bringen, die nötig sind, um eventuelle Mängel

Major Walter Nowotny, Kommandeur des gleichnamigen Kommandos beobachtet nachdenklich das Geschehen in Achmer, einem der beiden Flugplätze, die seiner Einheit als Basis dienten.

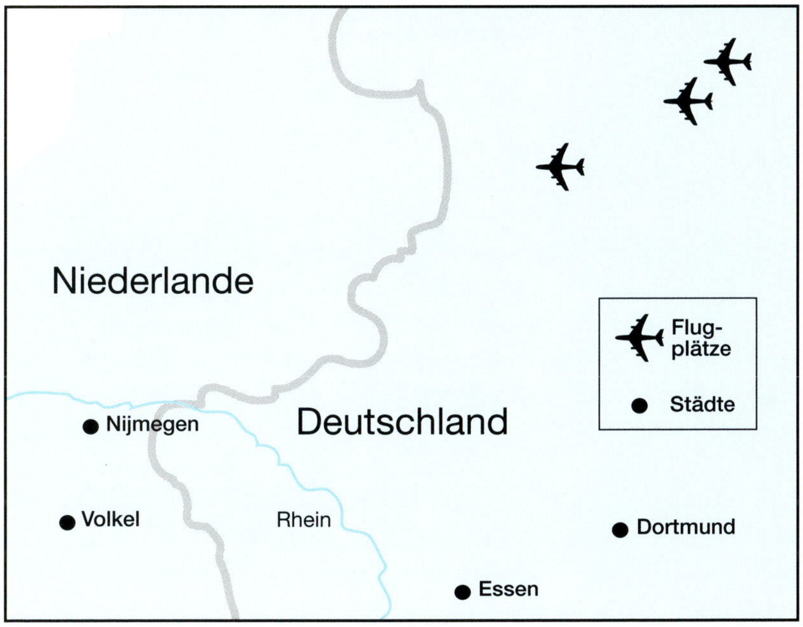

Ein beeindruckendes Foto, das Bodenmannschaften des Kommando Nowotny bei der Arbeit an einer Reihe im Herbst 1944 in Achmer aufgestellter Me 262 A-1a zeigt. Tatsache war, dass die Flugzeugführer dieses Verbandes – von denen einige hier im Gespräch vor der „Weißen 4“ erkennbar sind – noch mit der Beherrschung ihrer neuen Flugzeuge rangen und unterschiedliche Ansichten über die besten Methoden zu deren taktischer Verwendung vertraten.

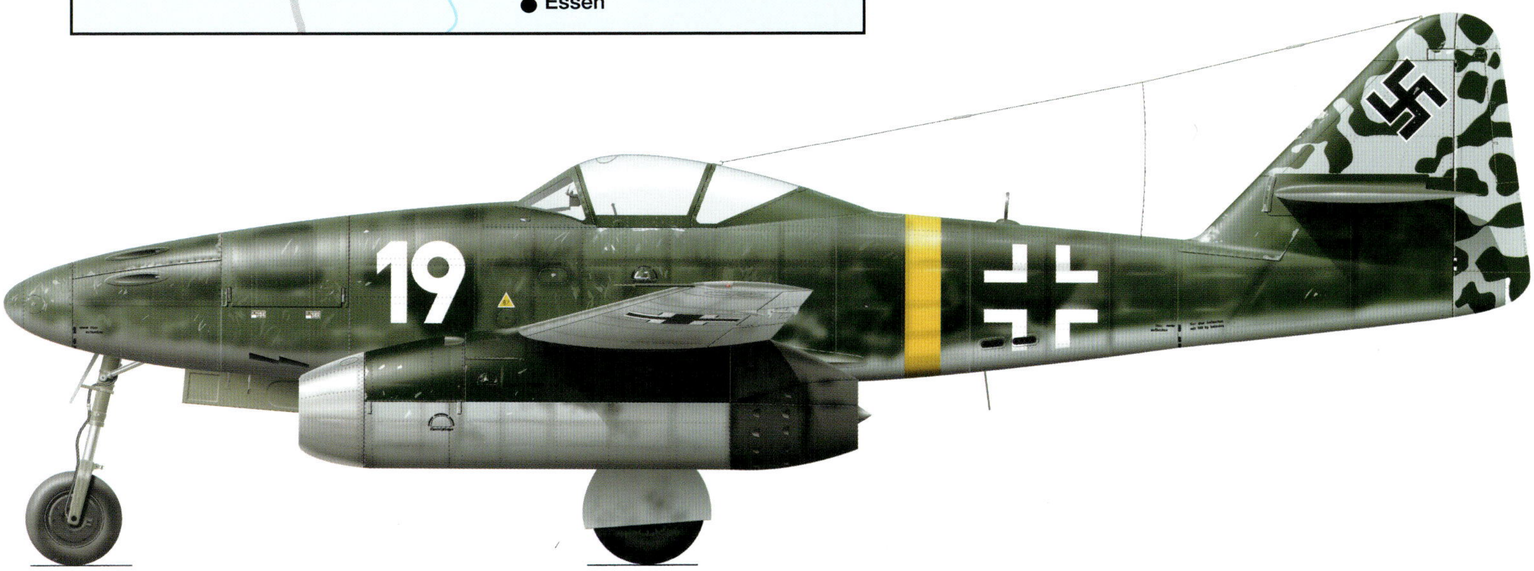

Me 262 A-1a „Weiße 19“, Kommando Nowotny, Achmer, Oktober 1944.
Ähnlich gekennzeichnet, wie die Maschinen des Erprobungskommandos 262, trugen die Flugzeuge des Kommando Nowotny eine Tarnbemalung aus zwei Grünschattierungen (81 und 82) auf den Oberseiten und ein blasses Blaugrau (76) unten. Die meisten der zu diesem Verband gehörenden Flugzeuge, hatten ein auffallend scharfes Fleckenmuster an den vertikalen Leitwerksflächen, das, da exakt auf jedem Flugzeug wiederholt, mit einer Schablone aufgetragen zu sein scheint. Fotos lassen erkennen, dass viele der überlebenden Maschinen ihre Heckbemalung beibehielten, als sie zu anderen Einheiten kamen, nachdem das Kommando Nowotny aufgelöst wurde.

Während der Entwicklung der Me 262 erhielten viele bekannte Jagdflieger die Gelegenheit sie zu besichtigen. Hier sitzt Major Hermann Graf am Steuer eines der frühen Versuchsmuster, wahrscheinlich der V3. Daneben stehen der Leiter der Messerschmitt-Flugversuchsabteilung Gerhard Caroli und (mit Brille) Einflieger Karl Baur. Graf wurde mit den Diamanten zum Ritterkreuz ausgezeichnet. Allein am 14. Mai 1942 errang er sieben Luftsiege und in einer 17-Tage-Periode konnte er 47 Flugzeuge abschießen. Er war der zweite Jagdflieger, der 150 Luftsiege errang und konnte dieses Ergebnis zum Kriegsende auf 212 steigern. Er war Kommandeur der Jagdergänzungsgruppe Ost und ebenso Kommodore der Jagdgeschwader 11 und 52. Obwohl er insgesamt 830 Kampfeinsätze absolvierte, flog er die Me 262 nie im Einsatz.

und Fehler, die bei einem neuen Muster auftreten, zu beseitigen. Dabei ist es nötig, dass die Flugzeugführer so geschult sind, dass sie in der Lage sind, die wahren Mängel zu erkennen. Major Nowotny hat in vollkommener Verkennung dieser Sachlage bisher unter anderem folgenden Punkt als wichtig herausgestellt:

Der elektrische Anlasser, der bisher in Form eines Griffes auf der rechten Gerätebank sitzt, müsste in Form eines Knopfes in das Instrumentenbrett eingebaut werden.

Die Anlasser werden einmal für jedes Triebwerk vor dem Fluge bedient. Es ist vollkommen unwichtig, ob die rechts oder vorne in der Mitte sitzen.

Die Punkte 3 und 4 sind besonders wesentlich, sie kennzeichnen die größte Schwäche unserer Luftwaffe. Die Waffe, die mit modernsten und kompliziertesten Geräten eingesetzt ist, bei der oft ein Mann die alleinige Herrschaft über ein Gerät besitzt, welches eine Bauzeit von vielen tausend Arbeitsstunden benötigt, ist sich über die Bedeutung dieser Tatsache gar nicht bewusst. Die Flugzeugführer haben nicht die nötige technische Ausbildung. Auch bei der Einweisung auf ein neues Flugzeugmuster fehlt die intensive theoretische Einweisung. Neben vielen Flugzeugen könnte dabei viel Brennstoff gespart werden. Zum Beweis das folgende Beispiel: Bei Aussetzen eines Triebwerks bei zweimotorigen Flugzeugen können unsere Flugzeuge ohne weiteres geflogen und mit einiger Aufmerksamkeit auch gelandet werden. Es kommen aber immer wieder (neuerdings auch bei der Me 262) viele Unfälle dabei vor, nur weil die vom Flugzeugführer durchzuführenden Ruderausschläge vollkommen falsch sind und auch falsch gelehrt werden.

Beim Kommando Nowotny ist die Einweisung auf die Me 262 besonders schlecht. Welche Bedeutung der technischen Seite überhaupt beigemessen wird, beweist die Tatsache, dass in Achmer als Technischer Offizier der Gruppe ein Nichttechniker, Hptm. Streicher, eingesetzt ist. Der Staffel-TO in Hesepe ist ebenfalls ein vollkommener Laie, der ungefähr 19-jährige Oberfähnrich Russel, der selbst schon zwei Flugzeuge in den letzten Tagen leichtsinnig oder durch mangelnde Einweisung zerstört hat."

Wendels Einschätzungen werden von Horst Geyer gestützt, dem damaligen Kommandeur des Ekdo 262. Er erinnerte sich, dass Nowotny, als er zur Schulung in Lechfeld ankam, nur einen Kennenlernflug in der Me 262 machte und sich dann sicher war, dass er alle Pro-

Diese Bildfolge zeigt Flugzeuge des Kommando Nowotny bei der Einsatzvorbereitung. Die Maschinen des Verbandes sind oft an ihrer markanten Seitenleitwerksbemalung zu erkennen und einige Flugzeuge hatten gelbe Lufteinläufe und gleichfarbige Rumpfbänder. Interessant ist die Verschiedenheit der von der Einheit benutzten Bodenhilfsfahrzeuge.

bleme, die das radikal neue Flugzeug machen könnte, ohne weitere Vorbereitungen beherrschen würde.

Als das Kommando Nowotny am 1. November 1944 erneut zum Einsatz kam, griffen vier Flugzeuge eine Gruppe von P-51 Mustang der 20. und 352. US Fighter Groups an. Bei Zwolle in Holland schoss Ofäh. Willi Banzhaff von der 3. Staffel eine von Lt. Dennis J. Alison geflogene P-51 von der 77. Squadron der 20. Fighter Group ab. Er stieß weiter durch die amerikanische Formation. Als er jedoch zu steigen versuchte, wurde seine Me 262 im Gegenzug von einer P-51 der 352. US Fighter Group und einer P-47 der 56. Fighter Group abgeschossen, deren Piloten Lt. William T. Gerbe Jr. bzw. Lt. Walter R. Groce waren. Banzhaff stieg mit dem Fallschirm aus und entkam ohne Verletzungen. Am folgenden Tag meldete das Kommando drei Luftsiege, eine P-51 und eine P-47 durch Fw. Erich Büttner und eine P-47 von Ofw. Helmut Baudach. Auf der Negativseite stand der Tod von Uffz. Alois Zollner, bei dessen Me 262 beim Start in Achmer ein Triebwerk versagte. Ofw. Hubert Göbel, dessen Flugzeug einen Rollschaden erlitt, kam ohne Verletzungen davon. Drei Me 262 gingen am 4. November verloren. Ofw. Göbel schoss die P-51 von Flt. Off. Willard W. Royer von der 356. Fighter Group beim Dummer-See ab, bei der nachfolgenden Notlandung in Bohmte ging dann aber sein Flugzeug zu Bruch. Ofäh. Banzhaff blieb bei Lüneburg aus unbekannten Gründen vermisst und Ofw. Helmut Zanders Flugzeug erlitt beim Versuch einer einmotorigen Landung in Hesepe Totalschaden. Er wurde dabei aus dem Flugzeug geschleudert und überlebte unverletzt.

Am 6. November 1944 wurden vier weitere Me 262 des Kommandos beschädigt, drei bei Notlandungen, nach deutschen Angaben alle wegen Treibstoffmangel. Lt. Spangenburg machte bei Lemwerder Bruch, Ofw. Kreutzer nahe Ahlhorn und Ofw. Lennartz bei Bremen.

Ein Kettenkrad zieht die „Weiße 1" von ihrer Abstellfläche, wodurch die „Weiße 19" sichtbar wird, an deren linker Tragfläche ein 24-V-Spannungsversorgungswagen steht. Das weiße „S" unter dem Höhenleitwerk der „Weißen 1" steht für „Schulflugzeug". Diese Maschine wurde am Ende des Krieges auf dem Zivilflugplatz von Innsbruck in Österreich gefunden.

Captain Charles E. Yeager (Mitte) von der 357. US Fighter Group, die mit P-51 ausgerüstet war. Am 6. November 1944 soll er Lt. Spangenburg vom Kommando Nowotny abgeschossen haben. Beim Versuch einer Notlandung unter dem Beschuss der eigenen Flak stürzte Spangenburg in eine Gruppe landwirtschaftlicher Gebäude in Lemwerder bei Bremen und erlitt Verletzungen an Kopf und Armen. Sein Flugzeug, die W.Nr. 110389, fing Feuer und wurde zerstört.

Alle drei blieben unverletzt. US-Quellen reklamieren aber, dass Spangenburg von einer P-51, geflogen von Capt. Charles E. „Chuck" Yeager[1] der 357. Fighter Group, abgeschossen wurde. Yeager entdeckte die Me 262 bei ihrem Landeversuch und stürzte mit mehr als 805 km/h hinterher. Trotz schweren Flakfeuers konnte er einen Feuerstoß aus seinen sechs Maschinengewehren abgeben und sah beim Abflug befriedigt, dass das Strahlflugzeug in ein bewaldetes Feld stürzte, wobei eine Tragfläche abbrach. Die Aufzeichnungen des Weserflug-Flugzeugwerkes in Lemwerder widersprechen allerdings Yeagers Darstellung des Ablaufs. Um 11.25 Uhr wurde Lt. Spangenbergs Me 262, W.Nr. 110389, beobachtet, als sie den Werkflugplatz in 800-1000 m Höhe umkreiste. Da gerade Luftalarm ausgelöst worden war, identifizierte die Flakverteidigung Spangenburg irrtümlich als Feindflugzeug und eröffnete das Feuer. Mit Yeager hinter sich und unter dem Feuer der Platzartillerie flog Spangenburg mit hoher Geschwindigkeit zur Landung an und setzte zwei Minuten später im Südwesten auf. Sein Flugzeug sprang mehrfach und bewegte sich mit weiter hoher Geschwindigkeit auf einige landwirtschaftliche Gebäude am Platzrand zu. Es schoss über den Platzrand hinweg in das anschließende Rübenfeld, wo es zuerst mit einem Pferdewagen und dann einer Scheune zusammenstieß. Flammen schossen aus dem Flugzeug, doch als die Maschine stoppte, konnte der Flugzeugführer seine Kabinenhaube abwerfen und herausklettern.

Glücklicherweise versuchte eine Gruppe von Bodenpersonal und Zivilisten das Feuer zu löschen und eine bald darauf eintreffende Rettungseinheit brachte Spangenburg in eine Ambulanz. Er erhielt erste Hilfe für seine Verletzungen im Gesicht und am Kopf und kam später in das Reservelazarett Bremen-Blumenthal.

Es ist möglich, dass Lennartz' Maschine von Lt. William J. Quinn von der 361. Fighter Group im Gebiet Bassum südlich von Bremen abgeschossen wurde. Die vierte, von Ofw. Baudach geflogene, Me 262 erlitt einen Rollschaden in Hesepe. Der einzige Erfolg der Einheit an diesem Tag war die Zerstörung einer P-47 durch Lt. Franz Schall.

Am 7. November traf eine neunköpfige Bergungsgruppe aus Oldenburg in Lemwerder ein, um die bruchgelandete Me 262 von Lt. Spangenburg abzuholen. Der Bruch hatte zwei Pferde das Leben gekostet, ein landwirtschaftliches Fahrzeug zerstört und Gebäude des Anwesens beschädigt. Am gleichen Tag kamen die Generäle Keller und Galland beim Kommando zur

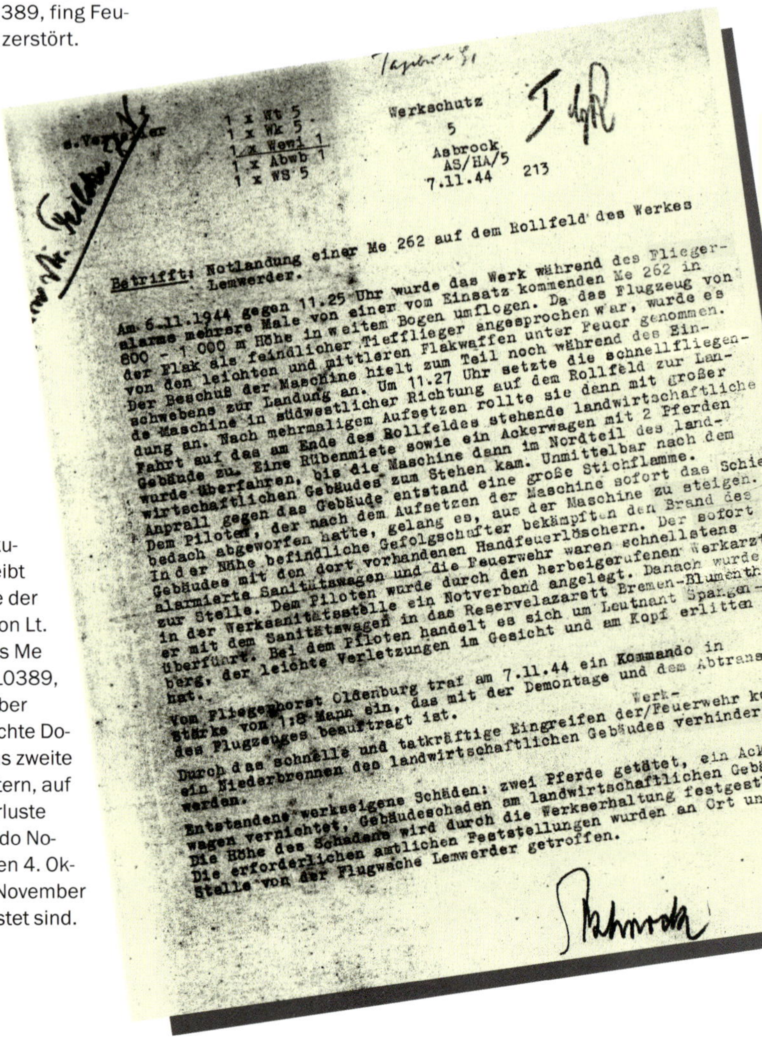
s. Verteiler
1 x Wt 5
1 x Wk 5
1 x Wewi 1
1 x Abwb 1
1 x WS 5

Werkschutz
5
Asbrock
AS/HA/5
7.11.44 213

Betrifft: Notlandung einer Me 262 auf dem Rollfeld des Werkes Lemwerder.

Am 6.11.1944 gegen 11.25 Uhr wurde das Werk während des Flieger-
alarms mehrere Male von einer vom Einsatz kommenden Me 262 in
800 - 1 000 m Höhe in weitem Bogen umflogen. Da das Flugzeug von
der Flak als feindlicher Tiefflieger angesprochen war, wurde es
von den leichten und mittleren Flakwaffen unter Feuer genommen.
Der Beschuß der Maschine hielt zum Teil noch während des Ein-
schwebens zur Landung an. Um 11.27 Uhr setzte die schnellfliegen-
de Maschine in südwestlicher Richtung auf dem Rollfeld zur Lan-
dung an. Nach mehrmaligem Aufsetzen rollte sie dann mit großer
Fahrt auf das am Ende des Rollfeldes stehende landwirtschaftliche
Gebäude zu. Eine Rübenmiete sowie ein Ackerwagen mit 2 Pferden
wurde überfahren, bis die Maschine dann im Nordteil des land-
wirtschaftlichen Gebäudes zum Stehen kam. Unmittelbar nach dem
Anprall gegen das Gebäude entstand eine große Stichflamme.
Dem Piloten, der nach dem Aufsetzen der Maschine sofort das Schie-
bedach abgeworfen hatte, gelang es, aus der Maschine zu steigen.
In der Nähe befindliche Gefolgschafter bekämpften den Brand des
Gebäudes mit den dort vorhandenen Handfeuerlöschern. Der sofort
alarmierte Sanitätswagen und die Feuerwehr waren schnellstens
zur Stelle. Dem Piloten wurde durch den herbeigerufenen Werkarzt
in der Werksanitätsstelle ein Notverband angelegt. Danach wurde
er mit dem Sanitätswagen in das Reservelazarett Bremen-Blumenthal
überführt. Bei dem Piloten handelt es sich um Leutnant Spangen-
berg, der leichte Verletzungen im Gesicht und am Kopf erlitten
hat.

Vom Fliegerhorst Oldenburg traf am 7.11.44 ein Kommando in
Stärke von 1:8 Mann ein, das mit der Demontage und dem Abtransport
des Flugzeuges beauftragt ist.

Durch das schnelle und tatkräftige Eingreifen der Werk-/Feuerwehr konnte
ein Niederbrennen des landwirtschaftlichen Gebäudes verhindert
werden.

Entstandene werkseigene Schäden: zwei Pferde getötet, ein Acker-
wagen vernichtet, Gebäudeschaden am landwirtschaftlichen Gebäude.
Die Höhe des Schadens wird durch die Werkserhaltung festgestellt.
Die erforderlichen amtlichen Feststellungen wurden an Ort und
Stelle von der Flugwache Lemwerder getroffen.

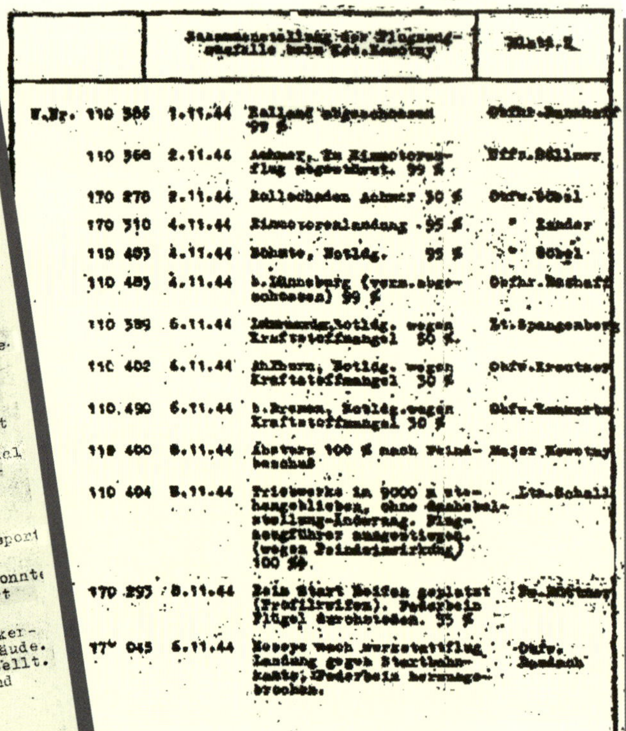

	Zusammenstellung der Flugzeugausfälle beim Kdo. Nowotny		Blatt 2
W.Nr. 110 386	1.11.44	[illegible] abgeschossen 99 %	Ofhr. Banzhaff
110 368	2.11.44	Absturz, im Einmotorenflug abgestürzt. 99 %	Uffz. Göllner
170 276	2.11.44	Rollschaden [illegible] 30 %	Ofw. Göbel
170 310	4.11.44	Einmotorenlandung 95 %	" Zander
110 403	4.11.44	Bohnte, Notldg. 95 %	" Göbel
110 483	4.11.44	b. [illegible] (verm. abgeschossen) 99 %	Ofhr. [illegible]
110 389	6.11.44	Lemwerder, Notldg. wegen Kraftstoffmangel 30 %	Lt. Spangenberg
110 402	6.11.44	Ahlhorn, Notldg. wegen Kraftstoffmangel 30 %	Ofw. Kreutzer
110 490	6.11.44	b. Bremen, Notldg. wegen Kraftstoffmangel 30 %	Ofw. Lennartz
110 400	8.11.44	Absturz 100 % nach Feindbeschuß	Major Nowotny
110 404	8.11.44	Triebwerke in 9000 m stehengeblieben, ohne [illegible]-Änderung. Flugzeugführer ausgestiegen. (wegen Feindeinwirkung) 100 %	Ltn. Schall
170 293	8.11.44	Beim Start Reifen geplatzt (Profilreifen). Federbein Flügel durchstoßen. 35 %	Fw. Büttner
170 045	6.11.44	Hesepe nach Werkstattflug Landung gegen Startbahnkante, Federbein herausgebrochen.	Ofw. Baudach

Das linke Dokument beschreibt die Umstände der Notlandung von Lt. Spangenburgs Me 262, W.Nr. 110389, am 6. November 1944. Das rechte Dokument ist das zweite von zwei Blättern, auf denen die Verluste des Kommando Nowotny zwischen 4. Oktober und 8. November 1944 aufgelistet sind.

Inspektion an. Der Letztere war sehr enttäuscht vom bisherigen schlechten Ergebnis der Einheit. Am späten Morgen des folgenden Tags waren die beiden Zeugen eines Alarmstarts zum Abfangen eines amerikanischen Bomberverbands. Zwei Flugzeuge, geflogen von Maj. Nowotny und Oblt. Wegmann, sollten in Achmer starten und zwei mit Lt. Schall und Fw. Büttner in Hesepe. Die Triebwerke von Nowotnys „Weißer 8“ sprangen nicht an und bei Büttners Maschine platzte ein Reifen beim Start. Wegmann und Schall griffen den Gegner an und meldeten jeweils den Abschuss einer P-51 bzw. P-47.

Als die Bomber am frühen Nachmittag zurückkehrten, stiegen Nowotny und Schall auf. Schall meldete später den Abschuss von zwei P-51, die tatsächlich jedoch P-47 der 356. Fighter Group, geflogen von Lt. Charles C. McKelvey und Lt. William L. Hoffert, waren. Kurz darauf setzten Schalls Triebwerke aus und er wurde von Lt. James W. Kenny von der 357. Fighter Group in seiner Mustang angegriffen. Der berichtete darüber: „Lt. Corwin und ich flogen nach Haus. Corwins Motor lief unruhig. Wir flogen einen Kurs von 295 Grad und waren bereits eine Stunde vom Angriffsziel entfernt. Als wir eine Gruppe von B-17 ohne Jagdschutz entdeckten, schlug Corwin vor, diese zu decken. Beim Steigflug über sie entdeckten wir in 22.000 Fuß in der Umgebung von Osnabrück eine einzelne Feindmaschine unter 180 Grad auf die Bomber zufliegen. Wir gingen näher und identifizierten sie als Me 262. Sie stieg und stieß dann zu einem Angriff auf die Bomber runter. Als sie danach einkurvte und aus 5 Uhr angriff, konnte ich mich hinter sie setzen und Corwin folgte mir. Ich begann aus 400 Yards mit einem Vorhalt von 30 Grad bis runter auf Null zu feuern. Ich sah eine Wolke rötlichen Rauchs aus der Maschine kommen und konnte mich erneut hinter sie setzen. Er tauchte sehr flach weg und ich überholte ihn zweimal mit 300 Meilen in der Stunde. Beim ersten Mal flog er weiter geradeaus, beim zweiten Mal jedoch in einer Kurve nach rechts weg. Ich kurvte ihn aus und kam wieder hinter ihn. Dann stieg er in 4000 Fuß Höhe aus. Aus seinem rechten Triebwerk kam Rauch. Ich glaube, er hatte keinen Treibstoff mehr. Nach dem, was ich heute erlebte, kann die Me 262 nicht scharf abtauchen oder wegkurven.“

Schall konnte gerade noch rechtzeitig aussteigen, bevor sein Flugzeug in einem Flammenball explodierte.

Nowotny hatte weniger Glück. Nach dem Abschuss einer B-24 und einer P-51 wurde er von einer großen Zahl von Mustangs verfolgt, die er jedoch abschütteln konnte, bevor er in 2000 m in eine Wolkendeckung verschwand. Als er jedoch anschließend seine Richtung um 180 Grad änderte, brachte ihn dies in die Nähe der P-51 von Lt. Richard W. Stevens von der 364. Fighter Group. Dem gelang es, sich hinter die Me 262 zu setzen und aus 450 m Entfernung einen zwei Sekunden langen Feuerstoß anzubringen. Das Strahlflugzeug wurde langsamer und Stevens konnte erneut eine Salve abgeben und verfolgte die Maschine anschließend ununterbrochen über einem Flugplatz. Plötzlich drehte Nowotnys Flugzeug scharf nach links ab und ver-

Die Villa im Dorf Pente bei Bramsche, nahe des Flugplatzes Achmer, die dem Kommando Nowotny als Stabsquartier diente. Das „Wulfhagen“ genannte Gebäude lag in einer schönen Parklandschaft.

Eine Reihe von Me 262 an der Vorstartlinie von Achmer.

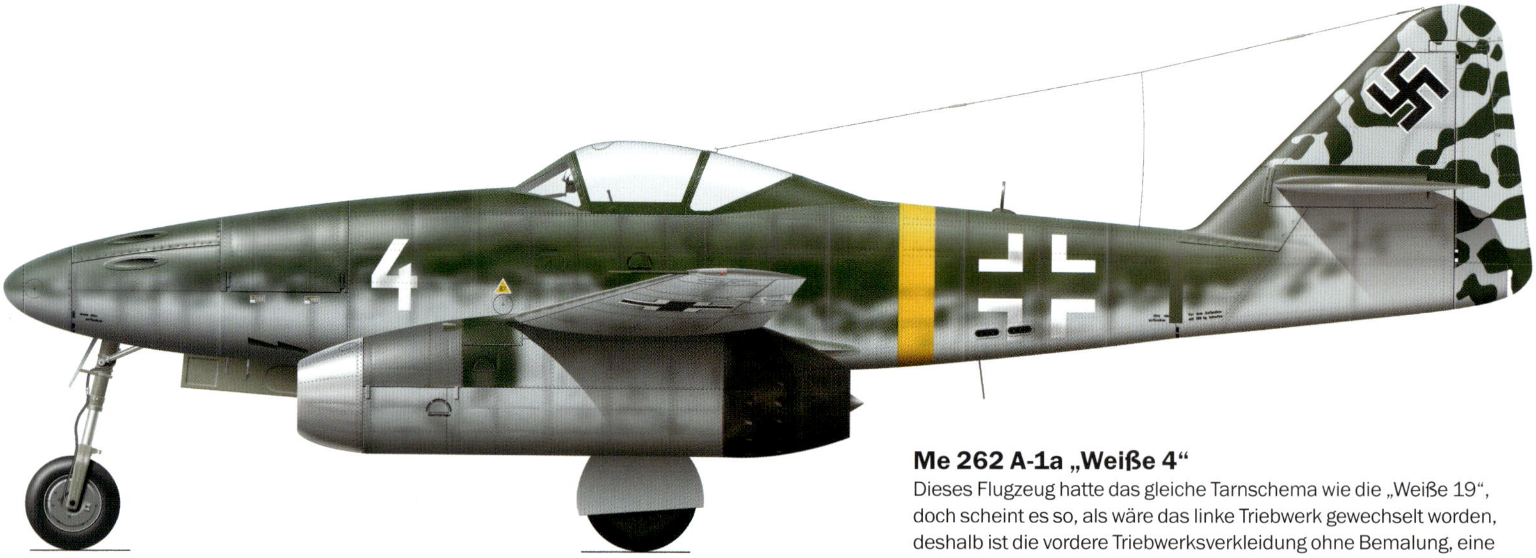

Me 262 A-1a „Weiße 4“

Dieses Flugzeug hatte das gleiche Tarnschema wie die „Weiße 19“, doch scheint es so, als wäre das linke Triebwerk gewechselt worden, deshalb ist die vordere Triebwerksverkleidung ohne Bemalung, eine an vielen Me 262 zu findende Erscheinung. Beachtenswert ist auch die Farbe der abnehmbaren vorderen Triebwerksabdeckung, eventuell mittelgrau (75), die vielleicht von einem anderen Flugzeug stammt.

Unten links:
Männer vom Bodenpersonal sind herangeeilt, um dem Flugzeugführer beim Öffnen der Kabinenhaube und der Kontrolle der Maschine zu helfen.
Unten rechts:
Die große Spannweite des rückwärts gepfeilten Me 262-Flügels ist auf dieser Aufnahme der „Weißen 4“ gut sichtbar.

Ganz unten:
Die Me 262 A-1a, „Weiße 4“, des Kommando Nowotny rollt an der Kamera vorbei zu ihrem Abstellplatz.

Leutnant Franz Schall (am Telefon) kam von der I./JG 52 zum Kommando Nowotny, wo er die 2. Staffel kommandierte und später die 10. Staffel des JG 7 leitete. Schall war ein fähiger Jagdflieger, der allein an zwei Tagen im August 1944 elf bzw. dreizehn sowjetische Flugzeuge abschoss. Er flog insgesamt etwa 550 Einsätze und auf seinem Siegeskonto standen 140 alliierte Flugzeuge, drei zerstörte Panzer, 24 Fahrzeuge und drei Lokomotiven. Im Oktober 1944 erhielt er das Ritterkreuz, fiel dann aber in einer Me 262.

Am 8. November 1944 gelang es Lt. James W. Kenny von der 357. US Fighter Group mit seiner P-51 Mustang Treffer in der von Lt. Franz Schall geflogenen Me 262 des Kommando Nowotny anzubringen. Wegen der aufgetretenen Schäden musste Schall aus der Maschine abspringen, wodurch Kenny eine bemerkenswerte Bildserie vom getroffenen Strahljäger mit seiner Schusskamera gelang.

Die Me 262 A-1a, „Weiße 4“, des Kommando Nowotny beim Anflug auf die Landebahn in Achmer nach einem Einsatz.

Eins der allgegenwärtigen Kettenkräder zieht die Me 262 A-1a, W.Nr. 110813, „Grüne 3 und S“ vom Stabsschwarm des Kommando Nowotny an der Kamera vorbei. Es war üblich, dass möglichst Kettenkräder (und gegen Kriegsende in einigen Fällen auch Ochsen) zum Schleppen der Flugzeuge von und nach den Abstellplätzen verwendet wurden, um Kraftstoff zu sparen.

Me 262 A-1a W.Nr. 110813 Grüne 3“, Kommando Nowotny, Achmer, September 1944

Dieses Flugzeug war bei Bombenabwurfversuchen benutzt worden, bevor es zum Kommando Nowotny kam, wo es als Übungsmaschine diente. Auf Seite 435 ist das Flugzeug während dieser Versuche zu sehen. Dabei trug es schon den selten benutzten grünen Buchstaben „S“ unter dem Höhenleitwerk, dieser bedeutet, dass die Maschine nicht für den Kampfeinsatz verwendbar war, sondern nur für Schulzwecke. Alle zum Training versetzten Me 262 hatten den Buchstaben „S“ unter dem Leitwerk, doch dieser war normalerweise in weiß aufgetragen. Beim JV 44 gab es aber auch ein Flugzeug mit einem roten „S“.

schwand in der Wolkenschicht. Die entsetzten Zuhörer am Boden hörten Nowotnys Funkmeldung: „Machte gerade dritten Abschuss... linkes Triebwerk ausgefallen... werde erneut angegriffen... bin getroffen...“ und dann schlug seine Me 262 nördlich von Bramsche brennend auf, bevor er aussteigen konnte.

Am 7. November 1944 besuchte Generalleutnant Galland (zweiter von links) Achmer zur Inspektion der Männer und Maschinen des Kommando Nowotny. Es wurde ein schicksalhafter Besuch, bei dem er Zeuge des plötzlichen Tods von Nowotny wurde. Wenige Tage später befahl er die Rücknahme des Kommandos zur Nachschulung.

Nowotnys Tod bedeutete das Totengeläut für das Kommando. Seinen 18 bestätigten Abschüssen stand der Verlust von 26 zerstörten oder beschädigten Me 262 gegenüber. Bald darauf wurde es nach Lechfeld zum Umschulen zurückverlegt. Hptm. Georg-Peter Eder wurde amtierender Kommandeur.

Wendel verfasste einen weiteren kritischen Bericht. „Das Kommando wurde nach vier Bruchlandungen am 8. November für einen Auffrischungslehrgang in Lechfeld aus dem Einsatz genommen.[2] Dieser Abzug wurde von General Galland befohlen, der am 7. und 8. November bei der Einheit war. Ich habe bereits Schwächen und Fehler in Leitung und Schulung dieses Kommandos in meinem letzten Bericht benannt. Die Flugzeugführer sind nur teilweise „jagdgeschult“ und gehen nach nur zwei Flügen in der Me 262 in den Kampf[3]. Daran wurde nie etwas geändert und erst nachdem Major Nowotny nach einem Luftkampf mit einer großen Zahl von Mustangs getötet wurde, gab General Galland den Befehl für ihre ‚Verlegung‘. Das Kommando soll in 8 bis 10 Tagen in voller Stärke zurück sein.“

Ende Oktober 1944 war das Kommando Schenk wieder in der I./KG 51 aufgegangen. Zu dieser Zeit war das Kommando wechselnd in Rheine, Hörstel und Hopsten stationiert und hatte folgendes Führungspersonal:

Kommodore	Obstlt. Wolf-Dietrich Meister
Kommandeur I. Gruppe	Maj. Heinz Unrau
Adjutant I. Gruppe	Oblt. Harald Hovestadt
Kapitän 1. Staffel	Oblt. Pahl
Kapitän 2. Staffel	Hptm. Rudolf Abrahamczik
Kapitän 3. Staffel	Hptm. Eberhard Winkel

Am 20. Oktober meldete die Gruppe eine Stärke von 31 Flugzeugen, wovon 26 flugbereit waren. Schenk schulte die Einheit weiterhin in Einsatztaktiken und übernahm am 5. Dezember 1944 von Meister die Funktion als Geschwaderkommodore. Zuerst hatten die Me 262 des Kommando Schenk große schwarze Identifikations-Buchstaben am Rumpfbug, aber bereits nach kurzem Einsatz nahm man den Geschwadercode „9K“ des KG 51 an, einige Maschinen trugen auch das Edelweißwappen unter der Kabine.

Am 2. November flog die I./KG 51 ihren ersten Einsatz, als vier Me 262 alliierte Flugplätze angriffen, zwei mit AB 250-Splitterbomben-Behältern und zwei mit SD 250 Panzersprengbomben. Das Unternehmen wurde von einer Verletzung von Hptm. Eberhard Winkel, dem Staffelkapitän der 3./KG 51, überschattet, als dessen Me 262, 9K+CL, in Grave in Holland bruchlandete. Seinen Platz nahm zeitweilig von Oblt. Stephan ein.

Die Me 262 A-1a, „Weiße 15“, des Kommando Nowotny während der Flugvorbereitung und Aufmunitionierung. Die Maschine hat eine weiße Nasenspitze.

Obwohl die Umrüstung des KG(J) 54 auf Me 262 geplant war, verliefen deren Lieferungen sehr schleppend. Als Zwischenlösung erhielt ein Teil der Einheit Fw 190. Eine davon, eine A-5 mit dem Kennzeichen B3+XL, geflogen von Ofäh. Wolfgang Schneider aus der 1. Staffel, wurde am 11. November 1944 bei einem Tiefangriff abgeschossen. Die erste Me 262, welche die Einheit verlor, war die W.Nr. 170107, die durch den Brand eines Triebwerks beim Start in Giebelstadt neun Tage später verloren ging. Der Flugzeugführer, Ofäh. Richard Schöpe von der 2. Staffel, starb dabei. Die Staffel verlor am 2. Dezember 1944 einen weiteren Piloten, als Ogfr. Hajo Mentzel bei einem Übungsflug südlich von Gerolzhofen abstürzte.

Davor hatte ein weiterer Verband seine erste Me 262 erhalten. Anfang Juni 1944 bekam Oblt. Herward Braunegg den Auftrag, einen Versuchsaufklärerverband mit Strahlflugzeugen zu schaffen. Die Aufstellung des Kommando Braunegg begann in Lechfeld, doch dauerte es noch bis zum 26. August 1944, bis die erste fertig gestellte Aufklärungs-Me 262 an den Versuchsverband OKL geliefert wurde, der die Führung der Einheit Oblt. Brauneggs übernommen hatte. Das Kommando setzte dann eine Mischung aus normalen Me 262 A-1a und wenigen extra umgebauten Me 262 A-1a/U3 ein, die zwei RB 50/30 Luftbildkameras mit sich führten[4]. Das erste vom Verband verlorene Flugzeug war die W.Nr. 170006 von Fj.Ofw. Friedrich Shauek. Er fiel bei einem Absturz nahe Lissa am 25. Oktober. Am 6. November 1944 verlegte das Kommando von Lechfeld nach Rheine. Parallel dazu gab Maj. Heinz Schütze vom Stab beim Gen.Maj. Karl-Henning von Barsewisch, dem General der Aufklärungsflieger, die Befehle zur Bildung einer spezialisierten Nahaufklärungsgruppe NAGr 6 heraus. Am 28. November verfügte das Kommando Braunegg über sechs Me 262, wovon 3 flugbereit waren, und vier Flugzeugführer. Zwei Tage später verlegte es von Lechfeld nach Schwäbisch Hall zum Einsatz unter Obst. Hentschels 5. Jagd-Division in Durlach.

Der Gruppenkommandeur der I./KG 51, Major Heinz Unrau (rechts), im heiteren Gespräch mit Offizierskameraden seiner Einheit in Rheine-Bentlage, Herbst 1944. In der Mitte, mit Ritterkreuz, steht Hauptmann Rudolf Roesch, links Leutnant Maser. Roesch blieb nach einem Wetteraufklärungsflug am 28. November 1944 westlich von Helmond in Holland vermisst.

Der Tod von Nowotny und eine frühere Verwundung von Horst Götz vom Ar 234-Aufklärungsverband Kommando Götz führte zur Entscheidung, einigen dieser Einheiten andere Namen zu geben. So erhielt Ende November 1944 das Kommando Braunegg die Bezeichnung Kommando Panther. Der Verband meldete am 26. November eine Stärke von vier Flugzeugführern und fünf Flugzeugen und verlegte vier Tage danach von Rheine nach Schwäbisch Hall.

Wie bereits weiter oben erwähnt, wurden die Reste des Kommando Nowotny nach Lechfeld rückverlegt, wo man sie mit dem Ekdo 262 umbildete. Dies hatte inzwischen am 27. Oktober 1944 die neue Bezeichnung III./EJG 2 erhalten, doch scheint es so, als wäre dieser Name von den Flugzeugführern des Kommandos nicht oder nur selten verwendet worden. Am 16. November fand Oblt. Werner Glomb, Kapitän der 11./EJG 2 beim Absturz seiner Me 262 A-2a bei Unterlauersbach den Tod. An diesem Tag meldete der alliierte Dekodierungsdienst „Ultra“, dass die III./EJG 2 eine Stärke von 18 Flugzeugen und 12 Besatzungen mit 69 Schülern hatte. Die Flugzeugführer waren von vielen aufgelösten Luftwaffeneinheiten gekommen und Geyers Kommando hatte den Auftrag zu deren Umschulung erhalten. Im November erfolgten nur wenige Einsatzflüge, Hptm. Eder meldete die Zer-

Hptm. Rudolf Abrahamczik, Staffelkapitän der 2./KG 51, wärmt seine Hände am Triebwerk einer Me 262 des Geschwaders in Rheine im Herbst 1944. Abrahamczik gehörte zur kleinen Gruppe ehemaliger Bomberpiloten, die in den letzten Tagen des Krieges die Me 262 im Erdkampf über Prag mit dem Gefechtsverband Hogeback flogen.

(Forts. auf Seite 204)

Me 262 A-2a „9K+YH“, 1./KG 51, Herbst 1944
Im gleichen Tarnschema wie die 9K+BH auf Seite 423 und übereinstimmend mit vielen anderen Me 262 des KG 51 zu dieser Zeit, waren bei diesem Flugzeug die Nasenspitze und das obere Ende des Seitenleitwerks in der Staffelfarbe weiß gestrichen.

Eine schöne Reihe von Abbildungen der Me 262 A-2a, „9K+YH", der 1./KG 51. Der Teil „9K+H" des Kennzeichens war in kleinen schwarzen Buchstaben und der individuelle Kennbuchstabe „Y" in weiß aufgemalt. Das Y ist wegen seines gebogenen Unterstrichs ungewöhnlich. Das Flugzeug hatte auch eine weiße Rumpfnase und Seitenleitwerksspitze, wie sie oft bei Maschinen der 1. Staffel zu finden waren, während die Kanonenausschussöffnungen hier unbemalt blieben. Das Flugzeug trug die aufgespritzte „Kritzel"-Tarnung auf dem Rumpf und den Oberseiten. Unter dem Vorderrumpf sind zwei ETC 503-Bombenschloßträgern montiert.

Eine typische Szene in Rheine Ende 1944 mit einem Kettenkrad, das die Me 262 A-2a, W.Nr. 170096, 9K+BH, der 1./KG 51 von der Vorstartlinie für einen neuen Einsatz über der Westfront schleppt. Sämtliche Flugzeuge des KG 51 hatten dunkelgrüne Oberseiten auf die mit noch dunklerem Grün ein „Kritzel"-Muster gespritzt war. Meistenteils waren die Spitzen von Nase und Schwanz, die Kanonenausschussöffnungen und die individuellen Buchstaben in der jeweiligen Staffelfarbe gespritzt. Weiß stand für die 1. Staffel, schwarz für die 2. und gelb für die 3. Staffel.

Me 262 A-2a W.Nr. 170096, 1./KG 51, Rheine, September 1944

Die Me 262, „Weißes B", wie sie im September 1944 in Rheine aussah. Wie viele Flugzeuge des KG 51 trug sie das aufgespritzte Tarnschema in zwei Grüntönen (81 und 82) auf den Oberseiten mit blassem Blaugrau (76) an den Unterseiten. Das Verbandskennzeichen „9K+BH" ist an den Rumpfseiten aufgemalt, „9K" und „H" in kleinen schwarzen Zeichen von etwa einem Sechstel der Größe des individuellen Kennbuchstabens „B", der weiß war. Wie viele der Flugzeuge des KG 51 dieser Zeit, hatte diese Me 262, die Spitzen von Nase, Seitenflosse und -ruder, ebenso wie die beiden Ausschussöffnungen in weiß, der Staffelfarbe, bemalt. Die Werknummer 170096 war in schwarz auf der Seitenflosse aufgetragen. Dieses Flugzeug erlitt am 2. Oktober 1944 in Giebelstadt nach 38 Flügen mit einer Gesamtflugzeit von 16 Stunden schwere Schäden.

Ein Monteur des KG 51 befestigt den hölzernen Triebwerksverschlussdeckel an einem Flugzeug des Geschwaders. Dieser bietet einen interessanten Vergleich mit den verschiedenen Metallkörben, die im Kapitel Acht dieses Buches abgebildet sind und vom Erprobungskommando 262 im Sommer 1944 für ähnliche Zwecke benutzt wurden. Die vergleichsweise primitive Ausrüstung des KG 51 mag schon eine Folge der allgemein schlechten Versorgungslage sein, die viele Einsatzverbände der Luftwaffe Ende 1944 beeinträchtigte.

Nahaufnahme des Bugs einer Me 262 A-2a der 1./KG 51. Obwohl das Flugzeug vier Kanonenöffnungen hat, trug diese Variante nur zwei 30-mm-Kanonen MK 108. Die verglaste Öffnung in der Nasenspitze ist für die Schusskamera BSK 16.

Herward Braunegg

Am 26. Dezember 1917 in Graz geborener Sohn des österreichischen Heeresoffiziers Generalmajor Alexander Braunegg. Er trat zum 30. September 1937 in die österreichische Fliegertruppe ein und wurde nach deren Übernahme in die Luftwaffe nach dem Anschluss vom 13. März 1938 Hörer der Luftkriegsschule in Berlin-Gatow. Nach der Ausbildung auf verschiedenen Aufklärungsfliegerschulen erhielt er am 10. Dezember 1939 die Versetzung zur 1.(H)/41 und am 14. Juni 1942 zur 4.(H)/41. Dann diente er beim NAG 9 als Technischer Offizier und Staffelkapitän, wobei er Bf 109 und Fw 189 flog und am 26. März 1944 das Ritterkreuz erhielt. Insgesamt flog Braunegg im Krieg 353 Einsätze. Nach Kriegsende erwarb er den Grad eines Dr.-Ing. und trat erneut als Oberst der Reserve in das österreichische Heer ein. Er starb am 16. Dezember 1983.

Diese Ausschnittsvergrößerung der „Weißen 3“ zeigt das Standard-Balkenkreuz B2, wie es unter den Flächen der meisten Me 262 zu finden war.

Me 262 A-1a/U3, W.Nr. 500259, „Weiße 3“, 1./NAG 6, Anfang 1945

Leider sind bisher noch keine Fotos von Flugzeugen des Kommando Braunegg entdeckt worden, doch diese Maschine des Nachfolgeverbands NAGr 6 hat wahrscheinlich ein entsprechendes Aussehen. Das Flugzeug wurde von Uffz. Heinz Huxold im Februar 1945 geflogen.

Bodenpersonal nutzt die Mitfahrgelegenheit auf dem Kettenkrad beim Schleppen der Me 262 A-1a/U3, W.Nr. 500259, „Weiße 3“, der NAGr 6 von der Landebahn zum Abstellplatz, nach deren Rückkehr von einem weiteren Strahlaufklärungsflug über der Südhälfte der Westfront im Spätherbst 1944. Die Maschine trägt ein schmales gelbes Rumpfband, B2 Balkenkreuze unter der Fläche und hölzerne Triebwerksschutzdeckel, ähnlich den weiter oben gezeigten, bei den Flugzeugen des KG 51 benutzten. Neben den beiden im Bug montierten Reihenbildkameras Rb 50/30 hatten die vom Kommando Braunegg und der NAGr 6 benutzten Flugzeuge eine einzelne MK 108-Kanone in der Rumpfspitze.

Bilder von der Entnahme der Filmmagazine der Rb 50/30-Kameras für die Entwicklung aus der Me 262 A-1a/U3, „Weiße 3", in Lechfeld etwa Februar/März 1945. Mit dieser Maschine führte Uffz. Heinz Huxold einen Fotoflug über Dresden nach den alliierten Bombenangriffen vom 13./14. Februar durch. Er meldete nach diesem Einsatz den Abschuss einer P-51 Mustang.

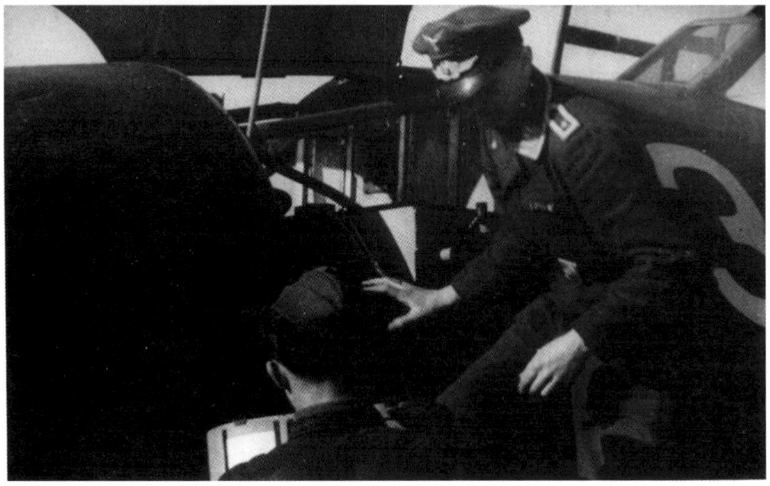

Messerschmitt Me 262 A-1a/U3 W.Nr. 500259 „Weiße 3" 1./Nahaufklärungsgruppe 6

Obwohl relativ klein in bezug auf Flugzeug- und Besatzungsstärke, lieferten die Strahlaufklärereinheiten der Luftwaffe lebenswichtige Aufklärungsergebnisse über alliierte Truppen- und Panzerbewegungen für das deutsche Oberkommando. Mit dem Fortschreiten des Krieges und dem immer tieferen Eindringen der Alliierten in die verbleibenden Teile des Dritten Reiches errangen diese eine ständig zunehmende Luftüberlegenheit. Die Geschwindigkeit der Me 262 für den Einsatz als Aufklärer bekam so kritische Bedeutung. Die Bilder dieser Seiten zeigen Mitglieder der Bodenmannschaft, die mit Hilfe einer Wartungsleiter das Magazin aus einer der in der Nase der „Weißen 3“ eingebauten Rb 50/30-Kameras entnehmen. Die Bezeichnung Rb 50/30 der Kamera sagt aus, dass diese eine Brennweite von 50 cm und ein Abbildungs format von 30 x 30 cm hatte.

Johannes Steinhoff

Wurde am 15. September 1913 in Bottendorf in Sachsen geboren. Er trat 1934 als Offizierskadett in die Kriegsmarine ein und wechselte 1936 zur Luftwaffe. Bei Kriegsausbruch war er Staffelkapitän der 10./JG 26 und flog Versuchs-Nachtjagdeinsätze von Köln-Ostheim aus. Er wurde im Februar 1940 zum JG 52 versetzt und kommandierte die 4. Staffel dieses Geschwaders während der Luftschlacht um England und beim Überfall auf die Sowjetunion. Am 30. August 1941 erhielt er das Ritterkreuz und übernahm im Februar 1942 das Kommando der II./JG 52. Am 31. August 1942 errang er seinen 100. Luftsieg und erhielt am 2. September das Eichenlaub. Im März 1943 kam er nach Nordafrika, wo er Kommodore des JG 77 wurde und am 28. Juli 1944 die Schwerter zu seinem Ritterkreuz erhielt. 1952 trat er in die entstehende Bundesluftwaffe ein und war innerhalb von vier Jahren Stellvertretender Chef des Führungsstabs für Einsatzfragen. 1958 wurde er zum Brigade-General und 1962 zum Generalmajor ernannt. 1972 trat er aus dem Dienst und lebte in seinem Haus in Bonn, wo er 1994 verstarb.

störung einiger alliierter Flugzeuge, darunter einer P-38, die er gerammt hatte.

Auf einer in der Zeit vom 1. bis 4. November 1944 abgehaltenen Rüstungskonferenz gab Hitler endlich die Genehmigung für den Serienbau der Me 262 als Jagdflugzeug, beharrte aber darauf, dass jedes Flugzeug „in der Lage sein musste, im Notfall mindestens eine 250-kg-Bombe zu tragen". Dieser Befehl erlaubte es Galland, mit der Bildung des ersten Strahljagdgeschwaders unter der Bezeichnung JG 7 zu beginnen. Es war schon im August 1944 vorgesehen, diese Einheit mit Kolbenmotorjägern Bf 109 G-14 auszurüsten, jedoch ließ man diese Pläne am 12. November fallen. Sieben Tage später erhielten die Reste des Kommando Nowotny die Bezeichnung III./JG 7 und die Bildung zweier weiterer Gruppen, alle ausgerüstet mit Me 262, wurde geplant. Zum Kommodore des JG 7 ernannte Galland Oberst Johannes Steinhoff, einen sehr erfahrenen Jagdflieger mit 170 anerkannten Luftsiegen und Träger des Ritterkreuzes mit Schwertern. Das Führungspersonal bestand aus:

Kommodore	Oberst Johannes Steinhoff
Technischer Offizier	Hptm. Streicher
Kommandeur III. Gruppe	Maj. Erich Hohagen
T.O. III. Gruppe	Oberinspektor Grote
Nachrichtenoffizier III. Gruppe	Lt. Günther Preusker
Kapitän 9. Staffel	Hptm. Georg-Peter Eder
Kapitän 10. Staffel	Oblt. Franz Schall
Kapitän 11. Staffel	Oblt. Joachim Weber

Major Erich Hohagen im Dezember 1944 in Lechfeld. Er trägt eine wollene Mütze, die teilweise die Wunden seiner kürzlichen Kopfverletzungen verdeckt. Hohagen erhielt eine minimale Umschulung auf den Strahljäger beim EJG 2, bevor er zur III./JG 7 als deren Kommandeur kam. Jedoch betrachtet er auch heute noch die Me 262 als „... den größten Schritt seit die Wright-Brüder ein Flugzeug schwerer als Luft flogen." Hohagen spricht hier mit Oberst Hannes Trautloft, dem Inspekteur der Tagjagd. Hinter den Offizieren ist die zweisitzige Schulmaschine Me 262 B-1a, W.Nr. 170014, „Weiße 17", erkennbar. Das Flugzeug wurde Anfang März 1945 auf der Waffen-Erprobungsstelle in Tarnewitz erprobt, Fl.Stabsing. Fach flog sie am 3. März mit Lt. Harbort.

Da die III./EJG 2 (Ekdo 262) bereits mit der Ausbildung von Flugzeugführern für die Me 262 überlastet war, wurde entschieden, einige Kräfte des gerade aufgelösten KG 1 „Hindenburg" umzugruppieren. Für kurze Zeit übertrug man den Namen „Hindenburg" auf das JG 7, änderte ihn aber bald in „Nowotny" zur Erinnerung an den gefallenen Führer. Es war vorgesehen, dass die III./JG 7 bis Ende November 40 Flugzeuge bekommen sollte, doch waren es zu dieser Zeit nur elf Me 262.

Das Flieger-Überführungsgeschwader 1 unter Obstlt. Zeidler hatte den Auftrag, die neuhergestellten Me 262 von den Montagewerken zu den Einsatzverbänden zu transportieren. Das Geschwader war am 20. Mai 1942 aufgestellt worden und umfasste 1944 mindestens sieben verschiedene Gruppen, jede in einem anderen Gebiet Deutschlands tätig. Dies waren Nord, Ost, Süd, Süd-Ost, Süd-West, West und Mitte. Neben Luftwaffenflugzeugführern, die aus aufgelösten Einheiten versetzt worden oder nicht mehr fronteinsatzfähig waren, gehörten auch eine Anzahl sehr bekannter Fliegerinnen, wie Vera von Bissing und Beate Uhse zum Geschwader. Während ihres Dienstes verloren die verschiedenen Gruppen einige Flugzeugführer und Me 262 durch Unfälle oder marodierende alliierte Jäger.

Kurz nach der Formierung der III./JG 7 wurde der alte Bf 109-Jäger-Verband II./JG 3 am 27. November 1944 zur I. Gruppe des neuen Geschwaders ernannt. Die Führungskräfte waren:

Kommandeur I. Gruppe	Hptm. Theodor Weißenberger
Kapitän 1. Staffel	Oblt. Hans Grünberg
Kapitän 2. Staffel	Oblt. Fritz Stehle
Kapitän 3. Staffel	Oblt. Hans Waldmann

Weißenberger war ein sehr fähiger, mit Ritterkreuz und Eichenlaub dekorierter Offizier. Er hatte bereits 200 Luftsiege errungen, meist beim JG 5 in Norwegen und Finnland. Es war vorgesehen, die Gruppe in Kaltenkirchen in Schleswig-Holstein auf die Me 262 umzustellen.

Der 26. November 1944 war ein ziemlich ereignisreicher Tag für die Me 262. Drei Flugzeugführer, die sich bei der III./EJG 2 in der Umschulung auf den Strahljäger befanden, Maj. Rudi Sinner (Ex-Kommandeur der I./JG 27), Lt. Fritz R. Müller und Ofw. Hermann Büchner, stiegen auf, um alliierte Aufklärer über Bayern abzufangen. Sinner und Büchner schossen je eine F-5 Lightning der 7. Foto-Aufklärungsgruppe ab, die von Lt. Julius R. Thomas bzw. Lt. Irvin J. Rickey geflogen wurden. Auch Müller beschädigte eine Mosquito der 60. Squadron der Südafrikanischen Luftwaffe schwer. Allerdings befand man sich an diesem Tag auch nicht auf einer „Einbahnstraße“. Lt. Alfred Schreiber, der den ersten Sieg des Ekdo 262 gemeldet hatte[5] und jetzt zur 9./JG 7 versetzt war, starb bei einem Unfall in Lechfeld und Ofw. Rudolf Alf von der 1./JG 7 stürzte bei Tiefflugübungen in der Nähe von Fürstenfeldbruck tödlich ab.

Die 1906 in Frankfurt geborene Vera von Bissing ist eine aus der Reihe gutbekannter weiblicher deutscher Flugzeugführerinnen, die später beim Flieger-Überführungsgeschwader 1 Me 262 auslieferten. In den dreißiger Jahren war sie in einem Kunstflugteam, wo sie zahlreiche unterschiedliche Flugzeugmuster, einschließlich der Messerschmitt M 35b, auf Flugtagen in ganz Europa vorflog.

Inzwischen hatte am 18. Oktober 1944 der 28-jährige Flugzeugführer Lt. Kurt Welter, der bei der II./NJG 11 diente, das Ritterkreuz erhalten. Bei der Verleihung war er beauftragt worden, mit der Me 262 Versuche als Nachtjäger zur Bekämpfung der gehassten Mosquito-Schnellbomber durchzuführen. Kurz darauf kam Welter nach Rechlin-Lärz, wo er eine normale Me 262 A-1a erhielt. Nach einigen Versuchen, gelang es ihm, am 28. November seine erste Mosquito abzuschießen und zu beweisen, dass

Zwei Ansichten einer Me 262 A-2a eines unbekannten Verbands oder vielleicht bei einer Flugzeug-Überführungseinheit mit dem Auftrag, die Maschine an das KG 51 auszuliefern. Das Flugzeug hat keine taktischen oder Verbandskennzeichen, aber zwei ETC 503-Bombenträger und verschlossene obere Kanonenöffnungen.

Oblt. Hans Grünberg, Spitzname „Specker“, wurde am 8. Juli 1918 in Groß-Fahlenwerder in Pommern geboren. Seine erste Kampfeinheit war die 3./JG 3, in der er bis zum Staffelkapitän aufstieg, bevor er im November 1944 das Kommando der 1./JG 7 übernahm. Er erreichte 82 Luftsiege, fünf davon in der Me 262, bevor er Ende des Krieges zum JV 44 ging.

Theodor Weissenberger

Wurde am 21. Dezember 1914 in Mülheim geboren. Anfänglich ein begeisterter Segelflieger und Ausbilder wurde er im Herbst 1941 zum Dienst bei der 1.(Z)/JG 77, die im Januar 1942 zur 6./JG 5 wurde, nach Nord-Norwegen versetzt. Am 23. Oktober 1941 errang er dort seinen ersten Luftsieg und vernichtete 23 Feindflugzeuge, 15 Lokomotiven, zwei Flakstellungen, eine Funkstelle und 10 Baracken während seiner Dienstzeit bei dieser Einheit. Nach 28 Luftsiegen erhielt er am 13. November 1942 das Ritterkreuz und übernahm am 15. Juni 1943 das Kommando der 7./JG 5. Am 2. August 1943 folgte nach 112 Luftsiegen das Eichenlaub zu seinem Ritterkreuz. Im folgenden Monat übernahm er das Kommando der 6./JG 5 von Oblt. Heinrich Ehrler und dann am 26. März 1944 das der II./JG 5. Am 4. Juni 1944 wurde er Kommandeur der I./JG 5 und errang innerhalb weniger Wochen 25 Luftsiege bei Einsätzen gegen die alliierten Landungen, sein 200. Gegner fiel am 25. Juli. Weißenberger flog während des Krieges über 500 Kampfeinsätze, errang 208 Luftsiege und war für die Schwerter zum Ritterkreuz nominiert. Er starb am 10. Juni 1950 bei einem Autorennunfall auf dem Nürburgring.

der Strahljäger erfolgreich in dieser Rolle eingesetzt werden konnte.

Am 7. Dezember war Welter bei der Gruppe von Offizieren, welche die Attrappe eines Me 262-Nachtjägers besichtigte, der die Bordfunkmessgeräte FuG 350 und FuG 218, viele Änderungen in der Kabine, eine Kurssteuerung K 22 und eine auf zwei MK 108 reduzierte Bewaffnung erhalten sollte.

Im Dezember soll Welter drei weitere Mosquitos abgeschossen haben und am 11. dieses Monats befahl Göring drei Me 262 und drei Ar 234 für die Nachtjagd bereit zu stellen. Sechs Tage später flog Welter eine Ar 234, die ihn aber nicht überzeugte[6]. Am gleichen Tag wurde er beauftragt, das erste spezielle Me 262-Nachtjagd-Sonderkommando unter der Bezeichnung Kommando Welter zu bilden. Ende des Monats verfügte diese Einheit über vier Me 262 A-1a.

Die Bomber der I./KG 51 setzten ihre Kampfflugeinsätze gegen alliierte Truppen und Stellungen in Nordwestdeutschland fort. Im November 1944 erhielt die II. Gruppe des KG 51 unter Maj. Herbert Voß ihre ersten Me 262 in Schwäbisch Hall. Am 4. Dezember hatte die Gruppe eine Stärke von 35 Flugzeugen und 54 Besatzungen erreicht. Das Führungspersonal der Gruppe bestand aus:

Kurt Welter

Wurde am 25. Februar 1916 in Köln-Lindenthal geboren und trat schon am 1. Oktober 1934 in die Luftwaffe ein. Nach seiner Flugzeugführerausbildung zuerst Fluglehrer, kam er am 2. September 1943 zur 5./JG 301, wo auf einmotorigen Maschinen die „Wilde Sau“-Nachtjagd im Rahmen der Reichsverteidigung geflogen wurde. Anfang April 1944 hatte Welter bei nur 15 Einsätzen bereits 17 viermotorige Bomber abgeschossen. Am 7. Juli 1944 wurde er zur 5./JG 300 versetzt und schoss innerhalb des Monats zwei B-17 und drei P-51 ab. Bald danach kam er zur NJGr 10 und dann zur 10./JG 300, einer Mosquito-Jagdstaffel. Während des Dienstes bei der NJGr 10 und der 10./JG 300 zerstörte Welter acht Mosquitos, eine davon durch Rammen. Am 18. Oktober 1944 erhielt er nach Versetzung zur II./NJG 11 das Ritterkreuz nach 34 Luftsiegen. Für seine Einsätze mit Me 262-Nachtjägern wurde Welter am 18. März 1945 mit dem Eichenlaub dekoriert. Er starb nach einem Autounfall bei Leck in Schleswig-Holstein am 7. Juli 1949.

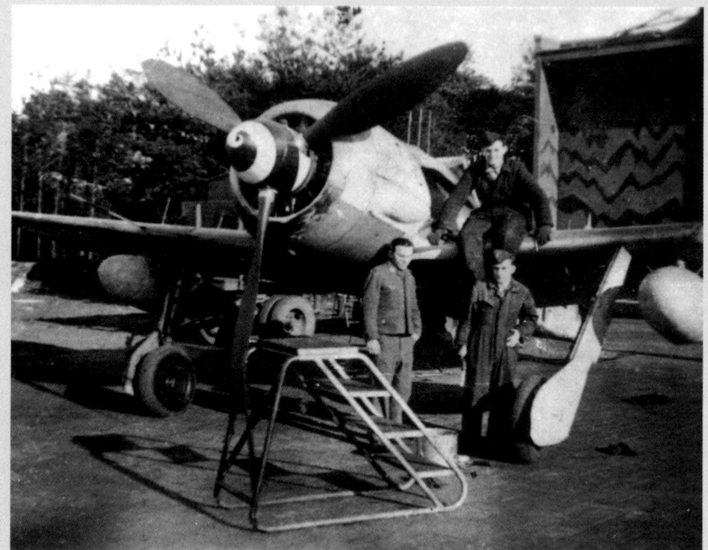

Kurt Welter, links, neben seiner Fw 190, während seines Dienstes bei der NJGr 10. Es gibt Hinweise von deutschen Zeitgenossen Welters, dass er die Zahl seiner Abschüsse übertrieb, doch wird die Genauigkeit der Angaben wohl nie endgültig festgestellt werden können.

Kommandeur II. Gruppe	Maj. Herbert Voß
Kapitän 4. Staffel	Oblt. Chiuruski
Kapitän 5. Staffel	Hptm. Fritz Abel
Kapitän 6. Staffel	Oblt. Wolfgang Bätz

Am 13. November 1944 gab es bei einem Angriff durch einen Bombenteppich auf Rheine schwere Verluste beim KG 51. Unter den getöteten Flugzeugführern waren Oblt. Merlau und Fw. Hoffmann, der Sanitätsoffizier der I. Gruppe, Dr. Denkhaus, wurde schwer verwundet. Bomben forderten auch viele Opfer unter den Männern der 5./KG 51 in Hesepe. Der Stab der I. Gruppe war gezwungen, nach Hopsten auszuweichen, wo er wechselnd in Hörstel, Dreierwalde und Esch Station machte. Am 26. November meldete die 2./KG 51 den Tod von Oblt. Heinz Lehmann bei einem Absturz drei Kilometer südlich von Kirchwistedt. Zwei Tage danach dechiffrierte „Ultra“ die Stärkemeldung der I./KG 51 in Rheine und Hopsten mit 48 Flugzeugen und 46 Besatzungen. An diesem Tag wurde Hptm. Rudolf Roesch von der 1./KG 51 nach einem Wetteraufklärungsflug westlich von Helmond in Holland vermisst gemeldet. Am 30. November schoss britische Flak ebenfalls in Helmond Uffz. Horst Sanio von der 2./KG 51 in der W.Nr. 170120 ab.

Im Herbst 1944 besuchte der Messerschmitt-Versuchsflieger Fritz Wendel das Hauptquartier des KG 51 in Rheine, um die Bombenangriffe mit der Me 262 zu beurteilen. Wendel spricht hier mit Major Heinz Unrau, dem Kommandeur der I./KG 51.

Einen Eindruck von einer typischen Mission, wie sie das KG 51 flog, gibt die Vernehmung eines Flugzeugführers:

„Die Einweisung war normalerweise sehr kurz und dauerte 5 bis 10 Minuten. Die gegebenen Informationen betrafen nur das Ziel und seine Lage. Es gab keine Hinweise auf Flak oder andere möglicherweise den

Eine Me 262 der 1./KG 51 steht auf der regennassen Startbahn in Hopsten, Ende 1944. Gerade noch im Foto erkennbar ist die weiße Nase der 1. Staffel und Bombenträger unter dem Rumpf, wahrscheinlich ETC 503.

Me 262 A-2a „9K+BK“ 2./KG 51 „Edelweiß“, Rheine, Oktober 1944
Getarnt im „Kritzelmuster“ mit unregelmäßig aufgespritzten Linien aus den Grüntönen (81 und 82) und blassem Grau (76) unten hat diese Me 262 der 2./KG 51 das gleiche Tarnschema wie die Flugzeuge der 1. Staffel. Der Teil „9K+ K“ des Verbandskennzeichens war in kleinen schwarzen Symbolen gemalt, der Kennbuchstabe „B“ und die Bugnase in rot mit dünner weißer Umrahmung. Obwohl genaue Aufzeichnungen fehlen, kann dies die Werknummer 170120 gewesen sein, in der Uffz. Horst Sanio von britischer Flak am 30. November 1944 abgeschossen und getötet wurde.

Die Me 262 A-2a, „Rotes B“, „9K+BK“, der 2./KG 51 wird Ende 1944 aus ihrem getarnten Hangar in Rheine gezogen. Damals flogen die Maschinen des KG 51 intensiv Einsätze gegen alliierte Truppen und Stellungen in Nordwestdeutschland, Holland und Belgien.

Britische Panzer rollen Mitte November 1944 in Geilenkirchen ein. Im Vordergrund ein Churchill AVRE (Armoured Vehicle Royal Engineers = sinngemäß: Panzerfahrzeug der Pioniertruppen) bewaffnet mit einem 290-mm-Mörser zur Zerstörung von Betonwänden, Bunkern und Befestigungen. Die Granate wog über 20 kg und konnte über 80 m verschossen werden. Solche Selbstfahrlafetten waren damals Ziele der I./KG 51.

Aufgenommen von vorbeiziehender britischer Infanterie am 30. November 1944, liegt das rauchende Wrack von Uffz. Horst Sanios Me 262, W.Nr. 170120, in einem Feld nahe von Helmond in Holland, neben der Bahnlinie nach Düren. Sanio von der 2./KG 51 wurde von der britischen Fliegerabwehr abgeschossen. Bald danach waren die britischen Truppen gezwungen, Zuschauer in sicherem Abstand zu halten, da die im Flugzeug befindliche Munition und der Kraftstoff explodierten.

Personal der RAF und der britischen Armee untersuchen die verbrannten Reste der Me 262, W.Nr. 170120, von Uffz. Horst Sanio von der 2./KG 51, die am 30. November 1944 durch britisches Fliegerabwehrfeuer bei Helmond abgeschossen worden war.

Dieses irgendwo in Süddeutschland zwischen Bäumen abgestellte Flugzeug, W.Nr. 110813, wurde bei Bombenabwurfversuchen verwendet. Es hat zwei 500-kg-Bomben an Wikingerschiff-Aufhängungen unter dem Vorderrumpf. Die Maschine trägt schon das grüne „S" unter dem Leitwerk und wurde nach diesen Versuchen an das Kommando Nowotny übergeben, wo man die Bombenträger entfernte und das taktische Zeichen „Grüne 3" auftrug. Das grüne „S" unter dem Höhenleitwerk blieb erhalten (siehe gegenüberliegende Seite), was die Maschine weiterhin als Übungsflugzeug auswies, dieses Mal in der Rolle als Jagdflugzeug.

Eine für Fahrwerksuntersuchungen aufgebockte Me 262 A-2a der 2./KG 51 ausgerüstet mit ETC 503-Bombenträgern. Das typische Tarnschema der Flugzeuge des KG 51 dieser Zeit und die rote Nase der 2. Staffel sind gut erkennbar. Die Oberkante des Seitenleitwerks ist ebenfalls bemalt. Obwohl das Flugzeug das Edelweiß-Abzeichen trägt, sind keine weiteren Hoheitsabzeichen erkennbar, was auf eine vor kurzem erfolgte Neuspritzlackierung hindeutet.

Das Geschwaderemblem des KG 51 „Edelweiß"

Flugzeugführer des KG 51 vor einer Maschine des Geschwaders. Das Edelweiß-Verbandsemblem ist frisch aufgemalt.

Einsatz beeinflussende Faktoren. Wir legten unsere Flugwege zum und vom Ziel und die zu fliegenden Höhen selbst fest.

Die größte Eindringtiefe der Me 262 mit Bomben betrug 250 km in einer Flughöhe von 4000 m. Normalerweise flogen vier Flugzeuge in Formation mit 25 bis 30 m Abstand zwischen den Flügelspitzen das Ziel an. Die Anfluggeschwindigkeit war etwa 675 km/h. Die Normalflughöhe betrug 4000 m und jedes Flugzeug hatte zwei 250-kg-Bomben unter dem Rumpf. Vor dem Januar 1945 verbot Hitlers persönlicher Befehl 7 den Me 262 unter 4000 m zu fliegen. Der negative Einfluss dieser Flughöhe auf die Zielgenauigkeit führte zu ständigen Beschwerden der Flugzeugführer, doch wurde der Befehl erst Ende Januar dahingehend geändert, dass die Flugzeugführer auf eine Höhe herunter gehen konnten, die sie für sicher hielten. Wenn auf dem Weg zum Ziel alliierten Jägern begegnet wurde, steigerten die Me 262 einfach die Geschwindigkeit und stiegen davon. Flak wurde sehr leicht durch Schwingen von Seite zu Seite ausgewichen.

Der maximale Sturzwinkel der Me 262 mit Bomben war 35 Grad. Wir stürzten von 4000 m auf 1000 m, aber nie viel tiefer. Es musste darauf geachtet werden, dass die Fluggeschwindigkeit nicht 920 km/h überschritt, da die Grenzgeschwindigkeit der Me 262 bei 950 km/h lag. Ebenfalls wichtig war, dass der hintere 600-Liter-Behälter vor dem Bahnneigungsflug geleert wurde. Das war notwendig, da der Abwurf der Bomben bei vollem hinteren Tank, dazu führte, dass die Nase der Maschine plötzlich stark nach oben riss, was entweder den Flugzeugführer bewusstlos werden ließ oder die Maschine in unkontrolliertes Trudeln versetzte. Unsere Flieger benutzten das alte Revi-Zielgerät, dessen angenommene Genauigkeit zwischen 35 und 40 m lag. Nach dem Abwurf der Bomben flogen die Me 262 in 1000 bis 1200 m zurück mit einem Abstand von 60 bis 90 m zwischen den Flugzeugen.“

1 *Yeager wurde später der erste Mensch, der am 14. Oktober 1947 in der Bell X-1 offiziell die Schallmauer durchbrach.*

2 *Das vierte am 8. November verloren gegangene Flugzeug kann das von Ofw. Helmut Baudach geflogene gewesen sein, das von P-51 abgeschossen worden sein soll. Er konnte sicher mit dem Fallschirm entkommen.*

3 *Alle motorbetriebenen deutschen Flugzeugtypenbezeichnungen hatten das Präfix „8“, Segelflugzeuge „108“, Kolbenmotoren „9“ und Strahl- und Raketentriebwerke „109“.*

4 *Siehe Kapitel 2.*

5 *Siehe Kapitel 1.*

6 *Siehe den von Monogram Aviation Publications herausgegebenen Band 1 der Monarch-Reihe über die Ar 234 von J. Richard Smith und Eddie J. Creek, Seite 133.*

7 *Hitlers Befehl wurde am 21. Dezember 1944 während der Ardennen-Offensive zurückgezogen.*

Bugradbremse
P5
P4
R4
mV
Sturz

Anhang Eins

Tarnbemalung und Markierungen

Anhang Zwei

Dienstränge und Einheiten der Luftwaffe

Anhang Drei

Taktisch-Technische Daten der Me 262

Anhang Eins

Tarnbemalung und Markierungen

Wie im Anhang Eins des ersten Bandes dargestellt, wurde bei Messerschmitt die gesamte Me 262-Flugzeugzelle in RLM-Grau (Farbton 7120.02) grundiert. Dem folgte eine einzelne Farbschicht Blau-Grau 7120.76 über alles. Bei Auslieferung der ersten Serienmaschine, W.Nr. 130011, an das Erprobungskommando 262 in Lechfeld behielt sie diese Farbgebung mit den vier auf beide Rumpfseiten und unter die Flächen gemalten schwarzen Buchstaben des Stammkennzeichens „VI+AK" (siehe S. 182, Band Eins).

Sämtliche danach an die Einheit gelieferten Flugzeuge hatten ein auf die Oberseiten von Tragflächen, Rumpf und Leitwerk aufgebrachtes Tarnmuster aus RLM 74 und 75 über dem Werksanstrich 76, der als Unterseitenfarbe bestehen blieb. Dieses Schema entspricht dem auf S. 199 des Bandes Eins dargestellten, obwohl dort die verwendeten Farben gewechselt worden waren. Am 1. Juli 1944 erschien eine Sammelmitteilung, die besagte:

1) Alle neuen Flugzeug-Typen, deren Einsatz den Gebrauch der Farben 70 und 71 erfordern würde, müssen von nun an in den Farben 81 und 82 gestrichen werden.

2) Für schon in Fertigung befindliche Typen werden die Farben 70 und 71, sobald als möglich, durch die Farben 81 und 82 ersetzt.

Noch vorhandene Bestände von 70 und 71 sind selbstverständlich aufzubrauchen. Da angenommen werden kann, dass diese nicht gleichzeitig verbraucht sein werden, und um Nachbestellungen kleiner Mengen von 70 und 71 zu vermeiden, ist der Verbrauch von Restbeständen in folgender Kombination erlaubt.

Farbe 70 (Restmenge) + Farbe 82

Farbe 71 (Restmenge) + Farbe 81

Die Lieferung von Farbbeispielkarten für die RLM-Farbtöne 81 und 82 ist im Augenblick nicht möglich, deshalb fällt die Untersuchung der Farbe auf korrekten Farbton weg.

Obwohl dies die Me 262 nicht betraf, bei der vorher ein Tarnschema mit Dunkelgrau (74) und Mittelgrau (75) verwendet wurde, wird in der späteren Sammelmitteilung Nr. 2 vom 15. August 1944 festgestellt:

„Im Ergebnis der neuen Revision, werden die folgenden Farben in Zukunft nicht benutzt: 65, 70, 71 und 74. Die Farbe 70 ist jedoch weiterhin für Luftschrauben vorgeschrieben."

Dieses Dokument erwähnt auch eine neue Farbe 83, von der angenommen wird, dass es sich um ein dunkleres Grün als 82 handelte. Auf dieser Basis und der Auswertung damaliger Farbfotos erscheint es so, dass viele Jäger in der letzten Zeit des Krieges, wozu natürlich auch die Me 262 gehörte, oft ein Tarnschema aus 81 und 82, 81 und 75 oder 83 und 75 hatten. Wie bereits dargestellt, wurde diese Tarnbemalung auf den Oberseiten des Flugzeugs aufgebracht, einschließlich der Seiten des Rumpfes und der Triebwerke, zusammen mit den vertikalen Flächen des Leitwerks, die eine Sprenkelung in den gleichen Farben erhielten. Diese Sprenkelung wurde weniger dicht, wenn sie auf die in Blaugrau 76 gehaltenen Unterseiten traf.

Die Hoheitsabzeichen des Erprobungskommandos 262 bestanden aus breiten, weiß umrandeten Balkenkreuzen am Rumpf (Typ B51), ein schlankeres, weiß gerahmtes Kreuz auf den Oberseiten beider Flügel (Typ B6) und einem schwarzen Kreuz auf weißem Grund mit schwarzem Randstreifen (Typ B2) an deren Unterseiten. Die meisten Flugzeuge der Einheit hatten auf beiden Seiten der Seitenflosse ein schwarzes Hakenkreuz mit weißem Rand (Typ H2a), aber wenigstens ein Flugzeug, W.Nr. 170045, „Weiße 5", trug vollkommen weiße Hakenkreuze (Typ H3a). Ein Erkennungsmerkmal der Maschinen des Kommandos war ein schmales gelbes um den Rumpf gemaltes Band vor dem Rumpfbalkenkreuz. Die individuelle Kennzahl des Flugzeugs war am Rumpfbug vor der Flügelvorderkante in weiß mit schwarzem Rand aufgemalt. Die sechsstellige Werknummer (in den meisten deutschen Dokumenten als W.Nr. abgekürzt) war normalerweise auf beiden Seiten der Seitenflosse, direkt über dem Höhenleitwerk, in schwarz aufgetragen.

Viele der späteren Versuchsflugzeuge verwendeten ebenfalls diese Art der Tarnung und Markierung. Sie hatten aber oft ein großes weißes „V" für Versuch, gefolgt von den letzten drei Ziffern der Werknummer auf den Seiten des Vorderrumpfs aufgemalt. Diese wurden manchmal in schwarz auf der Bugradklappe wiederholt oder auch am Heck in weiß. Die Rechliner Flugzeuge behielten ihr Stammkennzeichen aus vier Buchstaben, bekamen öfter aber eine neue Kodierung, aus der die Zuordnung zu den Abteilungen und damit den mit der jeweiligen Maschine ausgeführten Versuchen hervorging. (Die Liste der Rechliner Me 262-Versuchsmaschinen und deren Kennzeichen ist auf Seite 95 im Kapitel Zehn zu finden.) Die Kennzeichen wurden meist in schwarz auf dem Rumpf aufgemalt und die Tarnbemalung des Anlieferungszustands beibehalten. Die Werknummern waren wieder auf der Seitenflosse über dem Höhenleitwerk aufgemalt, manchmal aber in weiß anstelle von schwarz.

Die Flugzeuge der ersten Me 262-Bomberformation, Kommando Schenk, trugen ein Tarnschema, das dem der Jäger entsprach (wahrscheinlich 74, 75 und 76). Schwarz-Weiß-Fotos lassen vermuten, dass die Farben vielleicht etwas blasser waren. Die Kreuze auf den Flügelunterseiten gehörten zum Typ B3 (ohne schwarze Umrandung) und es kamen Werknummern auf dem Rumpfheck unter dem Leitwerk vor. Die Kennzeichnung der Einzelflugzeuge bestand aus einem schwarzen Buchstaben mit weißem Rand, der sich am Rumpf vor der Flügelvorderkante befand. Dieser Buchstabe wurde normalerweise in Schwarz auf der Vorderseite der Bugradklappe wiederholt.

Als das Kommando Schenk im KG 51 aufging, verwendeten die Flugzeuge dieses Verbands eine Tarnbemalung, ähnlich der gerade beschriebenen, dazu kam jedoch eine starke „Sprenkelung" in der Art eines „Kritzelmusters", das oft auch in durchgehenden Linien gesprüht wurde. Die Hoheitsabzeichen entsprachen denen der o. g. Einheiten, normalerweise wurde das Balkenkreuz B2 unter den Tragflächen getragen. Anders als die vorher genannten Verbände wandte das KG 51 die normalen Verbandskennzeichen aus vier Zeichen an, wie sie alle Einsatzverbände der Luftwaffe, ohne Jäger und Schlachtflugzeuge, seit dem 24. Oktober 1939 verwendeten.

Dabei identifizierten die ersten beiden Zeichen (immer aus einem Buchstaben und einer Ziffer bestehend), die links vor dem Rumpfbalkenkreuz standen, das Geschwader, zu dem die Maschine gehörte. Das dritte Zeichen unmittelbar hinter dem Balkenkreuz war der individuelle Kennbuchstabe des Flugzeugs und der letzte bezeichnete die Staffel oder den Stabsschwarm. Die offizielle Bemalungsordnung „Der Flugzeugmaler" von 1944 beschreibt, wie dieses Kennzeichen aufzubringen war:

„Die Kennzeichen an Flugzeugen werden in Blockschrift angebracht. Es ist gleichgültig, ob es sich dabei um Buchstaben oder Ziffern handelt. Es ist besonders darauf zu achten, dass die Balkenstärke gleichmäßig ist. Man unterscheidet bei der Schrift die Schrifthöhe, die Buchstabenbreite, die Schriftstärke und den Abstand von einem Buchstaben zum anderen. Die Abstände müssen so aufgeteilt sein, dass sie gleichmäßig groß erscheinen. Durch unregelmäßige Abstände erreicht man ein verzerrtes Schriftbild. Die Buchstaben C, E, F, J und L werden schmaler gezeichnet, da diese sonst zu breit erscheinen. M und W werden bedeutend breiter.

Die Mittellinie der Buchstabenhöhe ist die Mittellinie des Balkenkreuzes. Sie verläuft parallel zur Flugwaagerechten, nicht zur Rumpfmittellinie. Auf und unter den Tragflächen liegen die Mittellinien im rechten Winkel zur Flugrichtung. Kennzeichen, wie Zahlen und Buchstaben, sind auf den Oberseiten von Militär- und Kampfflugzeugen nicht aufzubringen. Der dritte Buchstabe ist jedoch auf der Unterseite von Kampfflugzeugen zentriert zwischen Flügelspitze und Balkenkreuz anzubringen."

Das Geschwaderkennzeichen des KG 51 war 9K. Wie die meisten Kampffliegergeschwader der Luftwaffe hatte es drei Staffeln in jeder Gruppe. Die Stabsschwarm- und Staffelbuchstaben dafür waren:

Geschwader-Stab	A (grün)		
I. Gruppe Stab	B (grün)	II. Gruppe Stab	C (grün)
1. Staffel	H (weiß)	4. Staffel	M (weiß)
2. Staffel	K (rot)	5. Staffel	N (rot)
3. Staffel	L (gelb)	6. Staffel	P (gelb)
III. Gruppe Stab	D (grün)	IV. Gruppe Stab	E (grün)
7. Staffel	R (weiß)	10. Staffel	U (weiß)
8. Staffel	S (rot)	11. Staffel	V (rot)
9. Staffel	T (gelb)	12. Staffel	W (gelb)

Als das KG 51 die Me 262 einsetzte, hatte sich die Anwendung des Verbandskennzeichens geändert. Das Geschwaderkennzeichen (die ersten beiden Zeichen) und der Staffelbuchstabe (das letzte Zeichen) wurden in schwarz in nur etwa einem Fünftel der Größe des individuellen Buchstabens aufgemalt. Dieser selbst hatte die Staffelfarbe. Der Ursprung dieser Farben kann, bis zu den von der alten Kaiserlichen Deutschen Armee verwendeten, zurückverfolgt werden: Weiß für die erste Untereinheit, rot für die zweite, gelb für die dritte, blau für die vierte, grün für die fünfte und braun für die sechste.

Geschwader-Stab	Blau (RLM 24)
Stab I., II., III., IV. und V. Gruppe	Grün (RLM 25)
1. Staffel in einer Gruppe	Weiß (RLM 21)
2. Staffel in einer Gruppe	Rot (RLM 23)
3. Staffel in einer Gruppe	Gelb (RLM 27)

Beim KG 51 wurden die weißen und gelben Buchstaben meist in schwarz gefasst, die roten in weiß. Neben diesen Markierungen hatten die Me 262 des KG 51 auch oft die Spitzen von Rumpf und Seitenleitwerk in der Staffelfarbe mit einem entsprechenden Kontrast-Rand bemalt. Einige Flugzeuge des KG 51 trugen auch ihr bekanntes Edelweiß-Emblem[3], aufgemalt auf den Rumpfseiten vor der Kabine.

Der erste voll im Einsatz befindliche deutsche Strahljägerverband, Kommando Nowotny, hatte eine Tarnbemalung und Markierung, die der beim Erprobungskommando 262 verwendeten, sehr ähnelte, sogar in bezug auf das gelbe Rumpfband. Von einigen Maschinen wurde berichtet, dass sie gelbe Lufteinläufe ihrer Motoren hatten. Es ist jedoch wahrscheinlicher, dass diese Teile wegen Triebwerkswechseln unbemaltes Metall blieben, da sie zum Jumo 004 gehörten und an jedem Wechseltriebwerk fest montiert waren. Das einzige Unterscheidungsmerkmal der Maschinen dieser Einheit war die Bemalung der vertikalen Leitwerksflächen, die bei der Aufstellung des Kommandos an allen Flugzeugen zu finden war. Wie bei anderen Me 262-Verbänden hatten einige Flugzeuge des Kommandos einen weißen (und bei wenigstens einer Maschine, einen grünen) Buchstaben „S" am Rumpfheck hinter dem Balkenkreuz, der anzeigte, dass es sich um Schulflugzeuge handelte, die nicht geeignet für den Kampfeinsatz waren. Es wird gesagt, dass die Maschine, W.Nr. 110400, in der Walter Nowotny abgeschossen wurde, wahrscheinlich die „Weiße 8" war und ein großes grünes Herz unter der Kabine aufgemalt trug, allerdings fehlt hierfür bisher ein fotografischer Nachweis.

Leider sind bisher auch keine Fotos von der Aufklärungseinheit Kommando Braunegg entdeckt worden, doch wird angenommen, dass ihre Flugzeuge denen des Nachfolgers NAGr 6 ähnelten. Dieser Verband hatte eine viel dunklere Oberflächentarnung als die meisten Me 262, vielleicht wurde nur die RLM-Farbe 81 verwendet. Die NAGr 6 verwendet auch gelbe Rumpfbänder und die einzelnen Flugzeuge wurden durch Zahlen in der Staffelfarbe auf dem Rumpf vor der Tragfläche identifiziert.

---

1 Wir verweisen auf Seite 324 von „JV 44" von Robert Forsyth, erschienen 1997 bei Classic Publications, für Angaben zu den deutschen Hoheitsabzeichen.

2 Siehe die Liste aller Rechliner Me 262-Versuchsflugzeuge und deren Kennzeichen auf Seite 95.

3 Siehe Seite 215.

Anhang Zwei

Dienstränge und Einheiten der Luftwaffe

Dienstgrade

Die folgende Tabelle gibt einen Vergleich der Luftwaffen-Ränge mit denen der Royal Air Force und der US Army Air Force:

Luftwaffe	Royal Air Force	U.S.A.A.F.
Generalfeldmarschall	Marshal of the RAF	Five Star General
Generaloberst	Air Chief Marshal	Four Star General
General der Flieger	Air Marshal	Lieutenant General
Generalleutnant	Air Vice Marshal	Major General
Generalmajor	Air Commodore	Brigadier General
Oberst	Group Captain	Colonel
Oberstleutnant	Wing Commander	Lieutenant Colonel
Major	Squadron Leader	Major
Hauptmann	Flight Lieutenant	Captain
Oberleutnant	Flying Officer	First Lieutenant
Leutnant	Pilot Officer	Lieutenant
Oberfähnrich	(leading cadet)	(leading cadet)
Fähnrich	(cadet)	(cadet)
Stabsfeldwebel	Warrant Officer	Warrant Officer
Oberfeldwebel	Flight Sergeant	Master Sergeant
Feldwebel	Sergeant	Technical Sergeant
Unterfeldwebel	–	–
Unteroffizier	Corporal	Staff Sergeant
Hauptgefreiter	–	Sergeant
Obergefreiter	Leading Aircraftman	Corporal
Gefreiter	Aircraftman First Class	Private First Class
Flieger	Aircraftman	Private

Zusätzlich gab es bei der Luftwaffe die Bezeichnung „Hauptfeldwebel". Dies war kein Dienstgrad. Ein Hauptfeldwebel (umgangssprachlich „Spieß" genannt) war ein Unteroffizier, der die administrative Leitung einer Kompanie oder entsprechenden Einheit (Staffel, Batterie usw.) innehatte. Sein Dienstgrad konnte vom Unteroffizier bis zu den verschiedenen Feldwebeln variieren.

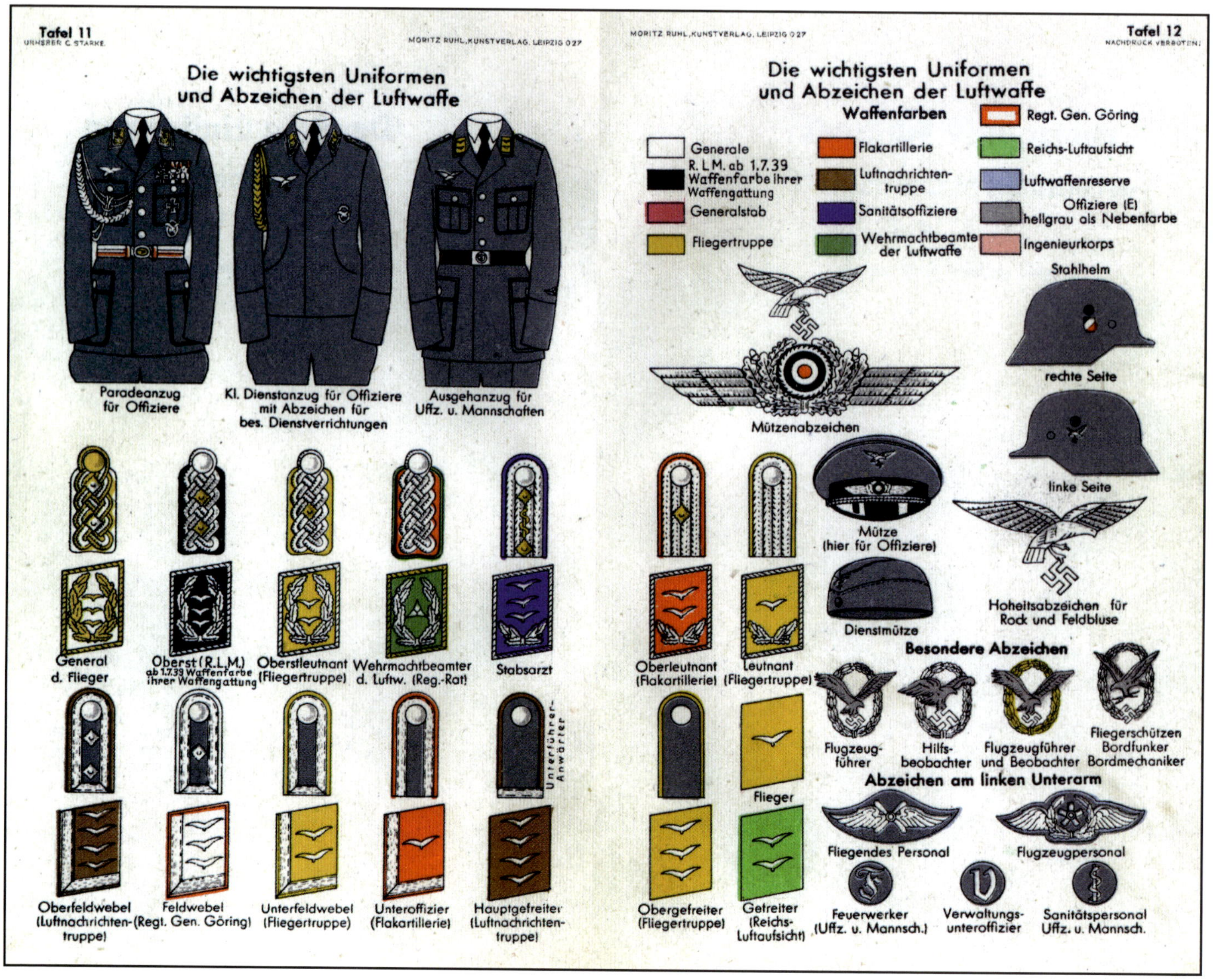

Fliegende Verbände

Die fliegende Basis-Einheit der Luftwaffe war die Staffel, entsprechend der englischen Squadron. Sie bestand normalerweise aus 9 bis 12 (gelegentlich 16) Flugzeugen. Die Leitung hatte ein Staffelkapitän, der meist den Rang eines Hauptmanns oder Oberleutnant trug. Die Staffel wurde immer mit einer arabischen Zahl bezeichnet – beispielsweise die 5. Staffel. Neben den Flugzeugen und deren Besatzungen gehörten zu einer Staffel die Bodenorganisation mit verschiedenen Fahrzeugen und etwa 150 Mann.

Drei oder vier Staffeln konnten zu einer Gruppe (entspricht der englischen Group) zusammengefasst werden. Diese konnte autonom sein, meist bei Aufklärungseinheiten (diese hatten dann arabische Nummern), oder Teil eines Geschwaders (etwa vergleichbar mit dem englischen Wing), dann durch römische Ziffern identifiziert. Jeweils Beispiele dafür sind die Nahaufklärungsgruppe 6 bzw. die III. Gruppe des JG 27 (III./JG 27). Zur Gruppe gehörte ein Stab (etwa: Headquarters Flight), mit Personen wie dem Gruppenkommandeur (meist ein Major oder Hauptmann), dem Gruppenadjutanten und dem Technischen Offizier (T.O.) der Gruppe.

Wie bei den Staffeln konnten auch drei, vier oder manchmal fünf Gruppen zu einem Geschwader (englisch Wing) zusammengefasst sein. Diese trugen immer arabische Nummern. Wie die Gruppe hatte auch das Geschwader einen Stab, bestehend aus dem Geschwader-Kommodore (meist ein Oberst, Oberstleutnant oder Major) und anderen Offizieren, wie Adjutant, T.O., Ia (Einsatzoffizier), Ic (Abwehroffizier) und Nachrichten-Offizier.

Zu Beginn des Zweiten Weltkriegs war ein typisches Geschwader wie folgt aufgebaut:

Geschwader–Stab

I. Gruppe	**II. Gruppe**	**III. Gruppe**
1. Staffel	*4. Staffel*	*7. Staffel*
2. Staffel	*5. Staffel*	*8. Staffel*
3. Staffel	*6. Staffel*	*9. Staffel*

Im Herbst 1944 (im Fall des JG 2 und des JG 26 bereits im Sommer 1943) wurden viele Jagdgeschwader auf vier Gruppen mit je 4 Staffeln vergrößert. Das typische Jagdgeschwader dieser Zeit sah dann also folgendermaßen aus:

Geschwader–Stab

I. Gruppe	**II. Gruppe**	**III. Gruppe**	**IV. Gruppe**
1. Staffel	5. Staffel	9. Staffel	13. Staffel
2. Staffel	6. Staffel	10. Staffel	14. Staffel
3. Staffel	7. Staffel	11. Staffel	15. Staffel
4. Staffel	8. Staffel	12. Staffel	16. Staffel

Die Hauptarten von Geschwadern waren:

Deutsch	**Englisch**	**Abkürzung**
Jagdgeschwader	Day Fighter Wing	JG
Kampfgeschwader	Bomber Wing	KG
Kampfgeschwader (Jagd)	Bomber Wing on Fighter Operations	KG(J)
Nachtjagdgeschwader	Night Fighter Wing	NJG
Schnellkampfgeschwader	Fast Bomber Wing	SKG
Schlachtgeschwader	Ground Attack Wing	SG
Sturzkampfgeschwader	Dive Bomber Wing	St.G
Transportgeschwader	Transport Wing	TG
Zerstörergeschwader	Destroyer Wing	ZG

Gewöhnliche Arten von autonomen Gruppen waren:

Deutsch	**Englisch**	**Abkürzung**
Aufklärungsgruppe	Reconnaissance Grp	Aufkl.Gr.
Fernaufklärungsgruppe	Long-range Rec. Grp	FAGr
Nahaufklärungsgruppe	Short-range Rec. Grp	NAGr
Nachtschlachtgruppe	Night Ground-attack Grp	NSGr

Andere in diesem Buch erwähnte Luftwaffenverbände sind das Erprobungskommando und das Kommando. Beides waren Versuchsverbände, der erstere mit der Aufgabe, ein bestimmtes Flugzeug, eine Waffe oder Waffen zu erproben, der letztere für die Entwicklung von Einsatztaktiken. Erprobungskommandos trugen arabische Ziffern, Kommandos den Namen des Kommandeurs oder eine Tarnbezeichnung.

Zwei Seiten aus einem offiziellen deutschen Dokument von etwa 1939, welche die wichtigsten Uniformen und Abzeichen der Luftwaffe und die verschiedenen in der Luftwaffe tätigen Waffenarten und deren Waffenfarben darstellen.

Anhang Drei

Taktisch-technische Daten der Me 262

Wegen Einzelheiten zu Bewaffnung und anderen Lasten, siehe Kapitel Zwei.

	Me 262 A-1a Jäger	Me 262 A-1a Jäger mit Bombe SC 500
Spannweite	12,56 m	12,56 m
Flügelfläche	21,7 m²	21,7m²
Gesamtläng	10,6 m	10,6 m
Spurweite	2,33 m	2,33 m
Höhe	3,83 m	3,83 m
Rüstmasse	4120 kg	4150 kg
Besatzung	100 kg	100kg
Munition	304 kg	304 kg
Kraftstoff (2 x 900 l)	1330 kg	1330 kg
Zusatztreibstoff	220 kg	220 kg
Startmasse	6074 kg	6604 kg
Startraketen	300 kg	300 kg
Gesamtmasse	6904 kg	6904 kg
Höchstgeschwindigkeit in 0 m	800 km/h	718 km/h
in 6000 m	870 km/h	750 km/h
in 9000 m	845 km/h	685 km/h
Steiggeschwindigkeit in 0 m	19,3 m/s	14,9 m/s
in 6000 m	10,0 m/s	7,0 m/s
in 9000 m	5,2 m/s	3,0 m/s
Steigzeit		
auf 6000 m	7,0 min	9,3 min
auf 9000 m	14,0 min	19,9 min
Dienstgipfelhöhe[1]	11800 m	10500 m
Normalreichweite in 0 m	290 km	270 km
in 6000 m	520 km	475 km
in 9000 m	644+ km	–
Maximalreichweite in 0 m	360 km	330 km
in 6000 m	600 km	550 km
in 9000 m	710+ km	–
Flugdauer bei 100% Schub in 0 m	0,36 h	0,36 h
in 6000 m	0,72 h	0,71 h
in 9000 m	0,92 h	–
Maximale Flugdauer in 0 m	0,75 h	0,75 h
in 6000 m	1,35 h	1,21 h
in 9000 m	1,30 h	–
Startrollstrecke bei 100 % Schub	920 m	1050 m
mit 2 x 500-kp-Startraketen	540 m	630 m
Landegeschwindigkeit	182 km/h	182 km/h

1 Die Dienstgipfelhöhe für die Me 262 A-1a wurde mit 5100 kg Flugmasse und für den Jagdbomber Me 262 A-1 für 5500 kg berechnet.

INDEX

Personen

Waffen und Ausrüstungen